运动生物力学
在足部的研究与应用

RESEARCH AND APPLICATION OF SPORT
BIOMECHANICS IN THE FOOT

顾耀东　主编

U0178882

科学出版社

北京

内 容 简 介

本书聚焦人体足部,运用力学原理和方法研究足部结构与功能,其内容涵盖足踝结构及生物力学、裸足的生物力学分析及研究、鞋具生物力学、篮球鞋在篮球运动中的生物力学、功能性鞋垫的运动生物力学。本书以冯元桢"应力-生长理论"为指导,以"结构"与"功能"为两大研究主线,基于足部功能及力学作用等因素,研究人-装备-环境相互作用的力学关系,旨在预防损伤并提高运动表现。

本书适用于人体科学、运动生物力学、运动医学、生物医学工程等领域的科技工作者及研究生,也有助于一线运动队的教练员及运动员了解和掌握足部机械运动规律的生物力学知识。

图书在版编目(CIP)数据

运动生物力学在足部的研究与应用/顾耀东主编
. —北京:科学出版社,2020.10
ISBN 978-7-03-065953-8

Ⅰ.①运… Ⅱ.①顾… Ⅲ.①运动生物力学-应用-运动鞋-结构设计-研究 Ⅳ.①TS943.74

中国版本图书馆 CIP 数据核字(2020)第 162629 号

责任编辑:朱 灵 / 责任校对:谭宏宇
责任印制:黄晓鸣 / 封面设计:殷 靓

辟 学 出 版 社 出版

北京东黄城根北街 16 号
邮政编码:100717
http://www.sciencep.com

南京展望文化发展有限公司排版
广东虎彩云印刷有限公司印刷
科学出版社发行 各地新华书店经销

*

2020 年 10 月第 一 版 开本:B5(720×1000)
2024 年 10 月第十一次印刷 印张:16 3/4
字数:328 000

定价:90.00 元

(如有印装质量问题,我社负责调换)

序　一

很高兴能为顾耀东新作作序。

"没有全民健康,就没有全面小康"——习近平关于"健康中国"建设的重要论述,赢得全社会强烈共鸣。从印发《"健康中国 2030"规划纲要》,到发布《健康中国行动(2019—2030 年)》,以习近平同志为核心的党中央谋划推动体育事业改革发展,将全民健身上升为国家战略,加快推进体育强国建设,推动全民健身和全民健康深度融合。

科技助力健康运动,需要秉持科学的态度,对生命运动过程形成客观认知。力学方法在生命运动领域的研究历史悠久,从亚里士多德对人体运动的初探到伽利略的运动学理论研究,从笛卡尔发现人体机械运动规律到牛顿的三大运动定律,从哈维提出血液循环力学规律到冯元桢的生物体应力-生长理论。数百年来,世界各国的物理学、力学、生理学和医学科学家在力学与生命科学交叉研究领域做出了杰出贡献。20 世纪后半叶以来,面对人口老龄化加剧、慢病问题突出、大健康产业发展迫切的客观环境,以及生命科学、力学和现代科学技术发展的新趋势与人类健康的新需求,我国生物力学学科发展既迎来了新机遇,又面临着诸多挑战。人工智能、新材料、机器人等工程技术发展日新月异,生命科学与工程技术学科交叉愈发深入。生物力学研究应站在新的高度,以更广阔的视野思考自身发展,与生命科学、工程科学、健康科学深度融合,助力大健康事业发展。

"九层之台,起于累土;千里之行,始于足下。"随着近年来全民健身热潮的兴起,足部健康愈发受到关注。足部作为人体与外界环境接触的始端,如果出现力学功能障碍,则会导致足部以上肌骨系统出现功能代偿,进而影响人体健康。宁波大学顾耀东教授带领的研究团队长期关注运动生物力学在足部的研究与应用,开展足部健康工程与生物力学防护设计研究、足部生物力学建模仿真与运动装备适配研究及足部骨骼吸收-重建的力学生物学研究,为康复辅具、运动装备的创新开发和大健康产业发展提供基于运动生物力学视角的解决方案。

希望能有更多的读者朋友通过阅读该书而了解、热爱并投身到运动科学领域的学习和研究当中,为我国全民健康事业的发展做出贡献。

中国工程院院士

清华大学公共安全研究院

2020 年 7 月

序　二

　　足部运动生物力学是运动生物力学研究领域的重要分支,以研究体育运动过程中足部的变化规律为主要目标,涵盖足部解剖学、动力学、运动学及运动装备对足部损伤防护的作用等方面。由顾耀东教授主持并会同国内运动装备研究领域专家学者共同编写的《运动生物力学在足部的研究与应用》,系统总结了顾耀东教授及其研究团队多年教学与研究成果,反映了这一领域的最新研究动态,其中创新应用充分展现了产学研相结合的系统性思维,为运动装备创新研究提供了一本有特色的、有质量的经典之作。顾耀东教授及其研究团队的研究成果为运动品牌创新研究提供了灯塔般的指引,顾耀东教授是我国运动品牌科技创新的引路人,为整个行业的科技进步做出了杰出的贡献,促进了人类社会健康事业的发展,非常值得我们学习。

　　2014 年 5 月,习近平总书记在河南考察时指出:"一个地方、一个企业,要突破发展瓶颈、解决深层次矛盾和问题,根本出路在于创新,关键要靠科技力量。要加快构建以企业为主体、市场为导向、产学研相结合的技术创新体系,加强创新人才队伍建设,搭建创新服务平台,推动科技和经济紧密结合,努力实现优势领域、共性技术、关键技术的重大突破,推动中国制造向中国创造转变、中国速度向中国质量转变、中国产品向中国品牌转变。"

　　安踏品牌践行习近平总书记的要求,成为中国运动装备科技研究与创新的开拓者。安踏运动科学实验室始创于 2005 年,并在 2009 年 12 月被国家发展和改革委员会认定为"国家级企业技术中心"。顾耀东教授及其研究团队在安踏实验室创建之始就给予了严谨而专业的支持,并陆续开展了多方面的合作,包括共建宁波大学安踏运动装备与表现研究实验室、安踏研究生实习实训基地,为安踏研发项目如芯技术、稳定科技、旋钉科技、挑战 100 专业跑鞋、飞影专业跑鞋等提供了重要的技术支撑与保障,为安踏产品的专业性与创新性提供科学助力,大大推动了安踏品牌在运动装备研发领域的发展与进步。

　　作为安踏品牌鞋创新负责人,借该书出版之机,我谨代表安踏(中国)有限公司向顾耀东教授及参与该书编撰的各位专家学者表示衷心的感谢与祝贺。

安踏(中国)有限公司副总裁

2020 年 6 月

序 三

"千里之行,始于足下",足部是人体至关重要的一个部位,达·芬奇(Leonardo da Vinci)曾说过:"人类的足是工程的杰作,也是艺术的结晶。"(The human foot is a masterpiece of engineering and a work of art.)足部作为站立和步行时人体的支点,如果足部出现功能障碍,则会导致人体足部以上骨骼系统的对线不良,从而使膝、髋、骨盆、脊柱椎体各部位关节出现问题,影响人体健康。顾耀东教授及其研究团队长期致力于足部健康与运动装备生物力学研究,依托双一流学科建设高校——宁波大学,与国内外知名体育用品企业迪卡侬、安踏等共建研发平台,其研究论文、相关专利及成果转化在国内外产生重要影响,获得了良好的社会和经济效益。

2014年,国务院发布的《关于加快发展体育产业促进体育消费的若干意见》将发展体育产业上升为国家战略,其中就明确指出需要进一步加快体育用品制造业的创新发展,包括采用新工艺、新材料、新技术来提升传统体育用品/装备的科技含量,并支持企业联合高校、科研机构建立体育相关的产学研协同创新机制,建设体育技术创新战略联盟。由此可见,无论是从国家层面还是全球科技发展的角度,随着竞技体育、全民健身热潮的日趋激烈,以及终身运动理念的蓬勃崛起,围绕预防运动健身损伤的各种高科技装备始终是国际运动科学和生物力学专家的研究热点。

子曰:"工欲善其事,必先利其器。"从竞技体育出发,针对专项特点和运动特性,为优秀运动员的训练、比赛、恢复等提供各种创新型运动装备的实际应用;从全民健身考虑,通过创新型运动装备的研发来有效预防日常运动损伤的发生,从而为体育爱好者的运动健康保驾护航。

乒乓球奥运冠军
浙江省体育局副局长
2020年6月

前　言

　　无论人体如何运动,其原理都是由最基础的力学理论所决定的。生物力学(biomechanics)是研究生命体变形和运动的学科,现代生物力学通过对生命过程中的力学因素及其作用进行定量研究,结合生物学与力学原理,认识生命过程的规律,探索生命与健康的科学问题。20世纪70年代以来,计算机、互(物)联网、大数据、人工智能等的快速发展对人体运动生物力学发展产生了巨大影响。科技手段,包括人体环节参数测量技术的改良、高速运动捕捉手段的提升及计算机模拟技术的进步,已大大提高人体运动生物力学的研究水平。

　　研究工具和手段的每一次进步,都为人体运动生物力学的发展提供了更广阔的空间,我们有理由相信该领域在未来将有更广阔的发展前景。本团队长期以来致力于下肢及足部生物力学研究,在足部形态与功能生物力学、运动装备的生物力学与工效学等研究领域积累了近20年的研究经验。与全球知名体育用品制造企业迪卡侬、安踏、李宁、特步等建立了良好的产学研相结合的合作模式。本书以"应力-生长理论"为指导,以"结构"与"功能"为研究主线,基于人体生理、身体结构及力学作用等因素,研究人-装备-环境相互作用的力学关系,旨在预防损伤并提高运动表现。

　　本书聚焦人体足部,内容涵盖了足踝结构与功能,裸足生物力学,跑鞋、篮球鞋及功能性鞋垫生物力学,可为足踝及运动装备生物力学研究领域的科技工作者、青年学者和研究生提供研究参考。本书有幸得到中国工程院院士、清华大学公共安全研究院院长范维澄教授,安踏(中国)有限公司副总裁王有承先生,乒乓球奥运冠军吕林先生作序。在此,我谨对前辈、同行和朋友们的支持鼓励表示由衷的感谢。在本书完成过程中,各章节编者对相关章节的结果呈现做出许多出色的贡献,在此对他们表示感谢。同时,对本书所有被引用和参考的文献作者和出版商,对所有帮助过该书出版的朋友们一并表示衷心的感谢!

运动生物力学是前沿交叉学科,处于不断丰富和快速发展阶段,本书难免有不妥之处,敬请各位读者不吝赐教、指正。

2020 年 7 月 16 日

目　录

第三章 鞋具生物力学

第四章 篮球鞋在篮球运动中的生物力学

第五章　功能性鞋垫的运动生物力学

第一章

足踝结构及生物力学

"千里之行，始于足下"。足部作为人体运动系统与外界接触的始端，可以说是站立和运动的根基，在下肢生物力学的研究中一直处于重要位置。足部作为人体主要的承重部位，由26块骨骼构成，其解剖结构较为复杂，包含骨骼、肌肉、软组织、关节及足弓5个部分。足部是一切运动的发动机，足的健康是人体健康的一个重要环节，足部问题关系着人体的长远健康。良好的足部形态是最基本的足健康，足部按照解剖结构位置可划分为后足、中足和前足3个部分，不同的部分会表现出不同的运动学、动力学特征及功能。作为连接下肢和足部的踝关节，与足部紧密相连，是整个下肢运动系统的重要部分。踝关节的运动主要发生在矢状面，其与内外侧的关节韧带及周围肌群共同组成了踝关节的解剖结构。踝关节的生物力学主要表现在其运动学、动力学特征，旋转轴和主要针对胫距关节而言的活动度，以及依赖于关节吻合程度及支持韧带结构的稳定性这几个方面上。

第一节
足部及踝关节解剖结构特征

一、足部解剖结构特征

（一）足部骨骼

正常的人体足部包含 26 块骨骼、33 个关节及大量的肌肉、肌腱、韧带和软骨等组织，是一个坚固且复杂的复合力学结构。足部是人体在静态站立或动态跑跳运动时作为人体内部动力链与外界运动环境相互接触和作用的始端。足部骨骼可分为 3 部分：① 跗骨，由 7 块不规则骨骼组成，包括距骨、跟骨、3 块楔骨、骰骨及足舟骨；② 跖骨，包括由内向外依次排列的第 1~5 跖骨；③ 趾骨，包括第 1~5 近端趾骨、中端趾骨及远端趾骨（拇趾无中端趾骨）。足部又可划分为足跟部（距骨和跟骨）、足中部（内外侧楔骨、中间楔骨、骰骨和足舟骨）和足前部（跖骨及趾骨），如图 1-1 所示。

跗骨由 7 块骨骼组成，跟骨是最大的跗骨，其前 2/3 称为跟骨体，体后部肥厚，跟骨结节粗糙。跟骨外形有 6 个面，上面通过 3 个关节面（前、中、后面）与距骨形成关节；前面与骰骨形成关节；后面与跟腱止点形成关节；内侧面有一骨突称为载距突，支撑部分距骨头同时为许多韧带的附着点；外侧面为骨性隆起，称腓骨滑车，将腓骨长短肌腱分开；下面为后足主要负重面，为跖筋膜的许多内在肌肉及韧带附着点。距骨是跗骨中位置最靠上的骨骼，可将身体载荷传递至足部，包含 3 个面，上面与胫骨、腓骨远端关节面相连形成距上关节，下面与跟骨相连形成距下关节，前部与足舟骨相连形成距舟关节。足舟骨后面与距骨头相连，前面与第 1 和第 3 楔骨相连，内侧面有一朝向下方的圆形隆突，称为舟骨粗隆。骰骨后面连接跟骨，前面连接第 4、5 跖骨，下面有一圆形隆起称为骰骨粗隆，其前方为腓骨长肌腱通过的外侧沟。楔骨由第 1~3 楔骨由内至外依次排列，体积逐渐减小，第 2、3 楔骨宽面朝上，第 1 楔骨窄面朝上，相互嵌合稳定。跗骨结构组成如图 1-2 所示。跖骨为短管状长骨，由内向外依次为第 1~5 跖骨。趾骨共有 14 块，除拇趾为两节外其余四趾均为三节，趾骨有底、体、滑车之分。

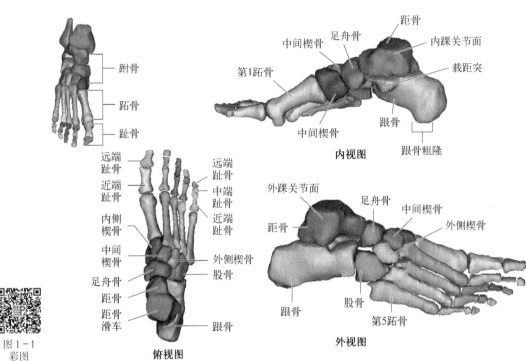

图 1-1
彩图

图 1-1 足部骨骼示意图

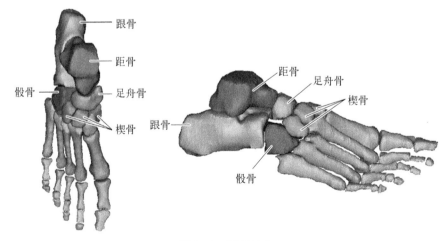

图 1-2
彩图

图 1-2 跗骨结构

（二）足部肌肉

足部肌群可分为外部肌群和固有肌群,外部肌群的起点在小腿的前侧、后侧及外侧,主要功能为控制足的内外翻及跖背屈。足部肌肉包括：① 分布在足背部的拇长/短伸肌,主要功能为伸第 1 跖趾关节及背屈踝关节。② 趾长/短伸肌,主要功能为伸第 2~5 跖趾关节及趾骨。③ 足底分布 10 块固有肌肉,通过共同作用来稳定足弓,单独作用则可控制脚趾运动。足底肌肉都由内侧足底神经或外侧足底神经支配,两侧足底神经均为胫神经分支。足部固有肌群的起止点均位于足内,控制足部的精细活动。足部固有肌群分为 4 层,第 1 层为拇展肌、趾短屈肌、小趾展肌、足底腱膜;第 2 层为跖方肌、蚓状肌和趾长屈肌肌腱;第 3 层为拇短屈肌、拇收肌和小趾短屈肌;第 4 层为骨间背侧肌和骨间足底肌(图 1-3)。

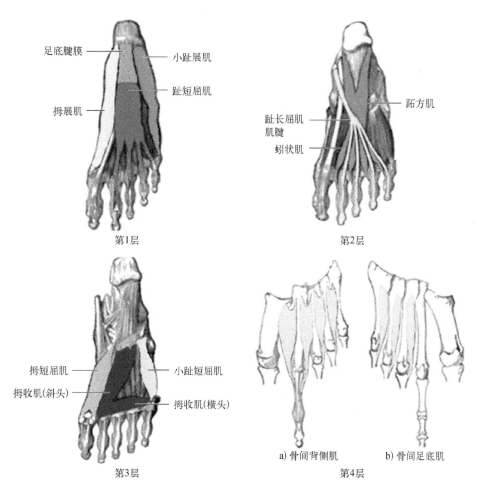

足底腱膜　小趾展肌
趾短屈肌
拇展肌

第1层

跖方肌
趾长屈肌肌腱
蚓状肌

第2层

拇短屈肌　小趾短屈肌
拇收肌(斜头)
拇收肌(横头)

第3层

a) 骨间背侧肌　b) 骨间足底肌

第4层

图 1-3
彩图

图 1-3 足部固有肌群的第 1~4 层

（三）足部软组织

足部软组织包括5个支持带和足底筋膜：① 伸肌上支持带，处于距上关节前上方，包绕胫骨前肌肌腱、拇长伸肌腱、趾长伸肌腱和第3腓骨肌腱，伸肌上支持带较为宽大，在踝关节周围走行。② 伸肌下支持带，呈"Y"字形，从跟骨外侧绕过踝关节到达内踝和足舟骨，位于胫距关节前方，也称小腿十字韧带，主要包绕趾长伸肌和第3腓骨肌。③ 腓骨肌上支持带，位于小腿和跟骨外侧，是足底筋膜的延伸。④ 腓骨肌下支持带，与伸肌下支持带延续，与腓肠肌肌腱和腓骨短肌肌腱结合进入足部。⑤ 屈肌支持带，位于内踝前上方，呈长方形，包裹拇长屈肌、趾长屈肌、胫骨后肌，前方延续为足背深筋膜，后侧延续至足底腱膜。⑥ 足底筋膜，是位于足底跖面的细长纤维束，从足跟一侧延伸到脚趾，跨度较大，由致密的胶原纤维组成，呈纵向排列。垂直方向附着于趾长屈肌和趾短屈肌，两侧延伸至第1和第5趾骨。足底筋膜中央部分最为坚韧，起于跟骨结节内侧，其内侧部分较薄，覆盖拇展肌，近端延续于屈肌支持带。

（四）足部关节

足部关节多达33个，主要包括跗骨间关节（距下关节、距跟舟关节、跗横关节）、跗跖关节、跖趾关节和趾间关节。① 距下关节：也称距跟关节，由跟骨上面的前、中、后3个关节面与距骨组成。前距下关节由凹陷的跟骨前中关节面和凸出的距骨前中关节面组成；后距下关节由凸出的跟骨后关节面和凹陷的距骨下关节面组成。这种关节面凹陷或凸出的交叉变化能使其做出复杂的扭转活动。② 距跟舟关节：其关节头为距骨头，关节窝由足舟骨后方的距骨关节面、跟骨上方的前、中关节面构成。距跟舟关节和距下关节从形态学看是两个独立的关节，但从功能上看是联合关节，其沿共同的运动轴运动，具有足内翻和外翻功能。③ 跗横关节：包括距舟关节和跟骰关节，跗横关节的关节线呈"S"形弯曲，内侧部凸向前方，外侧部凸向后方，主要功能是与相邻关节尤其是距下关节更好地协同完成足的旋前及旋后运动。④ 跗跖关节：是由第1~5跖骨基底与楔骨及骰骨构成的平面关节，跗跖关节可做轻微的滑动与屈伸运动，并参与轻微的内收和外展运动。⑤ 跖趾关节：由各跖骨小头与各趾的近节趾骨中间底构成。⑥ 趾间关节：位于相连的两节趾骨之间，由趾骨滑车与其远侧趾骨底构成，为屈戌关节，可做屈、伸运动，近端趾间关节的活动范围较远端趾间关节大。

（五）足弓

足弓是由跗骨、跖骨组成（呈"拱"形砌合），以及足底的韧带、肌腱等具有弹性和收缩力的组织共同构成的一个凸向上方的弓，可分为纵弓及横弓。足纵弓又分为内侧纵弓和外侧纵弓(图1-4)。内侧纵弓在足的内侧缘，由跟骨、距骨、足舟骨、3块楔骨和内侧第1~3跖骨构成，弓背的最高点为距骨头。人体呈直立姿势时，有前后两个支点。前支点为第1~3跖骨小头，后支点为跟骨结节。内侧纵弓由胫骨后肌腱、趾长屈肌腱、拇长屈肌腱和足底的短肌、跖长韧带及跟舟跖侧韧带等结构维持，其中最重要的是跟舟跖侧韧带，此韧带起着弓弦的作用。内侧纵弓曲度大，弹性强，适于跳跃并能缓冲震荡。外侧纵弓在足的外侧缘，由跟骨、骰骨及第4、5跖骨构成，骰骨为弓的最高点。前、后支点分别为第4、5跖骨小头和跟结节的跖面。维持外侧纵弓的结构有腓骨长肌腱、小趾侧的肌群、跖长韧带及跟骰跖侧韧带等。起弓弦作用的是跟骰跖侧韧带。此弓曲度小、弹性弱，主要与直立负重

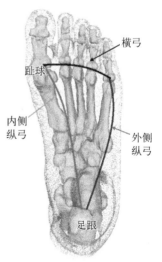

姿势的维持有关。横弓由各跖骨的后部及跗骨的前部构成，以第2楔骨最高。维持此弓的除韧带外，还有腓骨长肌及拇收肌横头等。

图1-4 足弓组成

图1-4
彩图

二、踝关节解剖结构特征

(一) 关节组成

踝关节由胫、腓骨下端的关节面与距骨滑车构成，故又名距骨小腿关节。胫骨的下关节面及内、外踝关节面共同形成的"冂"形的关节窝可容纳距骨滑车(关节头)(图1-5)。由于屈戌关节面前宽后窄，当足背屈时，较宽的前部进入窝内，关节稳定；但在跖屈时，如走下坡路时屈戌关节较窄的后部进入窝内，踝关节松动且能做侧方运动，此时踝关节容易发生扭伤，其中以内翻损伤最多见，外踝比内踝长而低，因此可阻止距骨过度外翻。踝关节属屈戌关节，主要沿通过横贯距骨体的冠状轴做背屈及跖屈运动，足的侧向运动主要由距下关节完成。足尖向上，足与小腿间的角度小于90°，为背屈；反之，足尖向下，足与小腿间的角度大于直角，为跖屈。在跖屈时，足可做一定范围的侧方运动。

(二) 关节韧带

踝关节囊前后较薄，两侧较厚，并有韧带加强。胫侧副韧带为一强韧的三角形韧带，又名三角韧带，位于关节的内侧。三角韧带起自内踝，呈扇形向下止于距、跟、足舟3块骨。由于附着部不同，三角韧带由后向前可分为4部分：距胫后韧带、跟胫韧带、胫舟韧带和位于内侧的距胫前韧带。三角韧带主要限制足的背屈，前部纤维则限制足的跖屈。腓侧副韧带位于关节的外侧，由从前往后排列的距腓前、跟

腓、距腓后 3 条独立的韧带组成,连接于外踝与距、跟骨之间(图 1-6)。距腓后韧带可防止小腿骨向前脱位。当足过度跖屈内翻时,易损伤距腓前韧带及跟腓韧带。

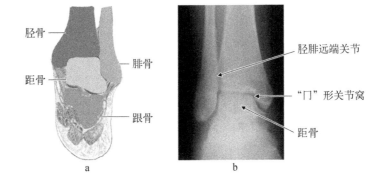

图 1-5 踝关节组成及 X 线扫描图像

a 图为踝关节的骨骼组成;b 图为正常踝关节的关节面的"门"形结构

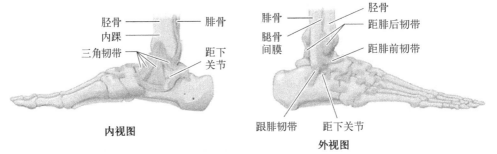

图 1-6 踝关节周围韧带结构

(三) 关节周围肌群

踝关节周围肌群可分为跖屈肌群、背伸肌群、内翻肌群及外翻肌群。其中,跖屈肌群包括小腿三头肌、拇长屈肌、趾长屈肌、胫骨后肌、腓骨长肌和腓骨短肌等;背伸肌群包括胫骨前肌、拇长伸肌、趾长伸肌和第 3 腓骨肌等;内翻肌群包括拇长屈肌、趾长屈肌、胫骨后肌和胫骨前肌等;外翻肌群包括趾长伸肌、第 3 腓骨肌、腓骨长肌和腓骨短肌等。

第二节
足部生物力学功能

一、足部形态与足部姿态

足部作为人体运动系统与外界接触的始端,是一个复杂的生理、解剖及力学结构,可表现出形态和姿态的变化;明确足部形态及足部姿态至关重要。

鉴于足部结构的复杂性特点,不同人种、性别及身体成分等因素均会影响足部形态和足部姿态的变化;甚至同一个人的特定身体条件、运动或病理也会对足部形态和足部姿态产生影响。因此,测量并记录足部形态的变化对于量化数据运用至鞋具及装备的研发生产至关重要。

随着科技的快速发展,对足部形态的测量由传统的卡尺、卷尺及足印等技术快速发展到三维光学扫描的立体数据测量(图 1-7)。通过足表面的关键标志点,可快速计算出足长、足纵弓长、足跟第 5 趾长、足跟第 2 跖骨长、前足宽、足跟宽、最宽足跟至足跟长、足背高、足弓高、距骨头围度、足背围度及兜跟围度等。由于具有放射性或价格昂贵等因素,X 线片、电子计算机断层扫描(computed tomography,CT)及磁共振(nulcear magnetic resonance,MRI)等临床医学手段在此不介绍。

足部姿态可划分为正常足、足内翻及足外翻,主要描述足内部各骨骼及关节排列的情况。区别于正常足,足内翻即足部呈现出内翻位,表现出跟骨内翻,跟舟骰关节半脱位,足内各处在一种内收、旋后内翻位置;相反,足外翻顾名思义是足部呈现出外翻位,表现出跟骨外展,距骨头向内半脱位,且内侧足纵弓降低。

跟骨后视角度是观察及判定足部姿态的最佳位置,如图 1-8 所示,基于足部形态数据构建的三维足形状统计模型,正常足(a)、足内翻(b)、足外翻(c)及正常足与足内翻(a+b)、正常足与足外翻(a+c)、正常足与足内、外翻(a+b+c)的后视角对比;现常用足部姿态参数指南对足部姿态进行快速评估。

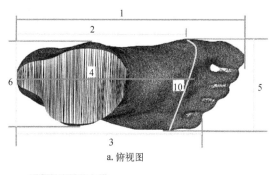

a. 俯视图

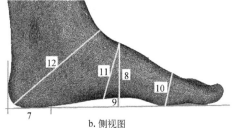

b. 侧视图

图1-7 三维足部形态指标的参数示意图

1为足长;2为足纵弓长;3为足跟第5趾长;4为足跟第2跖骨长;5为前足宽;6为足跟宽;7为最宽足趾至足跟长;8为足背高;9为足弓高;10为跖骨头围度;11为足背围度;12为兜跟围度

资料来源：Mey Q C, Gu Y D, Sun D, et al. 2018. How foot morphology changes influence shoe comfort and plantar pressure before and after long distance running? [J]. Acta of bioengineering biomechanics, 20(2): 179-186.

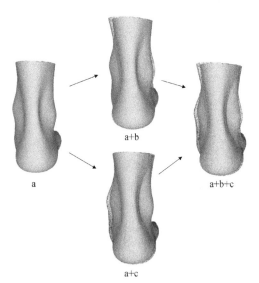

图1-8 正常足(a)、足内翻(b)及足外翻(c)
姿态的后视角对比示意图

资料来源：Redmond A C, Crosbie J, Ouvrier R A. 2006. Development and validation of a novel rating system for scoring standing foot posture: the foot posture index [J]. Clinical biomechanics, 21(1): 89-98.

二、足弓生物力学特征

足弓是足部的一个重要生理解剖结构,包含有前后方向的内、外侧纵弓和内外方向的横弓(图1-9),其通过足内部的韧带、腱膜等软组织将骨关节相连接;该弓形结构较为稳固,在人体的走、跑、跳等运动的动作过程中能够缓冲着地接触时较大的冲击力,同时避免由于身体重力的作用导致足部骨骼直接压迫足底的血管和神经等组织。

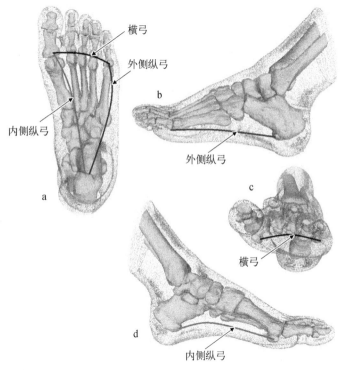

图1-9
彩图

图1-9　足内、外侧纵弓及横弓的结构示意图

a 为俯视图;b 为外侧视图;c 为正视图;d 为内侧视图

鉴于足弓的复杂结构,其中一个重要功能表现在储存于连接足弓结构的软组织中的弹性势能。在运动如跑步过程中,着地支撑的缓冲期软组织可储存吸收大量势能,随后在支撑的蹬离期该势能通过足底筋膜及各连接的韧带回弹释放出势能,从而辅助足部蹬地。如图1-10所示,足底筋膜的绞盘机制(windlass mechanism)是该功能的具体体现,即在足跟着地(a)至支撑中期(b)足底筋膜被动拉伸储存势能;随之,在支撑蹬离(c)至离地期(d),储存的势能释放以辅助蹬地。

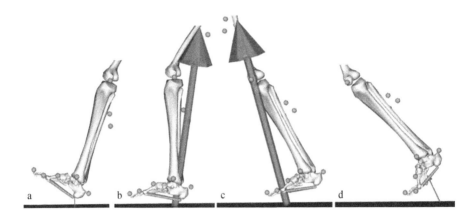

图 1-10　足底筋膜绞盘机制示意图

a 为足跟着地;b 为支撑中期;c 为支撑蹬离;d 为离地期

三、足部的运动学特征

足部按照解剖结构位置可划分为后足(a)、中足(b)和前足(含脚趾)(c)3个部位,如图 1-11 所示,不同部位具有不同的生物力学功能。随着大量科学技术与工具应用至生物力学测试与研究,如传统二维视频影像测试向三维空间测试技术的转变,我们对足部功能的研究也不断地深入发展并创新。例如,牛津足模型(Oxford foot model)可揭示小腿胫腓骨的运动、后足(跟骨及距骨)相对于小腿的运动、前足相对于后足的运动及拇趾相对于前足的运动。后足相对于小腿的运动有在矢状面的跖屈背屈、在冠状面的内外翻及在水平面的内外回旋等;前足相对于后足的运动有在矢状面的跖屈背屈、在冠状面的内外翻及在水平面内的外展内收;拇趾相对于前足的运动有在矢状面的跖屈背屈、在冠状面的外展内收及绕自身长轴的回旋等。

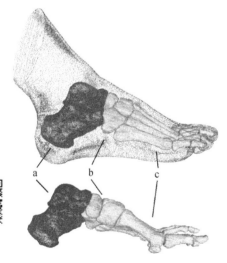

图 1-11　足部后足(a)、中足(b)及前足(c)3 个部位示意图

四、足部的动力学特征

后足、中足及前足3个部位同样会表现出不同的动力学特征及功能,如后足的跟骨是足内、外侧纵弓的后端支撑点,且其与距骨的联合在足跟着地冲击时能够表现出适度外翻以减缓冲击力;中足联合(足内侧纵弓的最高点)的弓形结构有缓震作用,且被动冲击时足底的筋膜会被动拉长以储存势能,在足部蹬离时释放势能以辅助运动;前足的跖骨部位分别是内、外侧纵弓的止点及足横弓,它们均有缓震作用;前足的跖趾关节(脚趾)在走、跑、跳等运动的蹬离动作中起到远端支撑点固定的作用,使得绞盘机制释放出足底筋膜中储存的弹性势能;同时,正常张开的脚趾在蹬离期能够增大前足与外界的面积,减少聚集于跖骨区域的应力负荷。

第三节
踝关节生物力学功能

一、踝关节运动学特征

踝关节运动主要发生在矢状面,距骨连同全足做背屈(伸)与跖屈(屈)运动。足背向上方运动时,小腿前部与足背间的角度减小,称为背屈;相反则为跖屈。除上述运动外,踝关节还可在冠状面内做轻度内收与外展运动;在水平面内做轻度内旋与外旋运动。距骨体前宽后窄,足背屈时,距骨体前部进入关节窝使关节稳固,使关节无法内收与外展;足跖屈时,距骨体后部进入关节窝使关节松动,由此可产生侧向运动,此时易发生踝关节损伤,其中以内翻损伤最常见。距下关节和胫距关节联合运动时,踝关节完成三维活动,即旋前与旋后,从而用于体现足底的相对位置。旋前为背屈、外翻、外展的动作组合,足底朝向外侧;旋后为跖屈、内翻、内收的动作组合,足底朝向内侧。

二、踝关节旋转轴

尽管许多学者认为踝关节(胫距关节)是一个简单的铰链结构,但由于背屈动作伴随内旋,跖屈动作伴随外旋,踝关节有时也被认为是多轴关节。考虑到距骨体内外侧径向曲率差,踝关节活动轴可能随动作变化而改变。1952年Barnett和Napir首次提出,跖屈时关节旋转轴向外上侧倾斜,背屈时关节旋转轴向外下侧倾斜,这两个轴在水平面内保持平行,冠状面内变化角度最大可达30°。跖屈和背屈动作无法绕任一单一轴完成,关节轴的转换大约发生在踝关节中立位。然而,也有学者提出踝关节运动的单轴理论,其认为同步动作是围绕一个倾斜轴完成的。踝关节矢状面活动旋转轴大致沿踝关节内、外侧踝连线,该单轴在冠状面向下外侧成角,水平面向后外侧成角;冠状面活动在内、外侧踝连线与胫骨长轴交点处完成;水平面活动在足中线与胫骨长轴交点处完成。

与胫距关节类似,距下关节旋转轴为倾斜轴。该轴为前后指向,与足中线在水平面内约呈23°,矢状面内约呈40°。踝关节在背屈或跖屈时伴随一定程度的距骨体旋转(距下关节与胫距关节联合运动结果)。利用三维影像技术可以测量距骨体旋转度,Lundberg等指出,踝关节自中立位至背屈30°时距骨外旋9°;自中立位至跖屈10°时距骨内旋1.4°,而跖屈至30°时距骨外旋0.6°。踝关节轴向负重研究表明,踝关节背屈25°时,距骨外旋2.5°;跖屈35°时,距骨内旋不足1°。

三、踝关节活动度

踝关节活动度主要针对胫距关节而言。其活动范围在很大程度上受个体差异性(肌肉骨骼几何结构等因素)和日常活动习惯的影响,并且依赖于不同测量手段,因此,相关研究结果差异较大。总体而言,正常踝关节屈伸活动范围为65°~75°,背屈活动范围为10°~20°,跖屈活动范围为40°~55°。冠状面内总体活动度约为35°,自内收23°至外展12°。然而,日常活动中踝关节屈伸度有限。行走时最大活动度约为30°,上、下台阶时最大活动度分别可达37°、56°。最初踝关节屈伸动作被认为仅发生在胫距关节,内收、外展动作仅发生在距下关节。有研究认为,踝关节的背屈/跖屈运动主要由胫距关节完成,部分距下关节参与。关于冠状面及水平面内活动胫距关节和距下关节参与比例仍存在争议,一种观点为外翻动作在距下关节处完成,旋转和内翻动作在胫距关节处完成;另一种观点则认为两关节的参与比例均分。

四、踝关节稳定性

踝关节稳定性依赖于关节吻合程度及支持韧带结构。踝关节外侧韧带(距腓前韧带、跟腓韧带、距腓后韧带)防止关节内翻和内旋,深、浅三角韧带防止关节外翻和外旋,联合韧带(胫腓前韧带、胫腓后韧带、胫腓横韧带、骨间韧带)维持远端胫、腓骨间的稳定性。

跟腓韧带无法独立稳定踝关节,需要与其他韧带协同作用对抗踝内翻。与距腓前韧带共同阻止踝跖屈位和中立位内翻,与距腓后韧带共同阻止踝背屈位内翻。Stephens和Sammarco提出,当与距腓后韧带协同作用时,跟腓韧带有助于维持各种位置下(跖屈位、背屈位、中立位)踝关节稳定性。Stormont等指出,非负重状态下,跟腓韧带是对抗踝外旋最重要的结构。跟腓韧带断裂试验显示,踝关节活动范围未发生显著变化。然而,Siegler等提出,单独切断跟腓韧带后,踝关节屈伸、内收外展、旋转角度分别增大8%、15%、5%。

踝关节由跖屈向背屈运动时跟腓韧带应变增加。以踝中立位跟腓韧带应变值为基准,屈伸运动中(无踝内外翻及旋转运动)应变增加不足 1%;以踝最放松位跟腓韧带应变值为基准,背屈 20°至跖屈 10°过程中应变逐渐减小(6%为最放松位应变值),当至完全跖屈时,应变小幅度增加 1%。此外,跟腓韧带长度对踝关节的过度屈伸和内外翻运动敏感。

距腓前韧带是维持踝关节稳定最重要的结构,也是最容易受损伤的韧带。距腓前韧带的主要功能是阻止踝内翻及防止距骨向前移位,并且限制踝跖屈和距骨内旋。非负重条件下,距腓前韧带是抵抗踝内旋力量的主要结构。Stephens 等则认为,距腓前韧带仅能通过限制踝关节跖屈来维持其稳定性。相反,Hollis 等发现,切断距腓前韧带后,踝关节和距下关节在背屈过程中活动度增加。

踝关节由背屈向跖屈运动时距腓前韧带应变增加。自踝关节最大背屈至最大跖屈,距腓前韧带应变逐渐增大。Renstrom 等发现,背屈 10°到跖屈 40°韧带应变增加 3.3%。Cawley 和 France 指出,跖屈 30°和背屈 20°时应变分别为最大应变的 3.3%和 0。自中立位至最大跖屈位,距腓前韧带长度平均增加 5 mm。此外,有研究表明,施加内翻和内旋力矩可以增大距腓前韧带应变。距腓前韧带张力测量结果显示,跖屈 20°配合内翻 15°或 0°时韧带张力大约为 40 N;任意屈伸度配合外翻 15°时张力小于 30 N。这也说明了距腓前韧带在对抗踝内翻力量时的重要作用。距腓后韧带主要通过控制背屈位外旋维持踝关节稳定。踝背屈位时应变最大,与中立位相比,最大背屈位时应变增加约 7%。跖屈时应变变化研究结果不一致。

三角韧带的主要作用是阻止踝外翻、外旋及跖屈。做跖屈运动时,胫舟韧带保持紧张。踝关节自中立位运动至跖屈位时,胫舟韧带长度明显增加,背屈时韧带长度恢复。胫跟韧带是防止踝过度外旋最重要的韧带,并阻止过度跖屈。跖屈时胫跟韧带收紧,其前侧纤维长度几乎不发生变化,后侧纤维跖屈位时可拉长 22%。胫距前韧带与距腓前韧带联合作用可阻止距骨前移及踝跖屈。胫距后韧带主要限制踝内旋及背屈。此外,三角韧带的另一个重要作用是防止距骨外移。

在其他踝关节韧带结构和功能完整的情况下,联合韧带对维持关节稳定起到的作用很小,其作用是使胫、腓骨活动一致。Olgivie 等量化了联合韧带防止距骨外移的贡献率,胫腓前韧带贡献率为 35%,胫腓后韧带贡献率为 40%,骨间韧带贡献率为 22%,骨间膜贡献率少于 10%。

踝关节面吻合对负重状态下关节稳定性尤为重要。在临床上,抽屉试验经常被用作判断距腓前韧带断裂的标志,但由于结构完整的踝关节也可以产生前抽屉运动,一些学者对以上检测方法提出质疑。有尸体试验表明,切断距腓前韧带踝关节可产生明显位移且负荷-位移呈非线性关系。完整踝关节前后位移范围为 1.5~9 mm,位移范围大小具体取决于施加的外部负荷大小。

负重情况下,正常的踝关节几何结构提供 30%旋转阻力和 100%侧翻阻力。Stiehl 等发现,负重时前后抽屉运动减少,侧翻和旋转稳定性增加,这可能是负重引起关节面吻合程度提高的结果。尽管三角韧带在限制距骨外移中起到重要作用，腓骨外移(4 mm)尸体试验表明，施加轴向负荷并切断三角韧带，未出现距骨显著外移及关节接触面或压力变化。由此可以推测，负重时距骨移向榫眼内获得最佳吻合位置，而非随腓骨远端向外位移。

五、踝关节动力学特征

踝关节在正常行走和跑时分别可承受大约 5 倍和 13 倍的身体重量。后足着地时，第 1 阶段，踝背屈肌收缩产生背屈力矩控制足着地时角度与缓冲；第 2 阶段，踝背屈肌离心收缩产生跖屈力矩使小腿向足前部运动；第 3 阶段，跖屈肌向心收缩维持跖屈力矩，从而使足产生蹬地动作。由于踝关节解剖学复杂性及个体差异性，冠状面及水平面内关节力矩测量结果参考价值较低。步态中，踝关节周围肌肉吸收或缓冲能量引起关节功率变化。负值代表足跟着地到全足着地阶段跖屈肌离心收缩吸收能量的过程。踝关节最大功率在前足蹬地阶段(约 50% 步态周期)产生，与跖屈肌收缩产生的能量使下肢带动全身向前移动相对应。

有实验研究表明，大约 83% 负荷通过胫距关节传递，剩余 17% 负荷经腓骨传递。经腓骨传递的负荷量在踝背屈过程中增大。胫距关节处 77%~90% 负荷由距骨顶承担，其余分布在内、外侧距骨面。负荷分布受韧带张力和关节位置共同影响，内翻时内侧面承受较高负荷，外翻时外侧面承受负荷较高。

踝关节具有相对较高的几何结构一致性，即负重等级较高，同时负重面积较大($11~13 cm^2$)。相对于膝关节和髋关节而言，踝关节应力较小。大多数踝关节面相关的研究基于计算机模拟或尸体测量手段。一项施加 1.5 kN(约 2 倍体重)静态负荷的尸体试验显示，踝关节中立位平均接触压力为 9.9 MPa，接触面积为 $483 mm^2$，明显小于之前研究报道的踝关节面面积。通过组合踝关节姿态及静态负荷反应步态周期各阶段的研究证明，踝关节接触压力在跖屈时较背屈时大。负重状态下基于 MRI 和透视成像技术的研究显示，最大接触面积出现在步态周期支撑期的蹬地和足跟着地时刻。

正常步态中，踝关节受力主要来自腓肠肌和比目鱼肌收缩。支撑期早期，胫骨前肌产生小于 20% 体重压力。Stauffer 等则认为，胫骨前肌收缩产生的压力基本与体重相当。支撑期后期，小腿后部肌群收缩可产生 5 倍的体重压力，也有测量结果为压力峰值为体重 4 倍。足跟离地过程中，应力约为 0.8 倍体重。

本章参考文献

Barnett C, Napier J. 1952. The axis of rotation at the ankle joint in man. Its influence upon the form of the talus and the mobility of the fibula[J]. Journal of anatomy, 86(Pt 1): 1.

Burdett R. 1982. Forces predicted at the ankle during running[J]. Medicine science in sports exercise, 14(4): 308 – 316.

Buzzi R, Todescan G, Brenner E, et al. 1993. Reconstruction of the lateral ligaments of the ankle: an anatomic study with evaluation ofisometry[J]. Journal of sports traumatology and related research, 15(2): 55.

Calhoun J H, Li F, Ledbetter B R, et al. 1994. A comprehensive study of pressure distribution in the ankle joint with inversion and eversion[J]. Foot & ankle international, 15(3): 125 – 133.

Carson M, Harrington M, Thompson N, et al. 2001. Kinematic analysis of a multi-segment foot model for research and clinical applications: a repeatability analysis[J]. Journal of biomechanics, 34 (10): 1299 – 1307.

Cawley P W, France E P. 1991. Biomechanics of the lateral ligaments of the ankle: an evaluation of the effects of axial load and single plane motions on ligament strain patterns[J]. Foot & ankle, 12 (2): 92 – 99.

Close J R. 1956. Some applications of the functional anatomy of the ankle joint[J]. Journal of bone and joint surgery, 38(4): 761 – 781.

Colville M R, Marder R A, Boyle J J, et al. 1990. Strain measurement in lateral ankle ligaments[J]. The American journal of sports medicine, 18(2): 196 – 200.

de Asla R J, Wan L, Rubash H E, et al. 2006. Six DOF in vivo kinematics of the ankle joint complex: Application of a combined dual-orthogonal fluoroscopic and magnetic resonance imaging technique [J]. Journal of orthopaedic research, 24(5): 1019 – 1027.

Grath G B. 1960. Widening of the ankle mortise. A clinical and experimental study[J]. Acta chirurgica Scandinavica. Supplementum, 263: 1.

Grimston S K, Nigg B M, Hanley D A, et al. 1993. Differences in ankle joint complex range of motion as a function of age[J]. Foot & ankle, 14(4): 215 – 222.

Hackenbruch W, Noesberger B, Debrunner H. 1979. Differential diagnosis of ruptures of the lateral ligaments of the ankle joint[J]. Archives of orthopaedic traumatic surgery, 93(4): 293 – 301.

Harper M C. 1987. Deltoid ligament: an anatomical evaluation of function[J]. Foot & ankle, 8(1): 19 – 22.

Hicks J. 1953. The mechanics of the foot: I. The joints[J]. Journal of anatomy, 87(Pt 4): 345.

Johnson E E, Markolf K L. 1983. The contribution of the anterior talofibular ligament to ankle laxity [J]. The Journal of bone joint surgery, 65(1): 81 – 88.

Ker R, Bennett M, Bibby S, et al. 1987. The spring in the arch of the human foot[J]. Nature, 325 (6100): 147.

Kimizuka M, Kurosawa H, Fukubayashi T. 1980. Load-bearing pattern of the ankle joint[J]. Archives of orthopaedic traumatic surgery, 96(1): 45 – 49.

Lambrinudi C. 1932. Use and abuse of toes[J]. Postgraduate medical journal, 8(86): 459.

Laurin C, Mathieu J. 1975. Sagittal mobility of the normal ankle[J]. Clinical orthopaedics related research, (108): 99 – 104.

Lähde S, Putkonen M, Puranen J, et al. 1988. Examination of the sprained ankle: anterior drawer test or arthrography? [J]. European journal of radiology, 8(4): 255 – 257.

Lundberg A, Goldie I, Kalin B, et al. 1989. Kinematics of the ankle/foot complex: plantarflexion and dorsiflexion[J]. Foot & ankle, 9(4): 194-200.

Lundberg A, Svensson O K, Bylund C, et al. 1989. Kinematics of the ankle/foot complex—part 2: pronation and supination[J]. Foot & ankle, 9(5): 248-253.

Lundberg A, Svensson O K, Bylund C, et al. 1989. Kinematics of the ankle/foot complex—part 3: influence of leg rotation[J]. Foot & ankle, 9(6): 304-309.

Lundberg A, Svensson O, Nemeth G, et al. 1989. The axis of rotation of the ankle joint[J]. The Journal of bone joint surgery, 71(1): 94-99.

Luo Z P, Kitaoka H B, Hsu H C, et al. 1997. Physiological elongation of ligamentous complex surrounding the hindfoot joints: in vitro biomechanical study[J]. Foot & ankle international, 18 (5): 277-283.

Luo Z P, Kitaoka H, Kura H, et al. 1996. Optimal maneuvers for evaluation and treatment of ligaments of the medial ankle and hindfoot[C]. Atlanta: The 42nd Annual Meeting of Orthopaedic Research Society.

Mann R A, Hagy J L. 1979. The function of the toes in walking, jogging and running[J]. Clinical orthopaedics related research, (142): 24-29.

Marcus H J, Dale B R, Flahiff C M. 1995. Simulated lateral ankle ligamentous injury: change in ankle stability[J]. The American journal of sports medicine, 23(6): 672-677.

Mei Q C, Gu Y D, Sun D, et al. 2018. How foot morphology changes influence shoe comfort and plantar pressure before and after long distance running? [J]. Acta of bioengineering biomechanics, 20(2): 179-186.

Michael J M, Golshani A, Gargac S, et al. 2008. Biomechanics of the ankle joint and clinical outcomes of total ankle replacement[J]. Journal of the mechanical behavior of biomedical materials, 1(4): 276-294.

Michelson J D, Helgemo Jr S L. 1995. Kinematics of the axially loaded ankle[J]. Foot & ankle international, 16(9): 577-582.

Nigg B, Skarvan G, Frank C, et al. 1990. Elongation and forces of ankle ligaments in a physiological range of motion[J]. Foot & ankle, 11(1): 30-40.

Nordin M, Frankel V H. 2001. Basic biomechanics of the musculoskeletal system[M]. Philadelphia: Lippincott Williams & Wilkins: 225-233.

Ogilvie-Harris D J, Reed S, Hedman T. 1994. Disruption of the ankle syndesmosis: biomechanical study of the ligamentous restraints[J]. Arthroscopy, 10(5): 558-560.

Pankovich A M, Shivaram M S. 1979. Anatomical basis of variability in injuries of the medial malleolus and the deltoid ligament: II. Clinical studies [J]. Acta orthopaedica scandinavica, 50(2): 225-236.

Quiles M, Requena F, Gomez L, et al. 1983. Functional anatomy of the medial collateral ligament of the ankle joint[J]. Foot & ankle, 4(2): 73-82.

Rasmussen O. 1985. Stability of the ankle joint: analysis of the function and traumatology of the ankle ligaments[J]. Acta orthopaedica scandinavica, 56(sup 211): 1-75.

Rasmussen O, Kromann A C, Boe S. 1983. Deltoid ligament: functional analysis of the medial collateral ligamentous apparatus of the ankle joint[J]. Acta orthopaedica scandinavica, 54(1):

36 - 44.

Rasmussen O, Tovborg-Jensen I. 1982. Mobility of the ankle joint: recording of rotatory movements in the talocrural joint in vitro with and without the lateral collateral ligaments of the ankle[J]. Acta orthopaedica Scandinavica, 53(1): 155 - 160.

Rasmussen O, Tovborg J I. 1981. Anterolateral rotational instability in the ankle joint: an experimental study of anterolateral rotational instability, talar tilt, and anterior drawer sign in relation to injuries to the lateral ligaments[J]. Acta orthopaedica scandinavica, 52(1): 99 - 102.

Redmond A C, Crosbie J, Ouvrier R A. 2006. Development and validation of a novel rating system for scoring standing foot posture: the Foot Posture Index[J]. Clinical biomechanics, 21(1): 89 - 98.

Renstrom P, Wertz M, Incavo S, et al. 1988. Strain in the lateral ligaments of the ankle[J]. Foot & ankle, 9(2): 59 - 63.

Sarrafian S K. 1993. Biomechanics of the subtalar joint complex[J]. Clinical orthopaedics related research, 290: 17 - 26.

Shibata Y, Nishi G, Masegi A, et al. 1986. Stress test and anatomical study of the lateral collateral ligaments of the ankle[J]. Nihon seikeigeka gakkai zasshi, 60(6): 611 - 622.

Siegler S, Chen J, Schneck C. 1990. The effect of damage to the lateral collateral ligaments on the mechanical characteristics of the ankle joint—an in-vitro study [J]. Journal of biomechanical engineering, 112(2): 129 - 137.

Stauffer R N, Chao E, Brewster R C. 1977. Force and motion analysis of the normal, diseased, and prosthetic ankle joint[J]. Clinical orthopaedics and related research, 127: 189 - 196.

Stebbins J, Harrington M, Thompson N, et al. 2006. Repeatability of a model for measuring multi-segment foot kinematics in children[J]. Gait & posture, 23(4): 401 - 410.

Stephens M M, Sammarco G J. 1992. The stabilizing role of the lateral ligament complex around the ankle and subtalar joints[J]. Foot & ankle, 13(3): 130 - 136.

Stiehl J, Skrade D, Needleman R, et al. 1993. Effect of axial load and ankle position on ankle stability [J]. Journal of orthopaedic trauma, 7(1): 72 - 77.

Stormont D M, Morrey B F, An K N, et al. 1985. Stability of the loaded ankle: relation between articular restraint and primary and secondary static restraints[J]. The American journal of sports medicine, 13(5): 295 - 300.

Valderrabano V, Hintermann B, Horisberger M, et al. 2006. Ligamentous posttraumatic ankle osteoarthritis[J]. The American journal of sports medicine, 34(4): 612 - 620.

(张妍,吕翔,顾耀东)

第二章

裸足的生物力学分析及研究

跑步作为一项便捷且高效的健身运动备受各年龄段人群喜爱,跑步对身体的益处也毋庸置疑。然而它却面临着一个尴尬的问题,时常出现的运动损伤一直困扰着跑步人群。回归原始状态的裸足及模拟裸足运动是近些年来运动生物力学界的研究热点。有研究表明,裸足跑能提高足部肌肉组织的能力,增加下肢和足部肌肉力量及本体感觉系统的调节能力,而更强健的足部肌肉会给骨骼和关节提供有力的支持以减少损伤风险。因此,裸足运动慢慢地开始走进大众视野并越来越受大众欢迎。如今在跑步造成的足部损伤给跑者带来诸多烦扰,而在裸足相关的运动越来越流行的情况下,总结分析着鞋跑和裸足跑在运动学及动力学特征等各个方面的相似性和差异性,可以更好地为裸足跑者和患相关跑步损伤者的康复治疗提供一定的指导与建议。

第一节
基于裸足形态特征的跑步生物力学分析

一、裸足跑步的研究进展

跑步作为一项简单易行且拥有广泛参与度的身体活动吸引了广泛的关注,一个原因是从人类进化理论的角度出发,认为长距离的跑动对于人类的生存、适应至关重要,裸足跑步被认为能够降低足部或下肢损伤的概率。另一个原因是,早在现代运动鞋具于 20 世纪 70 年代出现之前,人们就光脚或者穿着平底、没有任何缓冲垫的鞋子跑步。Lieberman 认为习惯裸足(habitually barefoot,HB)跑步的人群与习惯着鞋(habitually shod,HS)跑步的人群存在一个最为显著的差异,即前者通常是以前足着地(forefoot strike,FFS),偶尔以中足着地(midfoot strike,MFS),极少情况下采用足跟着地(rearfoot strike,RFS);而后者绝大多数都是以足跟着地,且被认为是由于现代运动鞋后跟缓冲护垫作用的结果。不同足部着地方式(foot strike pattern,FSP)的判定方式包括:① 通过视觉观察着地时足部接触地面的位置(划分为前足、中足和足跟着地);② 通过测力板获得压力中心(center of pressure,COP),根据其在前掌至足跟的位置不同而划分(0~100%:足跟末端至前足顶端);③ 通过分析踝关节在矢状面内的运动学数据,以静态站立时为基准,获得足部着地角度(foot strike angle,FSA),从而结合运动学数据判定足部着地方式。关于足部着地方式差异的研究表明,不同足部着地方式的足部负荷特征也不相同。前足着地跑步的足部着地方式能够有效地降低着地时足部与地面的冲击力,从而对足部及下肢的损伤如距骨和胫骨的应力性骨折、髌骨疼痛及足底筋膜炎有预防和防护的作用。近年来,部分关于裸足跑步的研究也证实,裸足跑步能够降低着地时的地面冲击力,增加本体感觉系统的调节能力及下肢和足部肌肉力量,从而有助于预防损伤。

鉴于上述原因,裸足跑步引起了媒体、学者、跑者及运动鞋具制造商的广泛关注。学者纷纷进行裸足、着鞋或者相互间比较的研究;跑者以减少损伤为目的尝试裸足跑步;同样由于受到这一观点的启发,运动鞋具制造商也生产出各式各样的裸足跑步鞋,如 Vibram 五趾鞋、New Balance Minimus、Nike Free 等品牌的各系列,意在给跑者带来裸足跑步的感觉及其带来的益处。与此同时,大量关于 HB 跑者动作特征、HS 跑者裸足跑等的研究也表明,HB 跑者进行裸足跑步有一定的技术特点,而对于 HS 跑者进行裸足跑步而言,不仅是足部着地方式的差异,HS 跑者还进行尝试前足着地的裸足或者着裸足鞋跑步时需要经过一定阶段对裸足跑步技巧的学习。研究同样表明,由于前足着地时踝关节呈跖屈的姿势,HB 跑者下肢肌肉及跟腱等组织会出现变化,且足部会出现角质化;其他因素如跑步场地环境多变容易对足部造成创伤,这也是裸足跑步时必须考虑的一个重要因素。与此同时,"是'裸足跑或着鞋跑'重要还是'足部着地方式'更重要?"这一议题被提出并被研究,结果表明,无论是着常规鞋具还是极简鞋具,都无法达到与裸足跑步完全一致的效果,尤其对 HS 跑者而言,其足部及下肢的负荷增加得更为明显,从而出现损伤的风险更大。

不同地理区域人群足部形态特征存在差异,这一观点已得到广泛认可,其中尤为突出的特征在足的前掌区和脚趾区。足部的不用形态学特征与足部特定区域的功能也有紧密联系。下述研究选取两组受试者,一组为 18 名 HB 跑者,另一组为 20 名 HS 跑者。两组受试者跑步时足部着地方式不同,HB 跑者跑步时是以前足着地,HS 跑者跑步时是以足跟着地。两组受试者足部存在较为显著的形态学差异,前足着地相对于足跟着地而言,前足着地时拇趾和其他脚趾分离且分离距离很大。本章目的在于结合足部形态学差异的同时,对 HS 跑者和 HS 跑者在裸足与着鞋条件下的时空参数、运动学及动力学指标和足底压力特征等进行比较分析,探究其在两种条件下的运动生物力学特征,假设两组受试者脚趾区的形态学差异与足部功能相关。

二、裸足跑步研究方法

(一) 研究对象

实验选取 18 名男性 HB 跑者[年龄:(23 ± 1.2)周岁;身高:(1.65 ± 0.12)m;体重:(65 ± 6.9)kg;体重指数:(23.88 ± 0.93)kg/m^2],他们均来自印度西南部喀拉拉邦(Kerala),均为宁波大学国际留学生;20 名男性 HS 跑者[年龄:(24 ± 2.1)周岁;身高:(1.72 ± 0.16)m;体重:(66 ± 6.5)kg;体重指数:(22.31 ± 1.97)kg/m^2],均为宁波大学在读中国学生。受试者了解实验步骤和目的且签署协议书,均以右腿为优势腿、鞋码为 41 欧码,均有跑步的历史,且在实验前半年下肢无任何损伤。

跑步测试实验前,受试者均采用立陶宛(Lithuania)考纳斯市(Kaunas)生产的便捷式足部扫描系统(Easy-Foot-Scan 3D 足部形态扫描系统)进行 3D 足形扫描(图 2-1),获取受试者的 3D 足面数据及 2D 足底图片。Easy-Foot-Scan 3D 足部形态扫描系统对受试者进行足形扫描时,受试者两脚与肩同宽自然站立,其中右脚踩在足形扫面器的扫面区域,左脚踩在与扫描区域等高的支撑平台上。Easy-

Foot-Scan 3D 足部形态扫描系统的扫描速度、灵敏度、分辨率参数设定在快速、正常和 1.0 mm。获取的 2D 足底图片采用计算机辅助设计软件对拇趾和第 2 趾间的最小距离进行测量（图 2-2）。所测得两组受试者的最小距离进行独立样本 t 检验（independent-samples t test），得到 $\alpha = 0.000 < 0.05$，$t = -16.15$。

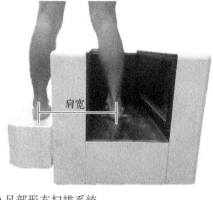

图 2-1 彩图

图 2-1　Easy-Foot-Scan 3D 足部形态扫描系统

资料来源：梅齐昌，顾耀东，李建设.2015.基于足部形态特征的跑步生物力学分析[J].体育科学,35(6)：34-40.

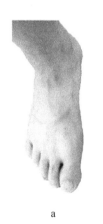
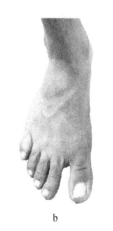

最小距离　　　　最小距离

a　　　　　　b　　　　　　c　　　　　　d

图 2-2 彩图

图 2-2　受试者的足部背面观及 2D 足底图片

资料来源：梅齐昌，顾耀东，李建设.2015.基于足部形态特征的跑步生物力学分析[J].体育科学,35(6)：34-40.

（二）实验方法

采用产自英国牛津光学有限公司的 Vicon 三维红外运动捕捉系统采用内置 Nexus Plug-in Gait 模型，将 16 个反光标记点（直径 14 mm）分别粘在左右侧髂前上棘、左右侧髂后上棘、左右大腿外侧、左右膝关节中心点外侧、左右小腿外侧、左右外踝尖、左右足跟及左右侧第 2 跖骨头。测试频率设定在 200 Hz，用于时空参数及运动学相关数据的采集。同时,使用产自瑞士的奇石乐三维测力台(Kistler 三维测力台)与 Vicon 三维红外运动捕捉系统同步测试,并将其固定于跑道中央,受试者调整好落脚点右脚落于测力台上,以 1 000 Hz 频率采集受试者右腿的地面作用力。

使用产自德国 Novel 公司的鞋垫式足底压力测量系统(Novel Pedar-X System)用于跑步过程中足底压力的采集,HB 跑者裸足跑步时将其连同袜子固定于足底,HS 跑者着鞋跑步时将鞋垫平整置于鞋内。鞋垫根据足部解剖结构被分为足跟内侧(medial rearfoot, MR)区、足跟外侧(lateral rearfoot, LR)区、中足内侧(medial midfoot, MM)区、中足外侧(lateral midfoot, LM)区、前足内侧(medial forefoot, MF)区、前足外侧(lateral forefoot, LF)区、拇趾(hallux, H)区及其他脚趾(other toes, OT)区共 8 个区域,以进一步准确分析足底受力特点。峰值压强、接触面积及压强-时间积分等参数用于分析 HB 跑者及 HS 跑者一个步态周期中右腿支撑期的足底压力特征。一个步态周期的划分是以受试者跑步过程中右腿着地即刻开始,到下一次着地前即刻停止。

(三)实验步骤及数据采集

通过秒表和节拍器控制受试者的跑步节奏,将速度控制在(3.0 ± 0.2) m/s,受试者在实验室内 10 m 长的跑道上熟悉实验场地适应跑步节奏和速度且调整好步点,以右腿落在跑道中间的 Kistler 三维测力台上为准。实验过程中,两组受试者按随机顺序进行跑步测试,为保证受试者跑步步态的稳定性和降低实验数据的误差,两组受试者均进行 6 次跑步测试。运动学、动力学及足底压力测试应同步进行。

(四)统计学分析

两组受试者在裸足(HB 跑者)及着鞋(HS 跑者)条件下均进行 6 次跑步实验,以便于数据统计过程中采用平均值来降低实验误差。SPSS 17.0 统计软件采用最小差异分析法(least significant difference, LSD)和独立样本 t 检验分析 HB 跑者裸足跑及 HS 跑者着鞋跑的时空参数、运动学及动力学的差异性,显著性水平设定在0.05。

三、裸足跑步实验结果

研究将右脚着地(落于 Kistler 三维测力台)即刻至下一次着地即刻定义为一个周期,将 6 次实验的数据标准化后进行平均以保证实验数据准确地反映受试者的步态特征,动力学的垂直地面反作用力(vertical ground reaction force, vGRF)及足底压力等数据同样选取该步态周期中的数据。

（一）时空参数及运动学结果

后期实验数据采用 Vicon 三维红外运动捕捉系统 Nexus 软件包对时空参数及下肢各关节角度进行处理,并分析 HB 跑者与 HS 跑者一个跑步步态周期帧的步周长、步幅时间及右脚与地面接触时间的差异性(表 2 − 1)。

表 2 − 1　时空参数表(18 名 HB 跑者及 20 名 HS 跑者)

参　数		HB 跑 者	HS 跑 者
步周长(m)	均值	2.16*	2.48
	标准差	0.11	0.11
步幅时间(s)	均值	0.72&	0.828
	标准差	0.037	0.032
右脚与地面接触时间(s)	均值	0.202+	0.311
	标准差	0.022	0.019

资料来源:梅齐昌,顾耀东,李建设.2015.基于足部形态特征的跑步生物力学分析[J].体育科学,35(06):34 − 40.

注:*、& 和+分别表示 HB 跑者裸足跑步与 HS 跑者着鞋跑步时步周长、步幅时间及接触时间存在显著性差异(显著性水平 $p<0.05$)。

足跟着地和前足着地在一个跑步步态周期中下肢踝、膝及髋 3 个关节角度变化曲线如图 2 − 3~2 − 5 所示。为将运动学数据与动力学数据结合起来分析,关节

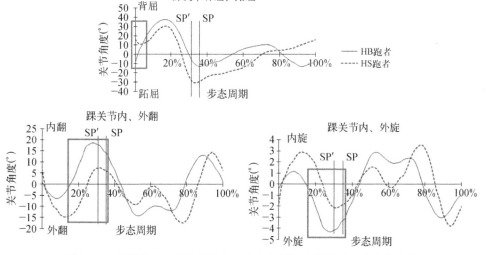

图 2 − 3　足跟着地和前足着地在一个步态周期中踝关节角度变化曲线

SP 表示 HS 跑者的支撑期,SP′表示 HB 跑者的支撑期

资料来源:梅齐昌,顾耀东,李建设.2015.基于足部形态特征的跑步生物力学分析[J].体育科学,35(6):34 − 40.

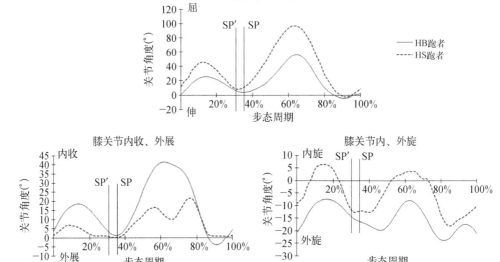

图 2-4　足跟着地和前足着地在一个步态周期中膝关节角度变化曲线

SP 表示 HS 跑者的支撑期,SP′表示 HB 跑者的支撑期

资料来源:梅齐昌,顾耀东,李建设.2015.基于足部形态特征的跑步生物力学分析[J].体育科学,35(6):34-40.

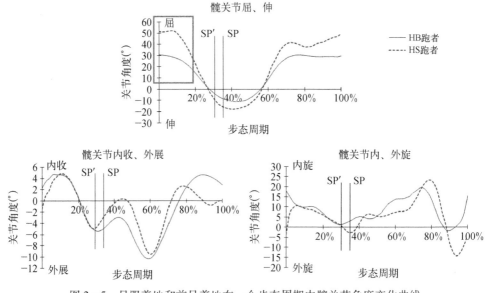

图 2-5　足跟着地和前足着地在一个步态周期中髋关节角度变化曲线

SP 表示 HS 跑者的支撑期,SP′表示 HB 跑者的支撑期

资料来源:梅齐昌,顾耀东,李建设.2015.基于足部形态特征的跑步生物力学分析[J].体育科学,35(6):34-40.

角度变化主要集中分析右腿在支撑期的数据特点,依据两组受试者跑步时与地面的接触时间占总步幅时间的比例,HS 跑者与 HB 跑者的支撑期分别占各自步态周期的37.2±0.3%(SP)和28.5±0.5%(SP′),SP 表示 HS 跑者的支撑期,SP′表示 HB 跑者的支撑期。

(二) vGRF 与足底压力结果

各受试者的 vGRF 均通过体重(单位:N)进行标准化,得到两组受试者的 vGRF 与各自体重的相对值。两组受试者进行跑步测试时,足部着地方式不同导致二者的 vGRF 特点也不相同。HS 跑者着鞋跑时,有两个波峰,第一个波峰(Ⅰ)为受试者足跟着地时产生被动冲击力峰值,第二个波峰(Ⅱ)为受试者前足蹬离地面时产生的主动冲击力峰值;而 HB 跑者在裸足跑与着鞋跑时,均保持前足着地(Ⅰ′),只产生一个前足蹬地时刻的波峰(Ⅱ′),如图 2-6 所示。

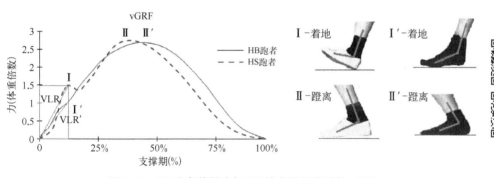

图 2-6　HS 跑者着鞋跑与 HB 跑者裸足跑时的 vGRF

资料来源:梅齐昌,顾耀东,李建设.2015.基于足部形态特征的跑步生物力学分析[J].体育科学,35(6):34-40.

垂直负荷增长率(vertical loading rate,VLR)是 vGRF 除以相对应的时间(force/time)。两组受试者足部着地方式不同,对 HB 跑者及 HS 跑者的 VLR 进行比较,如图 2-6 所示,HS 跑者着鞋跑时的 VLR 大于 HB 跑者裸足跑时的 VLR(此时记为 VLR′)。通过鞋垫式足底压力测量系统测得的两组受试者跑步时各区域的峰值压强、接触面积及压强-时间积分的特点见图 2-7~图 2-9(" * "表示二者间显著性水平低于 0.05)。本文主要比较分析两组受试者跑步测试时支撑期内足底相应解剖区域的足底压力特点。

HS 跑者与 HB 跑者跑步测试时,足底 8 个分区的峰值压强均存在一定差异,其中 MR 区、LR 区、LF 区及 H 区的差异性较显著(图 2-7),HB 跑者在 MR 区、LR 区及 H 区等区域的峰值压强明显小于 HS 跑者(p<0.01)。如图 2-9 所示,HS 跑

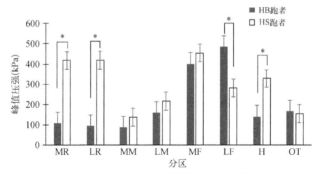

图 2-7　着鞋跑及裸足跑的足底各区域峰值压强

＊表示二者间显著性水平低于 0.05

资料来源：梅齐昌,顾耀东,李建设.2015.基于足部形态特征的跑步生物力学分析[J].体育科学,35(6)：34-40.

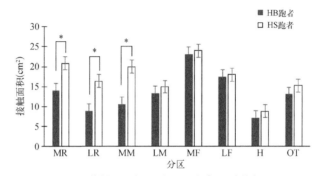

图 2-8　着鞋跑及裸足跑的足底各区域接触面积

＊表示二者间显著性水平低于 0.05

资料来源：梅齐昌,顾耀东,李建设.2015.基于足部形态特征的跑步生物力学分析[J].体育科学,35(6)：34-40.

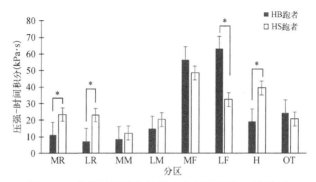

图 2-9　着鞋及裸足跑的足底各区域压强-时间积分

＊表示二者间显著性水平低于 0.05

资料来源：梅齐昌,顾耀东,李建设.2015.基于足部形态特征的跑步生物力学分析[J].体育科学,35(6)：34-40.

者与 HB 跑者跑步测试时足底各区域的压强-时间积分也存在一定的差异性,主要集中于 MR 区、LR 区、LF 区和 H 区等区域。HB 跑者跑步测试时 MR、LR 及 H 的压强-时间积分小于 HS 跑者,LF 区相反。

四、着鞋跑及裸足跑的生物力学差异与分析

研究以 HS 跑者与 HB 跑者间足部一个显著的形态差异——以前者内收的 H 区及后者外展的 H 区为基础,就两个具有不同跑步足部着地方式的群体,在控制跑步速度的基础上,要求受试者以各自正常且舒适的姿势进行跑步测试。通过对两组受试者跑步过程中下肢运动学、动力学及足底压力特征的分析,探究 HB 跑者与 HS 跑者足部特定形态结构相关联的功能特点。

裸足跑步的益处被大众媒体等广泛认可宣传,且裸足跑步也运用至运动员的日常训练、娱乐健身及康复训练中。多变的跑步界面及环境激发出"裸足鞋"来模拟裸足跑步对人体产生的刺激和感觉,且能够预防皮肤损伤或者其他急性损伤。关于不同足部着地方式及着鞋或裸足条件下跑步的生物力学分析越来越得到广泛的重视,其也在不断研究中。

结合研究中 HB 跑者和 HS 跑者跑步测试时的时空参数及运动学参数比较并分析,两组受试者在步周长、步幅时间及接触时间方向方面存在较大差异。HB 跑者跑步测试时的步周长明显小于 HS 跑者,这与大量裸足跑的研究结果一致。跑步过程中,步长与速度和时间之间存在"步周长 = 跑步速度×步幅时间"的关系,其中两组受试者的跑步速度均控制在 (3 ± 0.2) m/s,步幅时间也会出现相应的变化,HB 跑者的步幅时间亦明显小于 HS 跑者的步幅时间。另外,HS 跑者足跟着地跑步时,支撑期内踝关节会出现着地时的背屈,过渡至全足支撑期的跖屈,再至蹬离期的跖屈;而 HB 跑者以前足着地时减少了踝关节跖屈背屈的运动,从而使足部与地面的接触时间减少。

通过压力鞋垫分区分析足部各区域的负荷,以对 HS 跑者与 HB 跑者跑步足底压力的对比分析可知,由于 HS 跑者以足跟着地,结合前文对两组受试者足部着地方式差异的分析对比,HS 跑者 MR 区、LR 区的峰值压强及压强-时间积分均显著高于 HB 跑者(以前足着地的跑步方式)。HS 跑者 MR 区、LR 区有较大的接触面积,HS 跑者 MM 区接触面积大于 HB 跑者可能由于鞋帮及鞋面的作用使鞋底更加贴合 MM 区。HB 跑者的峰值压强 LF 区与压强-时间积分的 MF 区、LF 区大于 HS 跑者,其中 LF 区较显著。鉴于鞋底缓冲作用的影响,HS 跑者 LF 区峰值压强小于 HB 跑者;HB 跑者由于缺乏鞋底缓冲垫作用,仅依靠踝关节有跖屈向背屈的运动来减缓冲击力,但快速的垂直负荷传递至小腿,从而增加了下肢的冲击力负荷,尤其是增加了小腿(胫骨)应力性骨折和前掌跖骨区域的疲劳性损伤的风险。HS 跑

者着鞋跑步时,足底 H 区域的峰值压强及压强-时间积分较大,说明其足部着地方式为足跟着地。HB 跑者裸足跑时 LF 区较大的峰值压强和压强-时间积分、MF 区的压强-时间积分等表明较大的压强及其较长时间的持续作用在较小的区域均会导致足部损伤,如足底筋膜炎及跖骨的疲劳性骨折。

结合上述时空参数与运动学及动力学的讨论分析,裸足跑时较小的步周长、较短的步幅时间及较短的接触时间,以及下肢踝关节背屈程度减小和髋关节的屈曲角度(前摆幅度)减小等均是裸足跑对长期裸足直接接触地面适应的结果,跑者在保持前足着地特征的同时机体对裸足跑进行了一定适应的调整,以减小裸足跑步时直接的冲击从而降低损伤的概率。同样,裸足跑所带来的生物力学参数调整是由跑步时足部着地方式的不同导致的(足跟着地相比前足着地),还是由去除鞋具束缚导致的,结果表明足部着地方式为主要因素。另外,掌握正确足部着地方式的技巧需要一定阶段的学习、适应。

研究中 HB 跑者与 HS 跑者足部形态的最大差异在 H 区,实验前通过 Easy－Foot－Scan 3D 足部形态扫描得到,HB 跑者 H 区与 OT 区间的最小距离显著大于HS 跑者 H 区与 OT 区间的最小距离,HB 跑者的 H 区呈外展形态,而 HS 跑者的 H区呈内收形态。结合脚趾在跑步过程中足部蹬地功能的分析,Lambrinudi 将运动过程中足部蹬离地面时把足部看作一条杠杆,跖骨头为支点,动力源自下肢各肌群(腓肠肌、趾长屈肌及拇长屈肌等),阻力为自身重量。H 区蹬地作用一方面能够增加支点的面积,降低聚集于支点(跖骨头)区域的压强等负荷;另一方面,与下肢肌群相连的趾长屈肌腱收缩,使 H 区的抓地产生弹射作用从而能够增加跑步时抓地功能,进而提高运动表现。结合降低的 MF 区的压强-时间积分说明 H 区的支撑作用可降低前足区负荷,类似的脚趾作用能够提升跑步时的运动表现,尤其是在长时间的耐力跑中。H 区在支撑期蹬离地面阶段的支撑作用,不但能够降低聚集于前足跖骨区域的负荷,降低足部出现足底筋膜炎、跖骨疲劳性骨折的风险,而且能够通过特定方式的训练刺激连接趾长屈肌腱相关肌群的作用从而提升 H 区的抓地功能,进而提升跑步时的运动表现。

HB 跑者与 HS 跑者进行跑步测试时由于不同的足部着地方式,表现出的时空参数、运动学、动力学及足底压力也有差异。本文的动力学研究结果表明,HS 跑者相对于 HB 跑者有较大的 VLR,这与下肢及足部损伤概率的增大紧密相关。对于广泛认同的裸足跑对机体的益处及较低的损伤概率,我们需要辩证地接受,裸足跑时前掌区域的负荷高于着鞋跑时的前掌区域的负荷。裸足跑带来的益处源于其跑步过程中足部着地的方式,而非是裸足跑还是着鞋跑,另外,掌握正确足部着地方式的技巧需要一定阶段的学习和适应。因此,HS 跑者要正确对待裸足跑,不要盲目尝试,更重要的是要掌握足部着地方式。HB 跑者跑步时,主要负荷集中于足部前掌区,这与多种下肢足部损伤相关。HS 跑者由于鞋底缓冲系统的作用,H 区能够起到支撑作用从而降低前足的负荷。HS 跑者与 HB 跑者间足部的形态差异关联的功能在 H 区,H 区的支撑作用可降低前足跖骨区域的负荷,从而降低足部损伤的风险;同时,H 区抓地时弹射的功能能够提升跑步时的运动表现。通过对 HS 跑者与 HB 跑者跑步的运动生物力学分析证实,两组受试者足部的形态差异与特定的运动功能相关联,该功能不仅能够提高跑步时的运动表现,还能够降低损伤风险。

第二节
裸足运动方式的生物力学研究进展

一、裸足运动的研究现状

人类是直立两足行走的物种之一,其正常足部包含 26 块骨骼、33 个关节和 19 条肌肉,用于支撑日常活动,是人体内部动力链与外界环境相互作用接触的始端。足部骨骼按照一定顺序排列构成内侧足弓即足纵弓,其用于支撑人体自重并在运动过程中分散足底压力从而起到缓冲作用。除了骨骼组织,足部的深层和浅层还存在排列复杂的肌肉组织,其与本体感觉系统结合来控制人体运动。Kennedy 等研究发现,人体单侧足底有 104 个机械传感器,同时足底的接收器主要分布在足部与地面接触的区域,这体现出足部在动作控制和平衡中的重要性。人类学研究推测,最早的鞋具大约出现在 40 000 年前,而这种推测是基于人类脚趾长度在这段时间内明显缩短,人们对脚趾抓地功能的依赖程度下降。现代鞋具逐渐由开趾的简易凉鞋演变为受美学观念影响的复杂结构鞋具,鞋具对足部形态和功能的影响可能因此而被忽视,并且着鞋运动是否会影响人体动作控制机制目前尚不清楚。长期穿着不合脚或具有过度保护功能的鞋具可能会导致足部脚趾抓地功能退化和拇趾外展。有研究发现,儿童长期穿着没有足弓支撑和缓震功能的简易鞋具时扁平足的发生率约为 6%,而穿着现代功能性鞋具时扁平足的发生率为 13%。约有 2/3 的老年群体足的宽度大于鞋具的宽度。长期穿着 5 cm 以上的高跟鞋会造成被动提踵状态和身体姿态前倾,从而会增加膝关节负荷和踝关节扭伤风险,同时发生拇趾外翻畸形的风险也大大增加。足部形态与足部功能是密切相关的,足部形态的改变必然会导致足部功能的代偿性和退行性改变。

裸足及模拟裸足运动目前是运动生物力学界非常流行的研究专题之一,许多学者认为回归原始状态的裸足运动具有减少运动损伤风险、增强足部肌力、改善足弓功能的作用。Bennett 和 Lieberman 等生物学家通过早期人类双足直立行走的足印分析并对人类足部骨骼化石进行重组发现,人类早期拇趾内收程度更大,与其余四趾的走向相反,并且比其他四趾更发达。还有研究发现,HB 跑者和着简易系带鞋跑步的墨西哥塔拉乌马拉成年男性足部拇展肌、趾短屈肌及小趾展肌的横截面积显著高于其他普通男性跑者(图 2-10)。裸足运动的支持者依据进化论认为,长跑是早期人类生存的必备技能之一,他们发现 HB 人群足部形态与自然足部形态更相近,建议将裸足跑作为预防损伤和增长足部肌力的训练手段。还有学者认为,裸足能够提升长跑运动的跑步经济性(running economy,RE),将裸足跑作为一种运动处方可提升运动表现和预防损伤。从 20 世纪 70 年代第一双缓震运动鞋诞生开始,各种运动鞋科技如能量回归、缓震、足跟控制、足弓支撑等层出不穷,其均以在提高运动表现的同时避免运动损伤为目的。然而流行病学统计发现,现代运动鞋科技的使用并没有使下肢及足部运动损伤的发生率显著降低。裸足运动这一方式和理念从 20 世纪 80 年代首次被报道就引起了人们极大的关注和兴趣。普通跑步爱好者将裸足跑作为一项娱乐活动,而职业跑步运动员则将裸足跑作为一项提升耐力和力量的训练手段。长期穿着具有保护功能的现代化鞋具可能会导致足部功能的缺失和退化,如穿着足弓支撑鞋具可导致足弓相关肌肉力量和韧带功能减弱。鞋具前掌部位的长期束缚可导致脚趾抓地功能退化、足部绞盘机制功能削

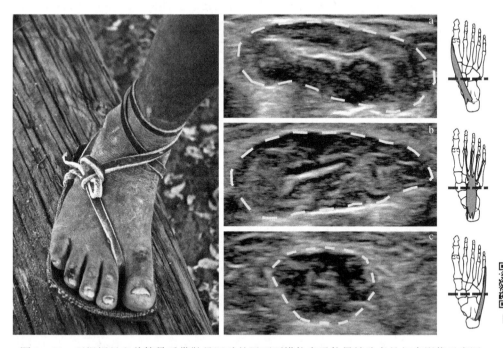

图 2-10 彩图

图 2-10 习惯裸足和着简易系带鞋具运动的墨西哥塔拉乌马拉男性跑者的超声影像示意图

a 图为拇展肌;b 图为趾短屈肌;c 图为小趾展肌横截面积

资料来源: Holowka N B, Wallace I J, Lieberman D E. 2018. Foot strength and stiffness are related to footwear use in a comparison of minimally-vs. conventionally-shod populations[J]. Scientific reports,8(1):3679.

弱从而增加损伤的风险。该部分内容通过对国内外关于裸足运动方式对下肢生物力学功能调整的生物力学研究进行系统综述,一方面探讨 HS 运动人群在急性和短期裸足运动干预前后的生物力学表现,另一方面剖析 HB 运动人群长期裸足运动习惯的生物力学适应机制。归纳裸足运动方式在当前国内外生物力学领域的研究状况,为裸足运动在运动训练和模拟裸足制造领域的实践应用提供理论背景及相关建议启示。

二、短期裸足运动干预的生物力学研究进展

现代运动鞋具在 20 世纪 70 年代得到了广泛的关注,各种运动鞋科技层出不穷,然而现代运动鞋科技的出现并没有使下肢及足部的运动损伤的发生率降低。美国足病医学会研究显示,正常成年人每天可步行或跑步 8 000~10 000 步,行走时下肢及足部承受的压力为体重的 1~1.5 倍,而跑步时其承受的压力要达到体重的 3 倍以上。持续的冲击载荷作用使足部和下肢的损伤发生率升高,长期从事跑步运动人群的损伤概率更是显著高于普通人群。长期着有各种保护功能的鞋具可导致足部本体感觉功能和神经肌肉控制功能的退化。然而同时有报道称,裸足和模拟裸足运动可导致跟腱负荷增大和跖骨应力性骨折风险增加,裸足和模拟裸足鞋具运动的安全性问题和有效性问题还未得到充分研究与证实。统计结果显示,HS 运动人群急性转变为裸足运动可导致部分运动损伤风险增加。本章将对 HS 短期裸足行走和跑步干预的时空参数、运动学、动力学及肌肉活动特征进行系统归纳概括,揭示 HS 裸足运动的内在生物力学机制(表 2 - 2,表 2 - 3)。

(一) 时空参数特征

与着鞋相比,裸足步行的步长显著降低,但着极简鞋具步长下降的幅度并不明显。有学者认为,如果将步行摆动期的下肢看作钟摆运动,鞋具质量增加了惯性载荷,基于钟摆拉长效应(pendulum lengthening effect),着鞋具者的步长增大,而极简鞋具质量较轻、惯性载荷较小,因此步长变化不明显。从另一角度考虑,裸足步行步长降低可能并非是鞋具质量单独作用的结果。例如,有研究发现,老年人着棉袜步行的步长显著小于裸足步行的步长,而年轻人裸足步行的步长与着棉袜步行的步长无显著差异,这可能是因为老年群体步态稳定性较低,裸足步行可提升本体感觉从而导致步态稳定性提高。与步长相反,裸足行走的步频显著高于着鞋行走的步频,裸足行走与着鞋行走的时空参数差异还体现在裸足行走的双支撑期百分比降低,支撑期时间减少,摆动期时间增加。从步速来看,有研究发现裸足步速比着棉袜的步速低,还有研究发现两者步速无显著差异。甚至有研究发现,老年群体着棉袜的步速反而小于裸足步速。裸足与着鞋步速的改变很大程度上取决于受试者

表 2 - 2　短期裸足步行干预生物力学研究

作者（年份）	受试者	样本量	裸足/鞋具体条件	实验设计	时空参数	运动学	动力学	肌肉活动
Xu 等（2017）	22 名男性、6 名女性在校大学生	28	(1) 裸足；(2) 常规运动鞋	10 m 走道自选速度步行测试	/	支撑早期着鞋膝关节屈曲角度减小	支撑早期着鞋膝关节伸力矩减小，支撑后期裸足髋关节屈力矩，髋关节能量及膝关节能量降低 GRF 降低	/
Tsai 和 Lin（2013）	21 名青年人 [（22.52±2.48）岁] 与 20 名老年人 [（74.60±7.21）岁]	41	(1) 裸足；(2) 棉袜	自选速度行走，测试时空参数特征	老年人着袜步速显著低于裸足着步速；年轻人着袜或裸足的步速无差异；老年人着袜步长著大于着袜棉袜行时的步长	/	/	/
Zhang 等（2013）	10 名青年人 [（25.8±4.83）岁]	10	(1) 裸足；(2) 凉鞋；(3) 夹趾拖鞋；(4) 常规运动鞋	自选速度步行的时空参数、运动学和动力学测试	裸足步行的支撑期时间显著缩短	裸足步行着地时刻踝关节跖屈和膝关节屈曲程度增大，踝关节支撑期背屈程度下降，膝关节活动度下降	裸足步行屈髋力矩显著减小；裸足支撑早期踝关节背屈力矩减小；裸足支撑后期踝关节显著内翻力矩；裸足支撑底压力中心左右方向位移增大，前后方向位移减小	/
Scott 等（2012）	28 名青年人 [（21.2±3.8）岁]	28	(1) 裸足；(2) 常规运动鞋；(3) 易肌转运动鞋	自选速度步行的肌肉电信号测试	/	/	/	裸足时与着鞋时胫骨前肌，腓骨长肌，小腿内侧肌，腓肠三头肌肌电峰值振幅及到达峰值时长存在显著差异

续表

作者（年份）	受试者	样本量	裸足/鞋具条件	实验设计	时空参数	运动学	动力学	肌肉活动
Keenan 等 (2011)	68名成年人 [(34±11)岁]	68	(1) 裸足; (2) 不同品牌运动鞋	自选速度步行动力学和时空参数测试	裸足步行时步长显著小于着鞋步行步长	/	裸足时伸髋与屈髋力矩、膝关节内翻力矩减小;裸足时膝关节屈膝力矩增大;裸足时vGRF第一峰值及制动vGRF降低,从而推进vGRF增大	/
Wirth 等 (2011)	16名男性,14名女性成年人 [(31.4±12.8)岁]	30	(1) 裸足; (2) 传统鞋具; (3) 易弯折鞋具	自选速度步行的时空参数和肌电信号测试	/	/	/	斜方肌、胸锁乳突肌、腰髂肋肌等颈背部肌群活动度显著不同
Moreno-Hernandez 等 (2010)	120名儿童 (6~13岁)	120	(1) 裸足; (2) 学校统一配鞋	/	裸足步速、步长及支撑期时间显著降低,裸足步行时步频显著增加	/	/	/
Lythgo 等 (2009)	898名儿童 (5~13岁)与82名青年 [(19.62±1.60)岁]	980	(1) 裸足; (2) 自选运动鞋	自选速度步行的时空参数指标测试	裸足步速、步长、支撑期时间、双支撑期时间显著降低;裸足步行时步频显著增加	/	/	/
Morio 等 (2009)	10名青年男性 [(25.4±6.4)岁]	10	(1) 裸足; (2) 软底凉鞋; (3) 硬底凉鞋	自选速度站立及步行足部运动学参数测试	/	裸足步行时前掌宽度显著增加;裸足着地时刻踝关节背屈角度显著减小;裸足支撑期踝足外翻及内收程度更大	/	/

续表

作者（年份）	样本量	受试者	裸足/鞋具条件	实验设计	时空参数	运动学	动力学	肌肉活动
Wolf 等（2008）	18	18 名儿童[（8.2±0.7）岁]	（1）裸足；（2）传统鞋具；（3）易扭转鞋具	自选速度下的足部运动参数指标测试	步速无显著差异；裸足步长显著缩短，步频显著增加	裸足步行前掌宽度显著增加；裸足步行足部外旋更大；裸足步行足纵弓长度变化幅度更大	/	/
Carl 等（2008）	10	10 名青年（平均24.6岁）	（1）裸足；（2）夹趾拖鞋；（3）运动鞋	自选速度下的动力学足底压力测试	/	/	裸足时步行跟骨区域的峰值压强显著大于着鞋时此区域的峰值压强	/
Oefinger 等（1999）	14	14 名儿童（7~10岁）	（1）裸足；（2）常规运动鞋	自选速度下的运动力学及时空参数指标测试	步速无显著差异；裸足步长显著缩短	裸足步行踝关节跖屈程度显著增大	/	/

表 2 - 3　短期裸足跑步干预的生物力学研究

作者（年份）	样本量	受试者	裸足/鞋具条件	实验设计	时空参数	运动学	动力学	肌肉活动
郑义，王宇（2018）	12	12 名男性跑步爱好者，均为足跟着地跑法	（1）裸足；（2）慢跑鞋具	（1）在慢跑鞋具跑台上以 3 m/s 速度跑台上跑 5 min；（2）在裸足跑台上跑 30 min；（3）在慢跑鞋具跑台上跑 1 min	/	着鞋状态转变为足跟着地状态，髋关节屈伸程度增大，足部着地方式均为足跟着地	/	裸足跑时胫骨前肌、腓肠肌外侧头和股二头肌电平均振幅明显减小
杨洋等（2017）	12	12 名成年男性受试者，均为 HS 及足跟着地跑法	（1）裸足；（2）Nike Air Max 全掌气垫鞋具	受试者分别以着鞋足跟、着鞋前掌、裸足足跟、裸足前掌 4 种姿势以 3 m/s 速度进行跑步测试	/	/	着鞋足跟 VLR 反到达冲击力峰值时间显著缩短；不同足部着地方式相比对足底压力峰值影响更显著，不同鞋具对足底反力峰值影响更显著	/

续表

作者 (年份)	样本量	受试者	裸足/ 鞋具条件	实验设计	时空参数	运动学	动力学	肌肉活动
Nicholas 等 (2017)	34	(1) 极简组:习惯着极简鞋者/4名(14名男性/4名女性); (2) 传统组:习惯着传统鞋者/3名(13名男性/3名女性);两组受试者平均每周跑48 km	(1) 裸足; (2) 极简鞋具(重量差<250 g,掌跟差<6 mm,鞋底厚度<20 mm); (3) 传统鞋具	(1) 极简组分别在极简鞋和急性裸足条件下进行跑步测试; (2) 传统组分别在传统鞋具和急性裸足条件下进行跑步测试; (3) 跑速为3.3×(1±5%) m/s	裸足跑接触时间显著缩短	(1) 裸足跑时足地角度与着鞋时着鞋角度均小于着鞋角度; (2) 极简鞋具着地足小于传统组着步时度;足着地角度; (3) 极简组与传统组裸足跑时着地角角度无差异	(1) 极简组:裸足跑时VLR大,踝关节刚度降低; (2) 传统组:裸足跑时VLR大	/
Sinclair 等 (2016)	15	15名男性业余跑者;平均每周跑35 km;均为传统鞋具跑者	(1) 裸足; (2) 传统鞋具; (3) 结构极简鞋具; (4) 极简鞋具	裸足、传统鞋具、结构极简鞋具和极简鞋具的速度下以4.0 m/s的实验室跑步测试	/	(1) 裸足跑着地时刻膝关节曲度更大; (2) 裸足着地时刻踝关节屈度更大	(1) 裸足跑着地、极简鞋具着地时踝关节跖屈力矩峰值更高; (2) 传统鞋具着地时踝关节跖屈力矩更大	/
Miller 等 (2014)	33	16名男性和17名女性业余跑者;平均每周跑48.3 km;均为传统鞋具跑者;分为极简鞋具训练组(17名)和对照组(16名)	(1) 传统鞋具(12 mm掌跟差); (2) 极简鞋具(0~4 mm掌跟差);	(1) 控制组与极简着鞋组分别进行12周跑步训练; (2) 12周训练后采集运动学参数和足部肌肉形态学参数	/	(1) 控制组:训练后足着地角显著减小,踝关节曲度程度减小; (2) 对照组:训练前后着地角度无变化	/	(1) 控制组:训练后足部跖屈短肌横截面积增加21%,拇外展肌横截面积增加22%; (2) 对照组:足部跖屈短肌横截面积增加11%
Bonacci 等 (2013)	22	22名高水平跑者;每周训练量(105.3±33.5) km	(1) 裸足; (2) Nike Free 3.0鞋具; (3) Nike Luna Racer 2鞋具; (4) 常规运动鞋	分别在裸足及不同鞋具条件下以(4.48±1.6) m/s速度进行实验室跑步测试	裸足跑步长缩短,步频较高	裸足跑支撑中期膝关节屈曲程度更大,着地时刻踝关节背屈程度更小	裸足跑膝关节伸膝力矩更小,膝关节负功更小;裸足跑踝关节所做正功更多	/

续表

作者(年份)	受试者	样本量	裸足/鞋具条件	实验设计	时空参数	运动学	动力学	肌肉活动
Williams 等 (2012)	20名业余跑者；每周跑10 km	20	(1)裸足；(2)常规运动鞋	分别进行裸足跑、着鞋后跟着地跑、着鞋前足着地跑，控制跑速为3.35×(1±5%) m/s	/	裸足跑时足着地时刻踝关节背屈程度小于着鞋足跟着地跑时；着地时刻踝关节背屈程度；膝关节着地角度无显著变化	裸足跑时膝关节吸收能量少，踝关节吸收能量多，下肢吸收总能量小于着鞋足跟着地跑；着地时刻小于下肢着鞋足跟跑时下肢吸收总能量	/
Braunstein 等 (2010)	14名男性耐力跑者，5年以上跑龄，每周平均跑步3次	14	(1)裸足；(2)鞋具1(Asics Nimbus)，鞋具2(Nike Pegasus 2004)，鞋具3(Nike Pegasus 2005)，鞋具4(Adidas Supernova)，鞋具5(Nike Tailwind)	裸足自然草坪跑步；着5双鞋具塑胶跑道跑速控制在(4.0±0.2) m/s	/	裸足跑时着地及蹬离时刻膝关节、踝关节角度无显著差异；踝关节第1,2阶段支撑期较长，第5阶段踝关节力臂较短；膝关节第1,5阶段踝关节力臂较长，第3阶段力臂较短	裸足跑时膝关节力矩更小，踝关节自然草坪跑时与着5双鞋具塑胶跑时踝关节峰值力矩无差异	/
Morley 等 (2010)	30名业余跑者；足跟着地跑法；根据足部外翻位置，中度足外翻组和高度足外翻组	30	(1)裸足；(2)常规运动鞋	3组跑者自选跑速在实验室条件下分别裸足和着常规运动鞋进行跑步测试	不同程度外翻跑速差异	中度和高度足外翻程度组裸足跑比着常规足外翻程度减小；轻度足外翻程度无显著差异	裸足跑内外侧GRF显著增大；内侧GRF峰值出现时刻更早	/
Kerrigan 等 (2009)	68名业余跑者；每周跑步距离≥24 km	68	(1)裸足；(2)常规运动鞋	跑者在Kistler三维测力台上以(3.2±0.4) m/s速度裸足及着鞋跑步	裸足步幅减小	裸足步幅减小	裸足跑时髋关节、膝关节、踝关节力矩减小；前后向峰值GRF提升；峰值内外侧vGRF下降	/
Squadron 等 (2009)	8名经过较长时间裸足跑训练的男性跑者	8	(1)裸足；(2)Vibram 五趾鞋；(3)常规运动鞋	跑者在Kistler三维测力台上以3.33 m/s速度进行跑步测试	裸足步幅明显减小和接触时间缩短，步频提高	着常规运动鞋着地时刻踝关节背屈程度更大；鞋跟关节活动度大于着Vibram 五趾鞋	着常规运动鞋垂直冲击力峰值高于着Vibram 五趾鞋	/

续表

作者（年份）	受试者	样本量	裸足/鞋具条件	实验设计	时空参数	运动学	动力学	肌肉活动
Divert 等 (2005)	35名业余跑者	35	(1)裸足 (2)常规运动鞋	跑者在台上以Kistler三维测力台上以3.33 m/s速度进行跑步测试	裸足步幅显著减小和接触时间显著缩短	/	裸足跑第1和第2垂直冲击峰值显著减小	裸足跑踝关节屈肌群：腓肠肌内外侧的预激活程度提高，与胫骨前肌激活程度无显著差异
Divert 等 (2005)	22名男性职业跑者	22	(1)裸足 (2)常规运动鞋	跑者在台上以Kistler三维测力台上以3.61 m/s速度进行跑步测试	裸足步频快	裸足跑垂直刚度及腿部刚度较大	裸足跑 vGRF 峰值显著减小	/
Kurz 和 Stergiou (2004)	8名男性跑者；过去4个月每周跑步距离为(44.59±29.5)km	8	(1)裸足；(2)较硬鞋底鞋具；(3)较软鞋底鞋具	跑者以自选速度进行跑台测试	/	所有跑者裸足着地均转变为前掌着地跑法；裸足跑膝、踝关节运动学变化幅度更大	/	/
Von Tscharner 等 (2003)	40名男性跑者；每周跑步距离>25 km/周	40	(1)裸足；(2)较硬鞋底鞋具；(3)较软鞋底鞋具	跑者在实验室至30 m跑道上以4.0×(1±5%) m/s速度进行跑步测试	/	/	/	裸足足跟着地跑着地前胫骨前肌电信号强度较低，着地后信号强度较高；着鞋跑着地后胫骨前肌激活时间较长
De Wit 等 (2000)	9名男性跑者；每周跑步距离为30~40 km	9	(1)裸足；(2)常规运动鞋	跑者在实验室分别以3.5 m/s、4.5 m/s、5.5 m/s速度进行跑步测试	裸足步频快，接触时间缩短	裸足跑着地时刻足外翻程度较小、踝关节屈曲程度较大，膝关节屈曲程度较大	裸足跑 VLR 较高，足跟峰值压强较低，支撑期屈腿刚度较高	/
McNair 和 Marshall (1994)	10名男性业余跑者；均为足跟着地跑法	10	(1)裸足；(2)常规运动鞋	跑者在实验室至以3.5 m/s速度进行跑步测试	/	裸足跑支撑期踝关节屈曲程度更大，跑离时膝关节屈曲程度较大	裸足跑胫骨加速度值较高，到达峰值加速度时间较短	/

对鞋具条件的适应程度不同,与裸足步行相比,着日常习惯鞋具的步速可显著提高,而着实验配备的标准鞋具的步速与裸足步速无显著差异。与行走不同,急性或短期的裸足跑干预对跑步时空参数的影响主要体现在步频方面。有研究发现,裸足跑的步频显著高于着鞋跑的步频,如 Bonacci 等发现裸足跑的单步频显著高于着鞋跑的单步频。相同跑速条件下,裸足跑的步长更短可能是导致裸足跑步频升高的主要原因。研究证实,裸足跑的步频提高一方面可以降低着地时的冲击载荷从而降低损伤的风险,另一方面可以使臀大肌和臀中肌的激活程度提高,从而降低膝关节前侧的负荷。然而步频的提高增加了累积冲击载荷,这可能会增加长距离跑步的损伤风险。

(二) 运动学特征

与着鞋行走相比,短期裸足步行干预的运动学差异主要体现在足部。裸足行走时,HB 跑者足前掌宽度及前足与地面的接触面积均显著大于着鞋行走者,同时着鞋状态下内侧足纵弓的长度变化范围也显著小于裸足状态。着鞋行走与裸足行走相比,其对足部运动学的改变还包括减小足部外翻外旋程度及足扭转程度。裸足步行除了对足部运动学产生一定影响外,对膝关节与踝关节运动学特征也产生显著影响。有研究发现,裸足行走着地时踝关节跖屈程度显著大于着鞋行走时踝关节跖屈程度,足着地角度显著减小,同时胫骨前肌的峰值振幅减小,到达峰值振幅时间延长。HS 跑者突然转变为裸足行走往往伴随着地时足底接触面积减小,从而增加了跌倒风险。因此,急性或短期裸足行走干预着地时踝关节跖屈程度增大可能是一种增大裸足行走时足底接触面积,提高支撑稳定性的代偿策略,足部运动学的变化如裸足步行前掌宽度及内侧足纵弓长度的变化也印证了这一猜想。

短期裸足跑步干预的运动学变化主要体现在膝关节、踝关节及足部。研究显示,裸足跑步常常伴随足着地角度的减小和踝关节跖屈程度的增大。这种变化也印证了裸足跑往往更倾向于前足着地的方式。有学者指出,裸足跑步足跖屈程度增大出现在着地前的 0.03 s,这种运动学关节角度的调整有可能是对地面冲击力的一种适应机制,以降低裸足着地时较高的地面冲击力。现代鞋具往往足跟部位较高且缓震性能较好,这在一定程度上促进了着鞋跑足跟着地方式的普遍使用。然而 HS 跑者在转变为裸足跑时并不一定都以前足着地的方式跑步,如有学者发现在草地裸足跑步时的足着地角度与着鞋跑时无差异。因此,除了裸足与鞋具因素需要考虑之外,跑步界面的软硬度也是影响裸足与着鞋跑生物力学的重要因素。裸足跑对踝关节冠状面的运动学特征也产生一定影响,有研究发现裸足跑足着地时刻的踝关节外翻角度及支撑期峰值外翻角度比着鞋跑时小。足跟的过度外翻与胫后肌腱功能紊乱、运动性下肢疼痛及胫骨内侧应力疼痛综合征显著相关。因此从运动损伤的角度看,足踝的外翻程度减小有利于降低相关损伤风险。同时需要注意的是,适度足外翻有助于分散局部过高的冲击载荷,降低胫骨及股骨应力。裸足跑支撑中后期踝关节到达峰值外翻所用时间显著缩短,这可能对提升蹬离期的稳定性有帮助。裸足跑对膝关节运动学特征也产生一定程度的影响,有研究发现裸足跑着地时膝关节屈曲的程度更大,然而也有研究显示膝关节屈曲程度在裸足及着鞋条件下无显著差异。这可能是由于上述研究选用的跑步界面条件不一致导致膝关节运动学出现适应性调整。膝关节屈曲程度增大被证实能够延长缓冲时间、减小冲击力从而降低损伤风险,因此采用足跟着地方式跑步的裸足跑者往往是通过膝关节屈曲角度的增大来减缓足跟着地时较大的瞬时冲击力,这也解释了裸足足跟着地跑法存在的合理性。

(三)动力学特征

HS 裸足与着鞋步行的动力学特征同样存在显著差异,有研究发现裸足与着鞋步行的动力学差异还体现在裸足步行的第一地面反作用力(ground reaction force,GRF)峰值降低,第一 GRF 峰值与第二 GRF 峰值之间的谷值升高。相比于着鞋步行较高的第一和第二 GRF 峰值及较低的 GRF 谷值,裸足步行支撑期 vGRF 的分布得更为均匀。D'Août 等研究发现无论是 HB 还是 HS,裸足步行相比于着鞋步行时的 vGRF 在支撑期内的分布更均匀,裸足跑步 vGRF 的分布特征也呈现出相似的特征。上述裸足步行 vGRF 的变化可能是因为裸足着地时的踝关节跖屈程度较大,足底绞盘机制得到了更好的利用。裸足步行第一 GRF 峰值的下降与支撑早期踝关节背屈力矩的下降及支撑末期踝关节跖屈力矩的下降有密切联系。研究同时发现,裸足步行支撑早期的伸髋力矩、屈髋力矩及膝关节内翻力矩均显著降低,与之对应的屈膝力矩则显著升高,由此推测上述膝、髋关节力矩的变化可能与裸足步行的步长降低有关。膝关节内翻力矩的增大会显著提高膝关节内侧的关节应力,从而增加膝关节骨性关节炎的损伤风险。裸足步行显著降低膝关节内翻力矩,这可能是由于现代鞋具的足跟过高、足弓支撑过度导致的着鞋步行膝关节内翻力矩相对增大。动力学参数中,除了关节力与力矩的差异之外,足底压力与足底压力中心参数也出现显著变化。HS 转变为裸足行走时足跟及跖骨头部位的峰值压强显著增大,而大拇指区域无显著差异。裸足步行的压力中心轨迹体现为前后方向即纵向位移显著减小,而横向位移显著增大,这也提示 HS 短期转变为裸足运动方式可导致步行稳定性下降和跌倒损伤风险增加。

研究显示,HS 短期裸足跑步的第一 GRF 峰值和第二 GRF 峰值均出现降低趋势,并且第一 GRF 峰值到第二 GRF 峰值之间的过渡更加平缓。冲击力峰值的下降能够降低长期跑步运动损伤如胫骨应力性骨折和足底筋膜炎等的风险,因此 HS 跑者进行裸足跑步训练可通过降低冲击峰值从而降低跑步损伤风险。但需要注意的是,裸足跑足部着地方式对冲击力有较大影响,裸足足跟着地跑会导致 VLR 显著增大。与裸足步行相似,有研究发现,裸足跑的膝关节内翻力矩相比于着鞋跑时显著降低。膝关节内翻力矩的降低能够减小胫股平台内侧面之间的挤压力,从而降低膝关节内磨损和退行性病变的风险。跑步过程中,下肢各关节不断处于吸收能量与释放能量的循环状态。有研究显示,裸足跑时膝关节做功和吸收的能量显著小于着鞋跑时,而踝关节及足部做功和吸收的能量则显著高于着鞋跑时。裸足跑时膝关节吸收能量和做功的减小能够在一定程度上降低膝关节内部应力和发生髌股关节疼痛的风险,但踝关节做功的增加可能导致踝关节周围组织运动损伤的风险增加。裸足前足着地跑法往往伴随较高的步频,能够降低单步着地时的冲击峰值,但高步频会导致累积冲击负荷的上升。同时,前足着地跑可使踝关节跖屈肌群及跟腱组织的应力增加,从而增加发生跖骨应力性骨折和跟腱炎的损伤风险。

(四)肌肉活动特征

从表面肌肉电信号(surface electromyography,sEMG)的角度来看,裸足与着鞋运动时下肢肌肉的平均峰值振幅、至峰值振幅时间及最大峰值振幅是人们研究关注的重点。Scott等发现,裸足步行胫骨前肌平均峰值振幅(0.09 mV)显著小于着鞋步行胫骨前肌平均峰值振幅(0.12 mV),而裸足步行腓骨长肌的平均峰值振幅(0.17 mV)显著大于着鞋步行腓骨长肌的平均峰值振幅(0.14 mV)。裸足步行时,胫骨前肌(6.02%~5.53%)和腓骨长肌(50.11%~47.55%)至峰值振幅时间晚于着鞋步行时胫骨前肌和腓骨长肌至峰值振幅时间。研究人员同时发现,着常规鞋具与着极简鞋具步行对肌电信号影响并不大,因此推测上述裸足与着鞋步行肌电信号的改变可能是由鞋具束缚导致的。HS裸足与着鞋跑步的肌肉预激活程度存在显著差异,有研究显示裸足跑时着地前踝关节跖屈肌群的预激活程度显著高于着鞋跑时,这提示裸足跑时下肢存在主动适应机制来调整足部转变为跖屈的足部着地方式以分散较高的冲击峰值。裸足跑时踝关节及周围肌群吸收了大部分的冲击负荷从而降低了膝、髋关节载荷,进而降低了膝、髋关节损伤风险。裸足跑时前足着地方式增强了踝关节跖屈肌群即小腿三头肌的激活程度,然而却可能因此增加跟腱炎与小腿三头肌的损伤风险,尤其是HS突然转变为裸足跑时损伤风险会进一步增大。相比于踝关节跖屈肌群,踝关节背屈肌群如胫骨前肌在裸足跑时的激活程度要显著低于着鞋跑时,胫骨前肌激活程度和做功的减少能够降低慢性胫骨前疼痛综合征风险。Fuller等发现,HS成年人着模拟裸足鞋具训练6周能够提升足部跖趾关节屈肌群的横截面积和大约20%的肌肉力量。从上述研究推断出一个可能的结论,较强的足深层肌群可以有效抬高足弓,从而使足弓在压力载荷条件下具有更好的缓震功能。

从研究综述结果来看,下肢生物力学功能在裸足运动方式下出现了一定程度的调整。HS跑者短期裸足运动干预的生物力学特征与HB跑者的生物力学特征基本相吻合。两类人群在步行和跑步时均表现为步频升高、步长缩短的时空参数特征。

运动学特征则均表现为足着地角度减小、踝关节跖屈程度和膝关节屈曲程度增大。在动力学特征中,HS 跑者和 HB 跑者裸足步行及跑步时的峰值 GRF 及垂直负荷加载率均表现出下降的趋势,结合运动学指标分析,原因可能是足着地角度的减小和踝关节跖屈程度的增大充分拉长了足弓,从而更好地利用了足部绞盘功能。

三、长期裸足运动习惯的生物力学研究进展

从进化学角度看,在鞋具出现之前人类已经裸足活动了数万年之久。Lieberman 采集到远古直立行走人类足部骨骼化石并根据解剖学排列重组发现,远古人类的大拇趾呈内收状态,与其余四趾分离程度较大,且大拇趾更为粗壮。Bennett 等对早期直立行走人类的足印分析也佐证了 Lieberman 的观点。最近数十年,裸足运动得到了包括运动科学学者、职业运动员、普通跑者和鞋具制造商的广泛关注,各种裸足运动理念及模拟裸足鞋具科技层出不穷。裸足运动的支持者认为,裸足是一种回归自然的运动模式,现代鞋具对足部过度束缚,从而会削弱足部本体感觉和足部功能。另外,现代运动鞋科技的诞生和发展并没有从根本上降低运动损伤的发生率,相反运动损伤的发生率有逐渐升高的趋势。而裸足运动的反对者则提出,足部在运动时需要鞋具提供缓冲、支撑、保护及动作控制。在沙滩、草坪等较软界面的裸足运动或许是安全的,然而在坚硬的水泥、沥青等界面,裸足运动会造成主观舒适性下降及冲击损伤风险增加。值得关注的是,目前世界上仍存在大量 HB 运动人群,比较有代表性的如肯尼亚地区、印度南部地区和墨西哥北部的塔拉乌马拉地区。前文对 HS 急性和短期裸足运动干预的运动生物力学研究展开综述发现,HS 跑者在急性转变为裸足跑步时可能会导致跑步相关损伤风险的增加。下文将对 HB 跑者的足部形态学改变及运动生物力学适应机制进行系统总结归纳,试图揭示长期裸足运动的生物力学规律,为裸足运动训练、模拟裸足鞋具设计等提供参考和指导(表 2 - 4)。

(一) 足部形态测量学特征

从足部测量学和解剖学角度分析,生活习惯、地理位置、年龄、性别等因素的差异导致不同人群的足部形态也各不相同。根据着鞋及裸足运动习惯,将不同人群划分为 HS 人群及 HB 人群。研究发现,HB 人群足宽显著高于 HS 人群。在相对身高标准化后发现,HB 人群足部形态相对较宽较肥大,而 HS 人群足部形态相对纤细。Shu 等研究发现,HB 运动的印度人与 HS 运动的中国人足形差异主要体现在足前掌部位,即 HB 人群前掌较宽且脚趾分开,而 HS 人群前掌相对较窄且脚趾合拢,鞋具的过度使用可能会导致拇趾外翻畸形的发生率上升(图 2 - 11)。Chaiwanichsiri 等对 HS 老年群体足部疾病发生率统计发现,患有一种足部畸形的老年人比例高达87%,其中45.5%患有拇趾外翻畸形。现代鞋具前掌部位变窄及长期穿着不合

表 2-4 长期裸足运动习惯的生物力学研究

作者（年份）	样本量	年龄	受试者	裸足习惯定义	实验设计	运动生物力学特征	足部形态解剖学特征
Wallace 等 (2018)	65	(1) HB 跑者：41~75岁；(2) HS 跑者：40~77岁	(1) HB 跑者：墨西哥塔拉乌马拉人35名；(2) HS 跑者：美国城市居民30名	塔拉乌马拉人出生起即裸足或着系带凉鞋进行活动	(1) HB 跑者组着较硬鞋底的系带凉鞋和裸足自选速度改变步行击测试；(2) HS 跑者组着较软鞋底的系带凉鞋和裸足自选速度改变步行测试	HB 跑者：与裸足相比，着系带凉鞋者可显著改变步行冲击力学；着较硬鞋底运动加载率垂直负荷前面冲击力峰值和下肢运动着凉鞋较高而着凉鞋冲击量较低，与裸足步行更相似	/
Hollander 等 (2015)	810	(11.99±3.33)岁	(1) HB 跑者：儿童及青少年385名；(2) HS 跑者：儿童及青少年425名	居家时全部时间处于裸足状态，在学校时一半及以上的时间处于裸足状态	对儿童青少年进行静态足部形态测试和动态足底压力特征测试	/	习惯性和持续性的使用鞋具会对儿童和青少年发育期的足部形态特征造成显著影响，尤其是足弓和拇趾外翻角度，鞋具的使用对儿童的足部发育可能是有利的
Lieberman 等 (2015)	48	(1) 青少年跑者：13~17岁；(2) 成年跑者：23~60岁	48名肯尼亚男性和女性青少年及成年跑者，其中29名为 HB 跑者	超过80%的行走、跑步及其他日常活动是在裸足或着简系带凉鞋条件下完成	受试者在13 m跑道控制跑速下的运动学和 GRF 测试，线性混合效应模型判断个体内和个体间的差异	HB 跑者跑速是跑时跑速的1.38倍，足跟着地跑的频率降低，膝关节和髋关节屈曲角度减小，躯干前倾角度增大及足着地方式变化更多，步频增加	/

续表

作者 （年份）	受试者	样本量	年龄	裸足习惯定义	实验设计	运动生物力学特征	足部形态解剖学特征
Mei 等 (2015)	(1) HB 跑者: 18 名印度男性跑者; (2) HS 跑者: 20 名中国在校大学生跑者	38	(1) HB 跑者: (23±1.2)岁; (2) HS 跑者: (24±2.1)岁	出生起即裸足运动,包括行走,跑步及其他日常活动	实验室测试以(3.0±0.2) m/s 速度跑步时的生物力学特征;Easy-Foot-Scan 3D 足部形态扫描系统测试 HB 跑者和 HS 跑者组的足部形态特征	HB 跑者足着地时踝关节背屈程度减小,跑离地面时足外翻程度增大,VLR 减小,足前掌区的峰值压强和压强-时间积分增大,拇趾区的峰值压强和压强-时间积分减小	(1) HB 跑者: 拇趾和第2趾间的最小距离较大,表现为拇趾外展; (2) HB 跑者: 拇趾和第2趾间的最小距离小,表现为拇趾内收
Shu 等 (2015)	(1) HB 跑者: 168 名印度跑者(90 名男性跑者/78 名女性); (2) HS 跑者: 196 名中国跑者(130 名男性/66 名女性)	364	(1) HB 跑者: 男性(23±2.4)岁,女性(22±1)岁; (2) HS 跑者: 男性(24±2.6)岁/女性(23±1.5)岁	跑步及运动时赤足,日常生活中穿着凉鞋拖鞋和系鞋带	Easy-Foot-Scan 3D 足部形态扫描系统得出 3D 足面数据和 2D 足印图片数据,进一步分析足部形态学参数	/	HB 跑者女性足长,足宽及拇趾与第2趾角度显著减小;HB 跑者拇趾到第2趾间的最小距离显著增大
Griffin 等 (2010)	(1) HS 跑者: 25 名比利时成年人; (2) HB 跑者: 41 名印度成年人	66	(1) HS 跑者: (46.6±13.6)岁; (2) HB 跑者: (30.6±8.9)岁	无定义	视频分析系统采集 HB 跑者/HS 跑者关节1,2跖面运动学参数	HB 跑者所跖趾关节的背屈活动范围减小,步行时的速度降低,步行着地时间延长	/
Lieberman 等 (2010)	(1) HB 跑者: 8 名美国人7名男性/1名女性,16名肯尼亚少年8名男性/8名女性; (2) HS 跑者: 8 名美国人6名男性/2名女性,14名肯尼亚青年13名男性/1名女性,17名青年尼亚少年10名男性/7名女性	63	(1) HB 跑者:(38.3±8.9)岁(美国人),13.5±1.4岁(肯尼亚少年); (2) HS: (19.1±0.4)岁(美国人),(23.1±3.5)岁(青年),(15.0±0.8)岁(肯尼亚少年)	超过80%的走,跑及其他日常活动是在裸足及着极简或系带凉鞋条件下完成	实验室测试受试者在自选速度及跑姿下的运动学与动力学参数,统计受试者跑步时的着地方式及频率	HB 跑者足跟着地姿的频率降低,着地时踝关节背屈程度减小,支撑期踝关节活动度减小,膝关节与微屈支撑期活动度减小,峰值冲击力与 VLR 减小	/

续表

作者（年份）	样本量	受试者	年龄	裸足习惯定义	实验设计	运动生物力学特征	足部形态解剖学特征
D'Aoũt 等 (2009)	255	(1) HB 跑者: 70 名 HB 印度人；(2) HS 跑者: 137 名 HS (系带凉鞋或拖鞋)印度人,48 名 HS 比利时人	(1) HB 跑者: (46.3±16.9)岁；(2) HS 跑者: (34.4±11.5)岁(印度人); (33.9±13.1)岁(比利时人)	受试者自述为 HB 跑者	高速摄像机和 Foot-scan 足底压力平板记录所有受试者跑步行时的生物力学分析,同时记录受试者足部形态特征	HB 跑者: 足跟与跖骨区域的峰值压强降低,中足区域和足趾区域的峰值压强增大	HB 跑者: 标准化后的足部的长度和宽度相对于着鞋人群显著增大,足底面积显著增大；未见足弓骨下沉
Kadambande 等 (2006)	200	(1) HB 跑者: 100 名成年印第安人；(2) HS 跑者: 100 名成年英国人	25~35 岁	裸足运动为主,部分受试者户外活动习惯穿着简易凉鞋	分别对 100 名 HB 跑者与 100 名 HS 跑者右足进行前掌功能和足趾易弯曲率测试	/	HS 对足趾部易弯曲率有显著影响; HS 状态同时提高了前掌部位的刚度,降低了前足的弯折性能
Echarri 和 Forriol (2003)	1 851	(1) HB 跑者: 732 名刚果儿童；(2) HS 跑者: 1 119 名儿童；受试者 906 名男孩,945 名女孩	3~12 岁	儿童出生并居住在 HB 运动的地域	对受试儿童进行足印指标及足弓形态学指标测试	/	5~12 岁 HB 儿童扁平足的发生概率显著低于 HS 儿童
Ashizawa 等 (1997)	1 035	(1) HB 跑者: 229 名儿童与成人；(2) HS 跑者: 806 名儿童与成人	(1) HB 跑者: 年龄未给出；(2) HS 跑者: 6~64 岁	从出生起即为裸足运动	/	/	HB 跑者的足长及足宽显著高于 HS 跑者
Rao 利 Joseph (1992)	2 300	(1) HB 跑者: 745 名儿童；(2) HS 跑者: 1 555 名儿童	4~13 岁	从未使用过鞋具	基于受试者的二维足印分析鞋具对扁平足发生率的影响	/	HB 运动儿童的扁平足发生率显著低于 HS 运动儿童

注: HB 跑者为习惯裸足跑者；HS 跑者为习惯着鞋跑者。

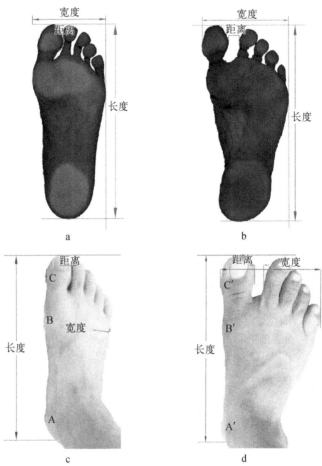

图 2-11
彩图

图 2-11　HS 人群(a、c)与 HB 人群(b、d)的足部测量学对比

资料来源: Shu Y, Mei Q, Fernandez J, et al. 2015. Foot morphological difference between habitually shod and unshod runners [J]. PloS one, 10 (7): e0131385.

脚的鞋具可能是导致拇趾外翻程度增大及足部畸形的重要原因。Kadambande 等研究发现,习惯穿着鞋具的儿童足部柔软度和活动度降低,这可能是由于鞋具限制了足部尤其是跖趾关节活动度。Wolf 等对 HS 儿童足部形态测量发现,幼童穿着束缚过紧的鞋具可导致足部畸形和足内侧纵弓功能障碍,从足部运动学结果来看,鞋具束缚了儿童足部自然的运动状态,尤其是前足活动会严重受限。HS 儿童和 HB 儿童相比,内侧足纵弓的长度约下降 4%,足部的扭转活动度约减小 5°。足纵弓在着地支撑过程中受压拉长降低,此时足底筋膜被拉长,受到的张力增大并储存部分弹性势能,足蹬离期时足底筋膜缩短释放弹性势能帮助蹬离,这也是足底绞盘机制的体现。内侧足纵弓长度的下降意味着足底筋膜长度的缩短和储存弹性势能的降低,这在一定程度上抑制了足底的绞盘机制。降低儿童鞋具束缚的建议得到了美国儿科学会(American Academy of Pediatrics,AAP)的支持与认可,该学会认为过大束缚的鞋具对于儿童足部的发育是不利的。儿童穿着鞋具的时间越早,在成长过程中越容易出现扁平足畸形。Rao 和 Joseph 研究鞋具对儿童内侧足纵弓发育的影响发现,与裸足相比,HS 儿童的扁平足发生率约为 9%,是 HB 儿童扁平足发生率的 3 倍,同时长期使用鞋具对足部小肌肉群的发育也会产生显著影响。长期穿着鞋具的习惯对成年人足纵弓的形态及功能也有显著影响,大样本量的流行病学调查研究显示,西方国家 HS 的平均足纵弓高度较高,高足弓和扁平足人群比例较高;HB 或模拟裸足鞋具的运动人群平均足弓高度较低,高足弓人群和扁平足人群所占比例较低,即 HB 的足弓畸形发生率较低。不同类型鞋具的长期使用可显著改变足部结构,可增加足弓高度的变异性并导致许多足部问题。例如,高足弓人群足与地面接触面积减小可导致运动时不稳定程度和跌倒风险增加;低足弓人群过度足外翻外旋,并且足弓功能的缺失可导致足底绞盘功能的抑制。前文提到,HB 人群的平均足弓高度低于 HS 人群,这可能是由于现代鞋具过分强调足弓支撑和外翻控制导致足在鞋腔内维持一种非自然姿势,对足部及下肢的神经肌肉系统及本体感觉系统的协同控制功能产生过度保护甚至是抑制。Holowka 等采用超声影像设备对 HB 的墨西哥北部塔拉乌马拉人足部肌群扫描发现,相比于 HS 人群,塔拉乌马拉人足部的拇展肌、趾短屈肌及小趾展肌横截面积均显著高于 HS 人群,其足部小肌肉群显著加强。有关裸足与着鞋运动习惯对足部形态及功能的具体影响更需要结合不同地区及人种差异的大样本量长期追踪性研究。

(二) 运动生物力学特征

从时空参数的角度看,与 HS 跑者相比,HB 跑者跑步时的步长更短,步频更高,裸足与着鞋状态下的跑速不一致可能是导致上述差异的主要原因。HB 跑者的时空参数特征与 HS 跑者进行短期干预裸足跑后的时空参数呈现出相似的变化趋势,缩短步长提高步频的跑法可能对降低冲击运动损伤风险有一定帮助。与 HS 跑者相比,HB 跑者跑步着地时刻的踝关节跖屈程度更高,足着地角度更小,这与 HS 跑者急性或短期转变为裸足跑步时的表现相似。有学者发现,HB 跑者更倾向于采用前足着地或中足着地跑法,这与上述足着地时的运动学表现相吻合。目前,关于裸足、着极简鞋具和着常规鞋具跑步的足部着地方式仍是学术界颇有争议的话题。Lieberman 等对 HB 和 HS 耐力跑者的运动学及动力学研究发现,HB 跑者大多采用前足着地跑姿,较少使用中足着地跑姿,极少采用足跟着地跑姿,而 HS 跑者大多采用足跟着地跑姿。从动力学角度看,裸足前足着地跑姿的地面冲击力显著降低,因此笔者得出结论,HB 跑者均采用前足着地或中足着地跑姿,并且使用这两种跑姿能够显著降低下肢冲击损伤的发生风险。但 Lieberman 在随后的一项研究中阐述了相反的观点,首先 HS 跑者也会采用足跟着地跑姿(如 HB 跑步的肯尼亚人),而 HS 跑者同样也会采用前足着地跑姿。日常跑步运动中,无论是 HB 跑者还是 HS 跑者,其跑姿都不是一成不变的,而是根据跑者状态、疲劳程度、路面情况等实时调整的。着鞋足跟着地跑姿或者裸足在较软界面的足跟着地跑姿是有潜在优势的。例如,足跟着地跑姿需要动员的小腿和足部肌群较少,其能够降低踝关节外力矩。图 2 - 12 从力学角度分析了裸足或者着极简鞋具前足着地跑姿和足跟着地跑姿足纵弓在足着地时刻所受的内力和外力特征。图 2 - 12a 中,F_v 为 vGRF,F_b 为沿躯干向下的传导力,F_p 为跟腱控制跖屈的动力;前足着地跑姿条件下,F_v 的值相对较小,以跟腱提供跖屈力量来控制足部的跖屈;而在足跟着地跑姿条件下,F_v 的值相对较大且无跟腱拉力,转由胫骨前肌提供足背屈动力即 F_{at},如图 2 - 12b 的足弓部分虚线所示,由于前足着地跑姿状态下足纵弓受到 F_v 和 F_p 这两个力的同时作用,足弓被动拉伸增大,储存的弹性势能也增大,从力学角度看,有利于蹬地发力动作。

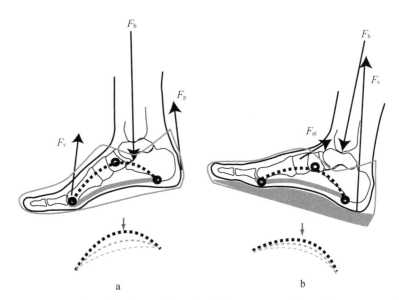

图 2 - 12　着极简鞋具前足着地跑姿(a)与着常规鞋具足跟着地跑姿(b)的力学分析

　　F_v 为 vGRF,F_b 为沿躯干向下的传导力,F_p 为跟腱控制跖屈的动力,F_{at} 为胫骨前肌提供的足背屈动力

　　资料来源: Lieberman D E. 2012. What we can learn about running from barefoot running: an evolutionary medical perspective[J]. Exercise sport sciences reviews, 40(2): 63 - 72.

　　研究发现,HB 跑者跑步时的峰值 GRF 和 VLR 均出现下降趋势,这与 HS 跑者急性转变为裸足跑步方式后的动力学变化一致,上述裸足跑步 GRF 改变可能是由步长缩短和步频升高所致。D'Août 等对 HB 跑者(从未使用任何鞋具)、习惯着简易鞋具跑者(成年之前为裸足,成年之后着简易系带凉鞋)及 HS 跑者进行足部形态测量及裸足步行的足底压力测试发现,HB 跑者足底面积增大且步行时足底接触面积增大,与 HS 跑者相比,HB 跑者足跟及跖骨部位的峰值压强显著降低。以上结果提示 HB 跑者足底面积的增大能够分散局部较高的足底压力,此外 HB 跑者着地时足着地角度减小,从而延长了压强在足底的作用时间并减小了压强冲量。从以上结果似乎可以得出鞋具的使用习惯能够显著改变运动生物力学特征,然而需要注意的是上述研究选取的 HS 跑者均来自西方国家,而 HB 跑者均来自印度,不同人种、地区的差异等因素也可能是造成研究结果不同的重要原因。Wallace 等对35 名墨西哥北部的塔拉乌马拉人群和 30 名美国城市居民裸足步行和着极简凉鞋步行的 GRF 进行测量记录,研究结果发现,两组受试者着极简凉鞋的冲击峰值和垂直方向冲量均显著高于裸足步行,而垂直负荷加载率指标显著低于裸足步行。这些力学指标的差异有可能是由裸足与着鞋步行有效质量(effective mass)的差异而导致。基于研究结果推测,相比于着极简鞋步行,裸足步行时的着地动作更轻。Mei 等对 18 名印度南部地区 HB 跑者及 20 名中国地区 HS 跑者进行系统的足部形态及运动生物力学测试结果发现,HB 跑者大拇趾更为粗壮且外展程度更大;运动生物力学测试结果发现,HB 跑者足着地角度更小,更倾向于前足着地和中足着地跑姿;HS 跑者跑步时 VLR 显著高于 HB 跑者,HB 跑者跑步时足前掌区域峰值压强较高,脚趾区域峰值压强较低且足外翻程度升高。笔者推测鞋底的支撑作用能够降低聚集于前足部位的负荷,同时提出针对 HS 跑者脚趾部位的抓地功能训练能够提高跑步运动表现。需要注意的是,足部形态与功能是密不可分的,HB 跑者相比于 HS 跑者在足部形态学上发生了一系列改变如拇外展、足部小肌肉群横截面积增大等。正是由于形态学的改变,HB 跑者的脚趾抓地功能、本体感觉反馈、足部力量及控制能力显著优于 HS 跑者,这也为裸足跑训练学奠定了理论基础。

相比于 HB 跑者,HS 跑者步行时足跟及跖骨区域的峰值压强及压强冲量呈上升趋势。HS 跑者鞋具长期束缚导致足部形态的改变和部分功能的抑制,与 HB 跑者相比,HS 跑者足部小肌肉群如拇长屈肌等横截面积减小且前掌变窄、拇趾外翻程度增大。足部形态学的改变导致 HS 跑者足部分功能的抑制和丧失,如足弓绞盘功能和拇趾抓地功能削弱。因此,HS 跑者急性或短期转变为裸足运动方式可导致相关运动损伤风险的增加。

由于室外运动界面的复杂性,完全裸足运动对大多数人群来说似乎并不现实,鞋具能够为足部提供保护以防止外界环境对足部造成伤害。因此,轻便易弯折的模拟裸足鞋具与常规鞋具相比,穿着模拟裸足鞋具的运动生物力学特征更贴近于自然裸足运动状态。现代运动鞋具设计需要寻求一种平衡,即在提供保护的同时又能够最大限度地保持足部的自然运动状态和足部功能。

建议未来针对裸足运动的生物力学研究明确以下几个问题:① HS 跑者对裸

足运动方式的解剖学和生物力学适应机制,以及转变为裸足运动是否能降低运动损伤发生率? ② HB 跑者与 HS 跑者的运动损伤发生率与损伤部位是否有差异? 如有差异,其背后的生物力学机制是什么? ③ 中长期裸足运动训练对 HS 跑者足部形态和功能影响的具体程度是多少? 以上问题的解答可以帮助我们更好地理解和揭示人体对裸足运动方式的适应机制,为裸足运动进一步的拓展应用提供科学依据。

第三节
裸足与着鞋状态下跑步的生物力学研究

研究已证实跑步有很多益处,包括增强心血管功能、促进身心健康等。但是,有太多的损伤与跑步相关,在当今裸足跑或者是着裸足鞋跑步的流行趋势下,笔者总结了大量高水平研究论文,目的是通过运动学、动力学和能量消耗等生物力学指标来比较着鞋和裸足跑者的相似性和差异性,深入探究跑步步态学,为因跑步导致肌肉骨骼损伤的患者了解跑步生物力学原理以制订合理训练计划。

一、裸足与着鞋跑步的研究背景

跑步带来的益处包括增强心血管功能、缓解心理压力和促进身心健康,而且跑步有一定娱乐性。然而,也有大量与跑步相关的危险存在,其经常是由不恰当的鞋具选择和穿着、错误训练或是较大下肢冲击力引起的肌肉骨骼损伤造成。最初,人们一直都是裸足或者穿着支撑度低的鞋具(如皮鞋或凉鞋)跑步,直到1970年现代运动鞋的发明。从那以后,运动鞋一直经历着变革。然而,当前的趋势又回归为运动员穿着低支撑度鞋具(或"裸足式"鞋具如 Vibram 五趾鞋、New Balance Minimus、Nike Free 等)以前足着地的方式跑步。现在或许还过早去准确预测这种跑步趋势会对与肌肉骨骼等相关的损伤带来什么样的影响;但对于我们的身体来说,裸足状态下运动是更符合自然规律的。

本章节旨在总结着鞋和不着鞋(裸足和最低程度支撑鞋具)跑者之间生物力学变化及与跑步相关的肌肉骨骼损伤特征,帮助、指导体育科研人员更好地处理数据并将跑步建议传授给那些希望避免肌肉骨骼损伤的跑者们。

二、裸足与着鞋跑步的生物力学特征

目前,虽然鞋具技术日趋先进,但每年平均 10 个跑者中有 6 个跑者会发生跑步相关的损伤。Lieberman 等指出,当代鞋具由于较大、呈喇叭形、高跟、僵硬的鞋底和坚硬的足弓支撑部位促使足跟–前掌的跑步类型的形成,这些鞋具在具有较好缓冲性能的同时也限制了本体感觉。有研究表明,鞋具会增加跑步过程中脚踝扭伤的风险,使本体感觉或躯体感觉变弱,或者着高跟鞋会导致距下关节杠杆臂增长。现在没有证据支持当前这种鞋子设计的做法,即提高带有缓冲鞋跟和针对旋前肌的旋转控制系统的鞋具功能来防止运动损伤;然而,一双不适合的鞋具是具有潜在损伤性的,尤其对于老年跑者。学者对患有慢性足底筋膜炎(≥6 个月)的 21个受试者实施了一项长达 12 周的多元运动处方,穿着鞋子类型包括弹性中底裸足鞋具(Nike Free 5.0,图 2 – 13)和传统鞋具。Nike Free 系列为通过增加分割式块状

图 2 – 13　Nike Free 5.0 鞋具
结构示意图

资料来源: Mcwhorter J W, Wallmann H, Landers M, et al. 2003. The effects of walking, running, and shoe size on foot volumetrics[J]. Physical therapy in sport, 4(2): 87 – 92.

设计以增大鞋底自由度功能性的裸足鞋具代表之一。跟踪 6 个月后,两组受试者的疼痛减轻结果是相似的,但是,通过研究发现,与传统鞋具组相比,裸足鞋具组整体疼痛水平降低,裸足鞋具在实施这项运动处方后可能更早地减轻了足底疼痛,这可能是由于很多的现代鞋具有坚硬的鞋底和足弓支撑部位,这会潜在地促使足内肌功能减弱和足弓力量减小。已有研究称,这些因素产生了对于足底筋膜的过度需求,促使足旋转过大,从而导致足底筋膜炎或拖延足底筋膜炎的康复。此时需要重点注意,尽管有越来越多的研究支持这些与传统鞋具相关的消极暗示,但要被跑者、研究者们完全接受还是需要较长一段时间。

到目前为止,也没有研究直接去评价与足跟着地相比,前足或中足着地类型对于防止跑步损伤的有效性。也缺少在裸足、裸足鞋具和着普通鞋跑者之间损伤率的评价比较。尽管有对比性损伤数据的呈现,大量的文章还是表明,着传统鞋具可能优势不大甚至对身体可能有不利的影响;然而,裸足跑或者裸足鞋具也并不是无损伤风险的,如裸足鞋具或者裸足跑可能会加快某些骨骼(籽骨、跖骨)应力性骨折、跖痛症和脂肪垫综合征的损伤。随着裸足鞋具的使用越来越普遍,涉及跑步损伤的某些前足着地(前触)跑和中足着地(中触)跑的研究将可能兴起。另外,跑步的地面上有石头、玻璃碎片、铁钉和公路碎片或者是未整修过的跑道都不适合裸足跑,并且,在未整修或者是不规则地面上跑步也可能需要更大的运动幅度,尤其是脚和踝关节。

尽管裸足跑或前足着地跑可能会减少重复性压力损伤如胫骨内侧压力症候群或胫骨疼痛的风险;但理论上,它会增加相关跟腱损伤的风险。裸足跑和着裸足鞋具,同时还有前足和中足着地类型都不是可以解决所有跑步损伤的"万灵药"。征

求关于跑步类型转换意见的当事人群,即
从足跟着地(后触)到前足着地或者中足
着地转换中须注意要慢慢进展从而避免
下肢酸痛或损伤。要考虑到所有跑者的
个体差异性。例如,一个研究报告的案
例:一个前足着地跑者患有胫骨疼痛,其
疼痛在物理治疗师改变其着地类型为足
跟着地后就改善了很多。Squadrone 和
Gallozzi 对比了有经验的裸足跑者在裸
足、着 Vibram 五趾鞋(图 2 - 14)和传统
鞋具时的动力学和运动学的参数变化。
Vibram 五趾鞋为模拟足部解剖外形的裸

图 2 - 14　Vibram 五趾鞋构造示意图

资料来源: Squadrone R, Gallozzi C. 2009.
Biomechanical and physiological comparison of barefoot
and two shod conditions in experienced barefoot runners
[J]. Journal of sports medicine and physical fitness, 49
(1): 6 - 13.

足鞋具代表之一。与裸足跑相比,着 Vibram 五趾鞋跑会增加跑者步幅、增大距骨
头下方的压力、升高峰值推动力和降低步频。为了减小足跟下方的局部压力,裸足
跑者在脚着地时倾向于积极地采用一种平坦的脚放置方式。关于动力学参数,与
传统鞋具相比,在裸足跑和着 Vibram 五趾鞋跑时足跟、中足和拇趾下方的局部峰
值压力明显是较低的。较特殊的是,与裸足跑相比,着 Vibram 五趾鞋跑在脚趾下
方的峰值压力明显是较高的。跑步时着 Vibram 五趾鞋模仿了裸足跑并且改变了
跑步类型,着 Vibram 五趾鞋跑极像裸足跑;然而,着 Vibram 五趾鞋跑的时空参数
与裸足跑相比,更加符合着常规鞋具跑,不过,其动力学参数存在差异,在重力承接
期,vGRF 在着 Vibram 五趾鞋跑时与着常规鞋具跑相比是明显较低的,分别是 1.59
倍体重和 1.72 倍体重。这更加贴近于裸足跑,裸足跑的 vGRF 是 1.62 倍体重。

　　与着常规鞋具跑相比,最大耗氧量在着 Vibram 五趾鞋跑时是明显降低的。尽
管 RE 在着鞋和裸足之间并不具有显著差异;裸足跑的 RE 高于着鞋跑的 RE。关
于运动学参数,运动的总计范围是具有显著差异的,与着常规鞋具跑相比,着
Vibram 五趾鞋跑在踝关节处可出现更大的关节偏移,但是,二者在膝关节处没有显
著差异。与常规着鞋跑者相比,裸足跑者的跖屈度增大、步频显著增加并且步幅和
接触时间都显著性减小。与着 Vibram 五趾鞋跑和裸足跑相比,着常规鞋具的受试
者在着地时足部背屈得更明显。因此,与裸足跑或着 Vibram 五趾鞋跑相比,着常
规鞋跑者的冲击力明显更高。DeWit 等研究报告指出,受训练的受试者分别在
12.48 km/h、16 km/h 和 19.68 km/h 裸足跑时,其内侧面着地时具有更大的膝关节
弯曲角度。当脚接触地面时,踝、膝和臀部的角度(腿部几何)影响了腿部刚度,由
于相对于关节的地面作用力向量的对齐发生了改变,在抵消 GRF 时,这也影响了
肌肉、肌腱长度和所需要的肌肉活动水平。Hennig 等的研究报告指出,当跑者在着
较硬鞋底的鞋跑步时,会试图改变他们的足部着地方式来减轻下肢冲击力。一项

研究表明,与 HS 跑者相比,HB 跑者在通过跑步支撑期时表现出更大的腿部刚度。

HS 跑者通常跑步时采用足跟到脚趾的步态方式,然而 HB 跑者或者最小化支撑跑者倾向于一种脚趾到足跟的步态跑步方式。HB 跑者更倾向于在矢状面进行足底着地,伴有更大程度的踝关节跖屈和膝关节屈曲。尽管有这些很大的差异,当将裸足跑与着鞋跑相比时,二者在冠状面和水平面上的运动可能并不具有显著差异。一项研究表明,在着鞋跑和裸足跑的受试者之间,其胫、跟骨的骨运动是不具有显著性差异的,其胫、跟骨运动范围低于 2°。

三、冲击力与跑步运动损伤

跑步是潜在损伤性较高的运动,这是由于当脚接触地面时足部最大的冲击(合成地面作用力)都被传至下肢动力链上。在跑步过程中,有 3 种主要的足部着地方式: ① 足跟着地,跟骨首先接触地面;② 中足着地,足跟和前足同时接触地面;③ 前足着地,前足先落在地面上,之后是足跟。HB 跑者通常用他们的前足着地,很少用他们的中足和足跟着地;然而,有一些 HB 跑者或着裸足鞋的跑者们是用他们的足跟着地的。相反的,HS 跑者通常是足跟着地,现代鞋具的高缓震性能也使得这种着地形式更容易;然而,这种足初始着地的变化形式受包括跑速在内的多种因素影响。

短跑运动员用前足着地,然而,着鞋状态下的长距离跑运动员(75%~90%)通常用足跟着地。足跟着地的跑者必须连续吸收高达 3 倍体重冲击力。这些高冲击力将会快速地传至下肢动力链,这可能与跑步相关损伤如胫骨应力性骨折(压缩损伤)和足底筋膜炎(拉伸损伤)的高发病率有关。任何形式的跑步都比行走要产生更大的 GRF 或者冲击力。vGRF 在跑速增加到大约 60% 的最大速度时就会呈直线式增长,最大速度点对应的力值点最高。在着鞋慢跑时,vGRF 可达到自身体重的 2~3 倍。在相同速度下,慢跑(8.49~17.25 km/h)产生的 vGRF 比行走高 1.6 倍,因此,与行走相比,慢跑属于更具潜在性损伤的活动。GRF 的大小受很多变化因素的影响,包括跑步时足部着地方式(足跟、中足或前足着地)、速度、步幅、鞋具、地面和跑步表面的倾斜度。

Cavanagh 和 Lafortune 对足跟着地或者中足着地的 HS 跑者们进行了力的组成成分的分析。在这项研究中,平均年龄在 24 岁的 17 名受试者参与了测试,包括 10 名男性和 7 名女性。其中,12 名受试者是业余跑者,剩下 5 名受试者是专业队运动员。他们发现了相似的 vGRF,分别是足跟着地跑为 2.8 倍体重和中足着地跑为 2.7 倍体重;然而,与中足着地跑不同,在足跟着地的支撑期有两个冲击力峰值而不是一个。足跟着地的第一个峰值(2.2 倍体重)在负荷变化期的初始着地时刻随着冲击力峰值的出现而形成,重力承接之后是第 2 个峰值(2.8 倍体重,发生在支撑中期),称作推力峰值。Lieberman 等也报告出相似的结论,他们将来自美国的成年 HS 跑者和成年 HB 跑者的足跟着地跑和前足着地跑的过程进行了对比发现,着鞋和裸足的足跟着地跑都产生一个双侧峰值的 vGRF 或一个冲击力转化,然而,裸足的趾-踵-趾的前足着地跑形式不会产生冲击力转化(一个平滑的单一峰值,图 2 - 15)。

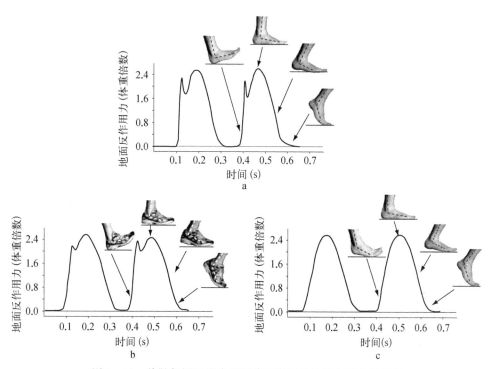

图 2 - 15 着鞋与裸足跑步不同着地类型的地面作用力曲线图

a 图为裸足后跟着地;b 图为着鞋后跟着地;c 图为裸足前足着地

资料来源: Lieberman D E, Venkadesan M, Werbel W A, et al. 2010. Foot strike patterns and collision forces in habitually barefoot versus shod runners[J]. Nature, 463(7280): 531 - 535.

在跑步过程中所产生的 GRF 冲击部分主要是由起始着地时后腿的快速减速引起的。中枢神经系统会通过肌肉协调来相对稳定地维持 GRF 而忽略其单一稳固性。在机械腿模型的实验中,随着鞋硬度的增加,GRF 也增加。但是,在实际人类跑者中,GRF 是不变的,原因是身体有能力可以预测到 GRF 输入信号,因此,机体可通过调节肌肉活动来补偿鞋子硬度带来的变化。当跑步在稳定速度下,冲击前的 50 ms 范围内的肌肉活动会作为一种预备机制,通过产生关节或腿的僵硬和(或)腿各部分的活动使预期冲击将产生的震动最小化。随着跑速的增加,冲击能量也在增加。与节约能源规则相一致,快速跑步时引起的肌肉活动增加使软组织群的硬度增加从而减缓震动频率。这些理论表明,机体尝试通过一种调节肌肉收缩的中枢神经系统将这些震动减到最小,为了在下一个跑步步态中使冲击力保持在一个稳定的水平或频率上。这些理论将会被继续研究下去,可能未来的软组织震动研究将会使研究者们去评估个体跑者们的自身共振频率,从而来帮助提高运动表现水平,更改跑步类型,调整鞋具,将损伤最小化。

四、关节功能制约因素

除了跑者的弓形腿外,其他涉及生物力学功能障碍的髋部区域已经归因于行走和跑步相关联的损伤。已有研究指出,由髋部肌肉功能减弱而引起的髋部异常动力学会使髋部过度内旋或内收,从而引起常见的跑步损伤,如髋臼盂唇病、髂胫束摩擦综合征、髌股关节疼痛综合征、慢性踝关节扭伤甚至腰痛。

在这些疾病中,髌股关节疼痛综合征是最常见的,在所有跑步引起的损伤中大约占20%。髋外转和外部大转子功能减弱与髌股关节疼痛综合征、髂胫束摩擦综合征和非接触式前十字交叉韧带损伤是相关联的。在支撑期的前半阶段,髋外展和外部转子的向心功能是分别控制髋关节内收和内旋的。与正常无症状跑者相比,髌股关节疼痛综合征患者髋部外展肌功能较弱。跑者在长时间跑快结束而进入全力跑状态时,这种减弱表现得更为明显。由于裸足或者着裸足鞋的跑者在重力承接期运用了一个前足着地的着地模式,HS跑者的这些运动和肌肉功能障碍与其相比就更加普遍。

足跟外翻增加也与膝内弯和外侧髌骨力的矢量值增加相关联。大量研究已经证实了在膝内弯和低足弓脚之间存在一种联系。尽管已经推测出足内部肌群由于鞋子的过度穿着而出现劳损,足弓支撑或足底筋膜变硬导致内侧纵弓旋前增加和塌陷,但目前没有证据去支持这一理论。到目前为止,没有研究指出HS跑者与HB跑者的足部肌肉力量存在任何差异。有研究指出,在功能性活动如下台阶活动和向下跳到地面时,踝关节背屈受限会引起距下关节内旋增加、膝内翻增加和下肢运动类型改变。有研究发现,在女性向下跳到地面时,动态膝内翻增加与髋关节外旋和踝关节背屈受限是有关联的。此外,冠状面上动态膝内翻增加与踝关节和膝关节同时屈曲的活动有关。

五、跑步界面硬度因素

跑步过程中,运动员的脚所要接触的界面类型也会影响作用于人体的GRF和肌肉活动。需要注意一个常见的误解,即与损伤相关的冲击力是在坚硬、不符合规定的地面上跑步导致的结果。HS跑者通常会调节他们的腿部刚度,这样,不管在硬或软的地面上都能得到差不多大小的冲击力。腿部刚度是在地面接触过程中最大力值和最大腿部压缩值之间的比。在跑步过程中,腿部刚度随着腿部抬高高度的增加而减小。这使得跑者在不平坦地面上跑步时，不需要集中注意力于地面的不规则就可以保持稳定性。

坚硬的界面与其他更符合规定的跑步界面相比有潜在的高冲击力；跑者会下意识地调节他们的腿部刚度从而保持其垂直方向的刚度是一致的。跑者在坚硬界面上通过减少刚度来减缓冲击力。跑者在遇到一个新的界面时会用第一步来快速调节他们的腿部刚度，如从一个软界面到硬界面的转换。垂直方向的刚度是由腿和界面的表面硬度构成的。跑者可以通过减少一定的腿部刚度去抵消增加的界面硬度。人体调整腿部刚度为了在不同的界面上保持相同的步频、接触时间和峰值地面作用力；然而，这些调整可能会使跑者处于损伤风险之中。体型相对较小的跑者需要做出较大的腿部刚度调整。腿部刚度调整也伴随着运动学和动力学的调整。Tillman 等发现，在不同的跑步界面（沥青路面、混凝土路面、草地和人工合成轨道）上，鞋子的作用力没有显著性差异。

这些研究与 Dixon 等的研究是相一致的，他们指出跑者在 3 种不同硬度的跑步界面上（沥青路面、水泥路面和塑胶跑道）跑步时的冲击力是相似的。这种相似的跑步冲击力是通过动态调整维持的，包括改变膝盖弯曲形式、调整腿部刚度去弥补高硬度跑步界面可能导致的冲击力增大。当在一个符合规定的界面上跑步时，跑者着地时将会采用一种更舒展的腿部姿势。这些下肢关节角度发生的改变相对较小（<7°）；然而，即使是小角度的改变也会影响肌肉力量。在不符合规定的界面上着鞋跑步不会增加冲击力，这是由于有生物力学的补偿性改变；然而，这些关节力矩和肌肉力量（动态力量）尤其是肌肉骨骼系统发生的改变会潜在导致扭伤和拉伤。冲击力是一种碰撞力，然而，动态力产生于肌肉收缩。跑者也可以在跑步时通过改变脚着地的生物力学来改变力量。即使在不符合规定的、坚硬的界面上，前足或中足的内侧接触也可以产生相对较低的碰撞力，这样才会产生较小的动态力。

与跑步方向平行的小道坡面或者是公路的倾斜面也会改变关节反应力、关节运动范围、肌肉长度-张力需求和肌肉收缩强度的类型。运动科学家们使用 GRF 数据去量化冲击力和 VLR，从而研究制动和推进，并且计算肌肉力量。Gottschall 和 Kram 将上坡（+3°，+6°，+9°倾斜）跑和下坡（-3°，-6°，-9°倾斜）跑过程中的 GRF 进行量化分析发现，当与水平面着鞋跑进行对比时，峰值冲击力数据在下坡跑时明显较大，在上坡跑时明显较小。所有足跟着地的受试者进行了 3 种下坡倾斜面跑、水平面跑和 +3° 上坡倾斜面跑。所有的中足着地受试者进行了 +9° 的上坡跑。峰值冲击力和负荷率在 -9° 的下坡跑时最高，在 +9° 的上坡跑时最低。综合来说，随着双脚着地，GRF 通过跑者跑姿的改变而调整。为了尽量减小 vGRF，人体会通过改变肌肉活动和关节角度来改变腿部刚度，从而保持在不同的跑步界面上冲击力是相对一样的，进而将损伤降到最小。下肢关节屈曲增加需要更大的肌肉活动和疲劳，并会改变关节作用力，这会潜在导致损伤。尽管有很多跑步教练鼓励跑者在各种各样的界面上进行训练,但逐渐改变跑步界面从而让身体可以适应是更明智的。

　　裸足和着鞋跑之间的主要差异在于,裸足跑时,初始着地是发生在前足或中足而非足跟上。尽管着裸足鞋具跑与裸足跑有相似的特质,但是裸足鞋具在跑者的脚与跑步界面之间提供了一层很薄的保护面。忽略一些不利的因素,鞋具在某些下肢运动损伤疾病和异常环境中扮演了一种保护性角色,同时也能为足部提供一种正确的矫形。对不同条件下跑步步态全面而深刻理解有助于相关跑步损伤的预防和恰当治疗。到目前为止,没有任何科学证据可以直接将鞋具与运动损伤相联系,相反,也没有证据证明着裸足(最小化支撑)鞋具跑或者裸足跑可以预防运动损伤或者提高跑步运动水平。研究者会继续评估跑步步态,同时,还会完善运动损伤跑者的训练方案。随着对跑步中步态及其损伤生物力学更为明确地理解,理疗师在康复这些由于跑步导致的肌肉骨骼损伤的患者时,将能够更好地明确致伤因素并且制订出有科学水平的治疗计划。

本章参考文献

顾耀东,李建设,陆毅琛,等.2005.提踵状态下足纵弓应力分布有限元分析[J].体育科学,(11):87-89.

顾耀东,李建设,曾衍钧.2009.内翻式落地足距骨力学反应研究[J].体育科研,30(2):61-63.

郝琦,李建设,顾耀东.2012.裸足与着鞋下跑步生物力学及损伤特征的研究现状[J].体育科学,32(7):91-97.

李建设,顾耀东.2006.有限元法在运动生物力学研究中的应用进展[J].体育科学,26(7):60-62.

李建设,顾耀东,陆毅琛,等.2009.运动鞋核心技术的生物力学研究[J].体育科学,29(5):40-49,75.

李建设,顾耀东,陆毅琛,等.2009.运动鞋核心技术的生物力学研究[J].体育科学,29(5):40-49,75.

李蜀东,顾耀东.2018.足前掌在不同着地角度下距骨应力状态的有限元研究[J].体育科学,38(3):67-72,97.

梅齐昌,顾耀东,李建设.2015.基于足部形态特征的跑步生物力学分析[J].体育科学,35(6):34-40.

吴剑,李建设.2004.青少年女性穿不同鞋行走时步态的动力学研究[J].北京体育大学学报,27(4):486-488.

杨洋,王熙,傅维杰.2017.着鞋和触地方式对慢跑时足部受力特征的影响[J].医用生物力学,32(2):154-160.

张燊,张希妮,崔科东,等.2018.足弓的运动功能进展及其在人体运动中的生物力学贡献[J].体育科学,38(5):73-79.

赵晓光.2018.不同足弓高度对踝关节肌力和运动能力的影响[J].体育科学,38(4):61-66.

郑义,王宇.2018.裸足跑时人体下肢运动学和肌电特征的变化[J].科学技术与工程,18(5):

173 - 179.

Agarwal G C, Gottlieb G L. 1977. Oscillation of the human ankle joint in response to applied sinusoidal torque on the foot[J]. The Journal of physiology, 268(1): 151 - 176.

Almeida M O, Davis I S, Lopes A D. 2015. Biomechanical differences of foot-strike patterns during running: a systematic review with meta-analysis [J]. Journal of orthopaedic sports physical therapy, 45(10): 738 - 755.

Altman A R, Davis I S. 2012. A kinematic method for footstrike pattern detection in barefoot and shod runners[J]. Gait & posture, 35(2): 298 - 300.

Ashizawa K, Kumakura C, Kusumoto A, et al. 1997. Relative foot size and shape to general body size in Javanese, Filipinas and Japanese with special reference to habitual footwear types[J]. Annals of human biology, 24(2): 117 - 129.

Austin A B, Souza R B, Meyer J L, et al. 2008. Identification of abnormal hip motion associated with acetabular labral pathology[J]. Journal of orthopaedic sports physical therapy, 38(9): 558 - 565.

Barton G, Holmes G, Hawken M, et al. 2006. A virtual reality tool for training and testing core stability: A pilot study[J]. Gait & posture, 12(24): S101 - S102.

Bennett M R, Harris J W, Richmond B G, et al. 2009. Early hominin foot morphology based on 1.5 - million-year-old footprints from Ileret, Kenya[J]. Science, 323(5918): 1197 - 1201.

Bishop M, Fiolkowski P, Conrad B, et al. 2006. Athletic footwear, leg stiffness, and running kinematics[J]. Journal of athletic training, 41(4): 387.

Bonacci J, Saunders P U, Hicks A, et al. 2013. Running in a minimalist and lightweight shoe is not the same as running barefoot: a biomechanical study[J]. British journal of sports medicine, 47 (6): 387 - 392.

Boyer K A, Nigg B M. 2004. Muscle activity in the leg is tuned in response to impact force characteristics[J]. Journal of biomechanics, 37(10): 1583 - 1588.

Boyer K A, Nigg B M. 2007. Quantification of the input signal for soft tissue vibration during running [J]. Journal of biomechanics, 40(8): 1877 - 1880.

Bramble D M, Lieberman D E. 2004. Endurance running and the evolution of Homo[J]. Nature, 432 (7015): 345.

Braunstein B, Arampatzis A, Eysel P, et al. 2010. Footwear affects the gearing at the ankle and knee joints during running[J]. Journal of biomechanics, 43(11): 2120 - 2125.

Burkett L N, Kohrt W M, Buchbinder R. 1985. Effects of shoes and foot orthotics on VO$_2$ and selected frontal plane knee kinematics [J]. Medicine and science in sports and exercise, 17 (1): 158 - 163.

Buzzi R, Todescan G, Brenner E, et al. 1993. Reconstruction of the lateral ligaments of the ankle: an anatomic study with evaluation ofisometry[J]. Journal of sports traumatology and related research, 15(2): 55.

Carl T J, Barrett S L. 2008. Computerized analysis of plantar pressure variation in flip-flops, athletic shoes, and bare feet[J]. Journal of the American podiatric medical association, 98(5): 374 - 378.

Cavanagh P R, Lafortune M A. 1980. Ground reaction forces in distance running [J]. Journal of biomechanics, 13(5): 397 - 406.

Chaiwanichsiri D, Janchai S, Tantisiriwat N. 2009. Foot disorders and falls in older persons[J]. Gerontology, 55(3): 296.

Chantelau E, Gede A. 2002. Foot dimensions of elderly people with and without diabetes mellitus—A data basis for shoe design[J]. Gerontology, 48(4): 241-244.

Chard A, Greene A, Hunt A, et al. 2013. Effect of thong style flip-flops on children's barefoot walking and jogging kinematics[J]. Journal of foot and ankle research, 6(1): 8.

Cheung R T, Rainbow M J. 2014. Landing pattern and vertical loading rates during first attempt of barefoot running in habitual shod runners[J]. Human movement science, 34: 120-127.

Childs J D, Fritz J M, Flynn T W, et al. 2004. A clinical prediction rule to identify patients with low back pain most likely to benefit from spinal manipulation: a validation study[J]. Annals of internal medicine, 141(12): 920-928.

Chumanov E S, Wille C M, Michalski M P, et al. 2012. Changes in muscle activation patterns when running step rate is increased[J]. Gait & posture, 36(2): 231-235.

Chuter V H, De Jonge, X A J. 2012. Proximal and distal contributions to lower extremity injury: a review of the literature[J]. Gait & posture, 36(1): 7-15.

Cibulka M T, Sinacore D R, Mueller M J. 1994. Shin splints and forefoot contact running: a case report[J]. Journal of orthopaedic sports physical therapy, 20(2): 98-102.

Cochrum R G, Connors R T, Coons J M, et al. 2017. Comparison of running economy values while wearing no shoes, minimal shoes, and normal running shoes[J]. The journal of strength & conditioning research, 31(3): 595-601.

Cronin N J, Barrett R S, Carty C P. 2012. Long-term use of high-heeled shoes alters the neuromechanics of human walking[J]. Journal of applied physiology, 112(6): 1054-1058.

D'août K, Pataky T C, De Clercq D, et al. 2009. The effects of habitual footwear use: foot shape and function in native barefoot walkers[J]. Footwear science, 1(2): 81-94.

de Cock A, Vanrenterghem J, Willems T, et al. 2008. The trajectory of the centre of pressure during barefoot running as a potential measure for foot function[J]. Gait & posture, 27(4): 669-675.

Derrick T R. 2004. The effects of knee contact angle on impact forces and accelerations[J]. Medicine and science in sports and exercise, 36(5): 832-837.

De Wit B, De Clercq D, Aerts P. 2000. Biomechanical analysis of the stance phase during barefoot and shod running[J]. Journal of biomechanics, 33(3): 269-278.

Diebal A R, Gregory R, Alitz C, et al. 2012. Forefoot running improves pain and disability associated with chronic exertional compartment syndrome[J]. The American journal of sports medicine, 40(5): 1060-1067.

Dierks T A, Manal K T, Hamill J, et al. 2008. Proximal and distal influences on hip and knee kinematics in runners with patellofemoral pain during a prolonged run[J]. Journal of orthopaedic sports physical therapy, 38(8): 448-456.

Dimon T. 2008. Anatomy of the moving body: a basic course in bones, muscles, and joints[M]. Berkeley, Callfornia: North Atlantic Books: 41-43.

Divert C, Baur H, Mornieux G, et al. 2005. Stiffness adaptations in shod running[J]. Journal of applied biomechanics, 21(4): 311-321.

Divert C, Mornieux G, Baur H, et al. 2005. Mechanical comparison of barefoot and shod running[J].

International journal of sports medicine, 26(7): 593-598.

Divert C, Mornieux G, Freychat P, et al. 2008. Barefoot-shod running differences: shoe or mass effect? [J]. International journal of sports medicine, 29(6): 512-518.

Dixon S J, Collop A C, Batt M E. 2000. Surface effects on ground reaction forces and lower extremity kinematics in running[J]. Medicine and science in sports and exercise, 32(11): 1919-1926.

Dugan S A, Bhat K P. 2005. Biomechanics and analysis of running gait[J]. Physical medicine rehabilitation clinics, 16(3): 603-621.

Echarri J J, Forriol F. 2003. The development in footprint morphology in 1851 Congolese children from urban and rural areas, and the relationship between this and wearing shoes[J]. Journal of pediatric orthopaedics B, 12(2): 141-146.

Farley C T, Gonzalez O. 1996. Leg stiffness and stride frequency in human running[J]. Journal of biomechanics, 29(2): 181-186.

Farley C T, Houdijk H H, Van Strien C, et al. 1998. Mechanism of leg stiffness adjustment for hopping on surfaces of different stiffnesses [J]. Journal of applied physiology, 85 (3): 1044-1055.

Ferber R, Noehren B, Hamill J, et al. 2010. Competitive female runners with a history of iliotibial band syndrome demonstrate atypical hip and knee kinematics[J]. Journal of orthopaedic sports physical therapy, 40(2): 52-58.

Ferris D P, Liang K, Farley C T. 1999. Runners adjust leg stiffness for their first step on a new running surface[J]. Journal of biomechanics, 32(8): 787-794.

Ferris D P, Louie M, Farley C T. 1998. Running in the real world: adjusting leg stiffness for different surfaces[J]. Proceedings of the royal society of london. Series B: biological sciences, 265 (1400): 989-994.

Fong Y A, Sinclair P J, Hiller C, et al. 2013. Impact attenuation during weight bearing activities in barefoot vs. shod conditions: a systematic review[J]. Gait & posture, 38(2): 175-186.

Franklin S, Grey M J, Heneghan N, et al. 2015. Barefoot vs common footwear: A systematic review of the kinematic, kinetic and muscle activity differences during walking[J]. Gait & posture, 42(3): 230-239.

Fredericson M, Cookingham C L, Chaudhari A M, et al. 2000. Hip abductor weakness in distance runners with iliotibial band syndrome[J]. Clinical journal of sport medicine, 10(3): 169-175.

Fuller J T, Thewlis D, Tsiros M D, et al. 2017. Six-week transition to minimalist shoes improves running economy and time-trial performance[J]. Journal of science medicine in sport, 20(12): 1117-1122.

Giuliani J, Masini B, Alitz C, et al. 2011. Barefoot-simulating footwear associated with metatarsal stress injury in 2 runners[J]. Orthopedics, 34(7): e320-e323.

Gottschall J S, Kram R. 2005. Ground reaction forces during downhill and uphill running[J]. Journal of biomechanics, 38(3): 445-452.

Gribble P A, Hertel J. 2004. Effect of hip and ankle muscle fatigue on unipedal postural control[J]. Journal of electromyography kinesiology, 14(6): 641-646.

Griffin N L, D'août K, Richmond B, et al. 2010. Comparative in vivo forefoot kinematics of Homo sapiens and Pan paniscus[J]. Journal of human evolution, 59(6): 608-619.

Grimmer S, Ernst M, Günther M, et al. 2008. Running on uneven ground: leg adjustment to vertical steps and self-stability[J]. Journal of experimental biology, 211(18): 2989 − 3000.

Grouios G. 2004. Corns and calluses in athletes' feet: a cause for concern[J]. The foot, 14(4): 175 − 184.

Hafstad A D, Boardman N, Lund J, et al. 2009. Exercise-induced increase in cardiac efficiency: The impact of intensity[J]. American heart association, 120: S880

Hall J P, Barton C, Jones P R, et al. 2013. The biomechanical differences between barefoot and shod distance running: a systematic review and preliminary meta-analysis[J]. Sports medicine, 43 (12): 1335 − 1353.

Hamill J, van Emmerik R E, Heiderscheit B C, et al. 1999. A dynamical systems approach to lower extremity running injuries[J]. Clinical biomechanics, 14(5): 297 − 308.

Hasegawa H, Yamauchi T, Kraemer W J. 2007. Foot strike patterns of runners at the 15-km point during an elite-level half marathon[J]. The journal of strength & conditioning research, 21 (3): 888.

Heiderscheit B C, Chumanov E S, Michalski M P, et al. 2011. Effects of step rate manipulation on joint mechanics during running[J]. Medicine and science in sports and exercise, 43(2): 296 − 302.

Hennig E M, Valiant G A, Liu Q. 1996. Biomechanical variables and the perception of cushioning for running in various types of footwear[J]. Journal of applied biomechanics, 12(2): 143 − 150.

Hewett T E, Myer G D, Ford K R, et al. 2005. Biomechanical measures of neuromuscular control and valgus loading of the knee predict anterior cruciate ligament injury risk in female athletes: a prospective study[J]. The American journal of sports medicine, 33(4): 492 − 501.

Hicks J. 1953. The mechanics of the foot: I. The joints[J]. Journal of anatomy, 87(Pt 4): 345.

Hobara H, Sato T, Sakaguchi M, et al. 2012. Step frequency and lower extremity loading during running[J]. International journal of sports medicine, 33(4): 310 − 313.

Hoffmann P. 1905. Conclusions drawn from a comparative study of the feet of fare-foot and shoe-wearing people[J]. Journal of bone and joint surgery-American volume, 2(3): 105 − 136.

Hollander K, Argubi-Wollesen A, Reer R, et al. 2015. Comparison of minimalist footwear strategies for simulating barefoot running: a randomized crossover study[J]. PloS one, 10(5): e0125880.

Hollander K, Heidt C, van Der Zwaard B, et al. 2017. Long-term effects of habitual barefoot running and walking: a systematic review[J]. Medicine and science in sports and exercise, 49: 752 − 762.

Hollander K, Riebe D, Campe S, et al. 2014. Effects of footwear on treadmill running biomechanics in preadolescent children[J]. Gait & posture, 40(3): 381 − 385.

Holowka N B, Wallace I J, Lieberman D E. 2018. Foot strength and stiffness are related to footwear use in a comparison of minimally-vs. conventionally-shod populations[J]. Scientific reports, 8 (1): 3679.

Hreljac A, Marshall R N, Hume P A. 2000. Evaluation of lower extremity overuse injury potential in runners[J]. Medicine and science in sports and exercise, 32(9): 1635 − 1641.

Hsu A R. 2012. Topical review: barefoot running[J]. Foot & ankle international, 33(9): 787 − 794.

Ireland M L, Willson J D, Ballantyne B T, et al. 2003. Hip strength in females with and without patellofemoral pain[J]. Journal of orthopaedic sports physical therapy, 33(11): 671-676.

Joanna B M, Leslie M D, Tracy D, et al. 2010. Effects of varying amounts of pronation on the mediolateral ground reaction forces during barefoot versus shod Running[J]. Journal of applied biomechanics, 26(2): 205-214.

Kadambande S, Khurana A, Debnath U, et al. 2006. Comparative anthropometric analysis of shod and unshod feet[J]. The foot, 16(4): 188-191.

Keenan G S, Franz J R, Dicharry J, et al. 2011. Lower limb joint kinetics in walking: The role of industry recommended footwear[J]. Gait & posture, 33(3): 350-355.

Keller T S, Weisberger A, Ray J, et al. 1996. Relationship between vertical ground reaction force and speed during walking, slow jogging, and running[J]. Clinical biomechanics, 11(5): 253-259.

Kennedy P M, Inglis J T. 2002. Distribution and behaviour of glabrous cutaneous receptors in the human foot sole[J]. The journal of physiology, 538(3): 995-1002.

Kerrigan D C, Franz J R, Keenan G S, et al. 2009. The effect of running shoes on lower extremity joint torques[J]. Pm&r, 1(12): 1058-1063.

Kerrigan D C, Johansson J L, Bryant M G, et al. 2005. Moderate-Heeled Shoes and Knee Joint Torques Relevant to the Development and Progression of Knee Osteoarthritis[J]. Archives of physical medicine and rehabilitation, 86(5): 871-875.

Krabak B J, Hoffman M D, Millet G Y, et al. 2011. Barefoot running[J]. Pm&r, 3(12): 1142-1149.

Kurz M J, Stergiou N. 2004. Does footwear affect ankle coordination strategies?[J]. Journal of the American podiatric medical association, 94(1): 53-58.

Lambrinudi C. 1932. Use and abuse of toes[J]. Postgraduate medical journal, 8(86): 459.

Lieberman D. 2013. The story of the human body: evolution, health, and disease[M]. New York: Knopf Doubleday Publishing Group.

Lieberman D E. 2012. Those feet in ancient times[J]. Nature, 483(7391): 550-551.

Lieberman D E. 2012. What we can learn about running from barefoot running: an evolutionary medical perspective[J]. Exercise sport sciences reviews, 40(2): 63-72.

Lieberman D E, Castillo E R, Otarola-Castillo E, et al. 2015. Variation in Foot Strike Patterns among Habitually Barefoot and Shod Runners in Kenya[J]. PloS One, 10(7): e0131354.

Lieberman D E, Venkadesan M, Werbel W A, et al. 2010. Foot strike patterns and collision forces in habitually barefoot versus shod runners[J]. Nature, 463(7280): 531-535.

Lohman Ⅲ E B, Sackiriyas K S B, Swen R W. 2011. A comparison of the spatiotemporal parameters, kinematics, and biomechanics between shod, unshod, and minimally supported running as compared to walking[J]. Physical therapy in sport, 12(4): 151-163.

Lythgo N, Wilson C, Galea M. 2009. Basic gait and symmetry measures for primary school-aged children and young adults whilst walking barefoot and with shoes[J]. Gait & posture, 30(4): 502-506.

Mcclay I, Manal K. 1998. A comparison of three-dimensional lower extremity kinematics during running between excessive pronators and normals[J]. Clinical biomechanics, 13(3): 195-203.

Mckeon P O, Hertel J, Bramble D, et al. 2015. The foot core system: a new paradigm for understanding intrinsic foot muscle function[J]. British journal of sports medicine, 49(5): 290.

Mcnair P J, Marshall R N. 1994. Kinematic and kinetic parameters associated with running in different shoes[J]. British journal of sports medicine, 28(4): 256 – 260.

Mcwhorter J W, Wallmann H, Landers M, et al. 2003. The effects of walking, running, and shoe size on foot volumetrics[J]. Physical therapy in sport, 4(2): 87 – 92.

Mei Q, Fernandez J, Fu W, et al. 2015. A comparative biomechanical analysis of habitually unshod and shod runners based on a foot morphological difference[J]. Human movement science, 42: 38 – 53.

Mei Q, Graham M, Gu Y. 2014. Biomechanical analysis of the plantar and upper pressure with different sports shoes[J]. International journal of biomedical engineering technology, 14(3): 181 – 191.

Michael J M, Golshani A, Gargac S, et al. 2008. Biomechanics of the ankle joint and clinical outcomes of total ankle replacement[J]. Journal of the mechanical behavior of biomedical materials, 1(4): 276 – 294.

Miles K C, Venter R E, van Niekerk S-M, et al. 2013. Barefoot running causes acute changes in lower limb kinematics in habitually shod male runners[J]. South African journal for research in sport, physical education recreation, 35(1): 153 – 164.

Miller E E, Whitcome K K, Lieberman D E, et al. 2014. The effect of minimal shoes on arch structure and intrinsic foot muscle strength[J]. Journal of sport and health science, 3(2): 74 – 85.

Moore I S, Jones A, Dixon S. 2014. The pursuit of improved running performance: Can changes in cushioning and somatosensory feedback influence running economy and injury risk? [J]. Footwear science, 6(1): 1 – 11.

Moreno-Hernández A, Rodríguez-Reyes G, Quiñones-Urióstegui I, et al. 2010. Temporal and spatial gait parameters analysis in non-pathological Mexican children[J]. Gait & posture, 32(1): 78 – 81.

Morio C, Lake M J, Gueguen N, et al. 2009. The influence of footwear on foot motion during walking and running[J]. Journal of biomechanics, 42(13): 2081 – 2088.

Morley J B, Decker L M, Dierks T, et al. 2010. Effects of varying amounts of pronation on the mediolateral ground reaction forces during barefoot versus shod running[J]. Journal of applied biomechanics, 26(2): 205 – 214.

Munro C F, Miller D I, Fuglevand A J. 1987. Ground reaction forces in running: a reexamination[J]. Journal of biomechanics, 20(2): 147 – 155.

Murphy K, Curry E J, Matzkin E G. 2013. Barefoot running: does it prevent injuries? [J]. Sports medicine, 43(11): 1131 – 1138.

Nigg B M. 2010. Biomechanics of sport shoes[M]. Alberta: University of Calgary: 81 – 83.

Novacheck T F. 1998. The biomechanics of running[J]. Gait & posture, 7(1): 77 – 95.

Nunns M, House C, Fallowfield J, et al. 2013. Biomechanical characteristics of barefoot footstrike modalities[J]. Journal of biomechanics, 46(15): 2603 – 2610.

Oeffinger D, Brauch B, Cranfill S, et al. 1999. Comparison of gait with and without shoes in children [J]. Gait & posture, 9(2): 95 – 100.

Olin E D, Gutierrez G M. 2013. EMG and tibial shock upon the first attempt at barefoot running[J]. Human movement science, 32(2): 343 – 352.

Paquette M R, Zhang S, Baumgartner L D. 2013. Acute effects of barefoot, minimal shoes and running shoes on lower limb mechanics in rear and forefoot strike runners[J]. Footwear science, 5(1): 9-18.

Pohl M B, Hamill J, Davis I S. 2009. Biomechanical and anatomic factors associated with a history of plantar fasciitis in female runners[J]. Clinical journal of sport medicine, 19(5): 372-376.

Powers C M. 2003. The influence of altered lower-extremity kinematics on patellofemoral joint dysfunction: a theoretical perspective [J]. Journal of orthopaedic sports physical therapy, 33 (11): 639-646.

Rabin A, Kozol Z. 2010. Measures of range of motion and strength among healthy women with differing quality of lower extremity movement during the lateral step-down test [J]. Journal of orthopaedic sports physical therapy, 40(12): 792-800.

Rao U B, Joseph B. 1992. The influence of footwear on the prevalence of flat foot. A survey of 2,300 children[J]. The journal of bone and joint surgery, 74-B(4): 525-527.

Revill A L, Perry S D, Edwards A M, et al. 2008. Variability of the impact transient during repeated barefoot walking trials[J]. Journal of biomechanics, 41(4): 926-930.

Richards C E, Magin P J, Callister R. 2009. Is your prescription of distance running shoes evidence-based? [J]. British journal of sports medicine, 43(3): 159-162.

Ridge S T, Johnson A W, Mitchell U H, et al. 2013. Foot bone marrow edema after a 10-wk transition to minimalist running shoes [J]. Medicine and science in sports and exercise, 45 (7): 1363-1368.

Robbins S, Waked E, Rappel R. 1995. Ankle taping improves proprioception before and after exercise in young men[J]. British journal of sports medicine, 29(4): 242-247.

Rolian C, Lieberman D E, Hamill J, et al. 2009. Walking, running and the evolution of short toes in humans[J]. Journal of experimental biology, 212(5): 713-721.

Ryan M, Fraser S, Mcdonald K, et al. 2009. Examining the degree of pain reduction using a multielement exercise model with a conventional training shoe versus an ultraflexible training shoe for treating plantar fasciitis[J]. The physician sportsmedicine, 37(4): 68-74.

Sacco I C N, Akashi P M H, Hennig E M. 2010. A comparison of lower limb EMG and ground reaction forces between barefoot and shod gait in participants with diabetic neuropathic and healthy controls [J]. BMC musculoskeletal disorders, 11(1): 24.

Scott L A, Murley G S, Wickham J B. 2012. The influence of footwear on the electromyographic activity of selected lower limb muscles during walking [J]. Journal of electromyography and kinesiology, 22(6): 1010-1016.

Shakoor N, Block J A. 2006. Walking barefoot decreases loading on the lower extremity joints in knee osteoarthritis[J]. Arthritis rheumatism, 54(9): 2923-2927.

Shih Y, Lin K L, Shiang T Y. 2013. Is the foot striking pattern more important than barefoot or shod conditions in running? [J]. Gait & posture, 38(3): 490-494.

Shu Y, Mei Q, Fernandez J, et al. 2015. Foot morphological difference between habitually shod and unshod runners[J]. PloS one, 10(7): e0131385.

Sigward S M, Ota S, Powers C M. 2008. Predictors of frontal plane knee excursion during a drop land in young female soccer players [J]. Journal of orthopaedic sports physical therapy, 38 (11):

661 - 667.

Sinclair J, Atkins S, Taylor P J. 2016. The Effects of Barefoot and Shod Running on Limb and Joint Stiffness Characteristics in Recreational Runners[J]. Journal of motor behavior, 48(1): 79 - 85.

Squadrone R, Gallozzi C. 2009. Biomechanical and physiological comparison of barefoot and two shod conditions in experienced barefoot runners[J]. Journal of sports medicine and physical fitness, 49 (1): 6 - 13.

Stacoff A, Nigg B M, Reinschmidt C, et al. 2000. Tibiocalcaneal kinematics of barefoot versus shod running[J]. Journal of biomechanics, 33(11): 1387 - 1395.

Stacoff A, Steger J, Stüssi E, et al. 1996. Lateral stability in sideward cutting movements[J]. Medicine and science in sports and exercise, 28(3): 350 - 358.

Tam N, Astephen Wilson J L, Noakes T D, et al. 2014. Barefoot running: an evaluation of current hypothesis, future research and clinical applications[J]. British journal of sports medicine, 48 (5): 349.

Tam N, Darragh I, Divekar N, et al. 2017. Habitual Minimalist Shod Running Biomechanics and the Acute Response to Running Barefoot[J]. International journal of sports medicine, 38 (10): 770 - 775.

Telfer S, Woodburn J. 2010. The use of 3D surface scanning for the measurement and assessment of the human foot[J]. Journal of foot ankle research, 3(1): 19.

Tessutti V, Trombini-Souza F, Ribeiro A P, et al. 2010. In-shoe plantar pressure distribution during running on natural grass and asphalt in recreational runners[J]. Journal of science medicine in sport, 13(1): 151 - 155.

Thompson M, Gutmann A, Seegmiller J, et al. 2014. The effect of stride length on the dynamics of barefoot and shod running[J]. Journal of biomechanics, 47(11): 2745 - 2750.

Tome J, Nawoczenski D A, Flemister A, et al. 2006. Comparison of foot kinematics between subjects with posterior tibialis tendon dysfunction and healthy controls[J]. Journal of orthopaedic sports physical therapy, 36(9): 635 - 644.

Trinkaus E. Anatomical evidence for the antiquity of human footwear use[J]. 2005. Journal of archaeological science, 32(10): 1515 - 1526.

Trinkaus E, Shang H. 2008. Anatomical evidence for the antiquity of human footwear: Tianyuan and Sunghir[J]. Journal of archaeological science, 35(7): 1928 - 1933.

Tsai Y J, Lin S I. 2013. Older adults adopted more cautious gait patterns when walking in socks than barefoot[J]. Gait & posture, 37(1): 88 - 92.

Van Gent R, Siem D, Van Middelkoop M, et al. 2007. Incidence and determinants of lower extremity running injuries in long distance runners: a systematic review[J]. British journal of sports medicine, 41(8): 469 - 480.

Von Tscharner V, Goepfert B, Nigg B M. 2003. Changes in EMG signals for the muscle tibialis anterior while running barefoot or with shoes resolved by non-linearly scaled wavelets[J]. Journal of biomechanics, 36(8): 1169 - 1176.

Wallace I J, Koch E, Holowka N B, et al. Heel impact forces during barefoot versus minimally shod walking among Tarahumara subsistence farmers and urban Americans[J]. 2018. Royal society open science, 5(3): 180044.

Williams D S B, Green D H, Wurzinger B. 2012. Changes in lower extremity movement and power absorption during forefoot striking and barefoot running[J]. International journal of sports physical therapy, 7(5): 525－532.

Willson J D, Bjorhus J S, Blaise Williams 3rd D B, et al. 2014. Short-term changes in running mechanics and foot strike pattern after introduction to minimalistic footwear[J]. Pm&r, 6(1): 34－43.

Wirth B, Hauser F, Mueller R. 2011. Back and neck muscle activity in healthy adults during barefoot walking and walking in conventional and flexible shoes[J]. Footwear science, 3(3): 159－167.

Wolf S, Simon J, Patikas D, et al. 2008. Foot motion in children shoes—A comparison of barefoot walking with shod walking in conventional and flexible shoes [J]. Gait & posture, 27(1): 51－59.

Xu Y, Hou Q, Wang C, et al. 2017. Full step cycle kinematic and kinetic comparison of barefoot walking and a traditional shoe walking in healthy youth: insights for barefoot technology[J]. Applied bionics biomechanics, 2017: 1－7.

Yan A F, Sinclair P J, Hiller C, et al. 2013. Impact attenuation during weight bearing activities in barefoot vs. shod conditions: a systematic review[J]. Gait & posture, 38(2): 175－186.

Zadpoor A A, Nikooyan A A. 2010. Modeling muscle activity to study the effects of footwear on the impact forces and vibrations of the human body during running[J]. Journal of biomechanics, 43 (2): 186－193.

Zadpoor A A, Nikooyan A A. 2011. The relationship between lower-extremity stress fractures and the ground reaction force: a systematic review[J]. Clinical biomechanics, 26(1): 23－28.

Zhang X, Paquette M R, Zhang S. 2013. A comparison of gait biomechanics of flip-flops, sandals, barefoot and shoes[J]. Journal of foot and ankle research, 6(1): 45.

（梅齐昌,顾耀东）

第三章

鞋具生物力学

随着经济的发展，我国居民的物质生活水平越来越高，人们对身体健康更加关注，跑步则是大众最喜爱的运动方式之一。有研究已证实，跑步有诸多益处，包括增强心血管功能水平、促进心理健康等。同样，购买鞋具是大众跑步健身及运动员比赛的必要消费。目前，部分跑步爱好者甚至是专业运动员可能对动作控制鞋具原理和功能的理解存在误区，从而导致跑步相关运动损伤率的提升。鞋具不仅与运动损伤方面有千丝万缕的联系，同样对RE也有重大影响。RE被认为是反映长跑运动员表现的关键指标，一双合格的鞋具要想具备以上所述功能，不仅需要符合着鞋人群的审美，还要遵循运动生物力学原理。本章结合大量的实验研究对跑者足部姿态与运动损伤、动作控制鞋具之间的关系以及鞋具对RE的影响进行生物力学解析。

第一节
长跑足部姿态改变的生物力学研究与动作控制鞋具的生物力学研究进展

一、长跑足部姿态改变的生物力学研究

（一）长跑前后足部姿态相关研究

以往的大量研究证实,长距离的跑步和步行运动均会导致下肢骨骼及相关软组织过劳性损伤的发生,从而产生疼痛及足部姿态和形态改变等相关的生理学和病理学表现。对不同的长跑运动员及爱好者进行下肢相关运动损伤发生率的调研结果发现,足部运动损伤的概率为 5.7%～39.3%,踝关节运动损伤的概率为3.9%～16.6%,膝关节运动损伤的概率为 7.2%～50.0%,下肢整体运动损伤概率为 9.0%～32.2%。有研究发现,足部姿态可能是与中长跑专业运动员及业余跑者下肢运动损伤十分相关的一个因素。另有多项研究已发现,足部姿态与下肢相关运动损伤的发生率之间存在某种程度的相关性。Burns 等对 131 名铁人三项运动员的足部形态与运动损伤发生率进行统计和相关性分析发现,足旋后即足内翻运动员的损伤发生率要显著高于足旋后即足外翻运动员。该研究排除了足矫形器(foot orthoses)的使用者,其原因是这些使用者往往为过度足外翻人群,这可能会对研究结果产生一定干扰。Cowan 等对 246 名美国男性陆军士兵的足弓类型与运动损伤发生率相关性调查显示,相比于高足弓人群,低足弓人群的运动损伤发生风险更低,高足弓人群的运动损伤发生率是最高的,这与 Burns 的研究结果不谋而合,即足内翻高足弓人群的运动损伤风险是较高的。Williams 等对 20 名高足弓跑者和 20 名低足弓跑者的运动损伤发生情况调研发现,两组跑者的总体运动损伤发生率是趋于一致的,均有较高的软组织损伤和应力性骨折风险。而对调研结果进一步分析,细化到局部损伤后发现,高足弓跑者的足踝外侧部位损伤发生较多,而低足弓跑者的足踝内侧部位损伤发生较多,实际上这与高、低足弓跑者跑步时足底压力分布区域是十分相关的。

中长跑运动尤其是长跑运动持续时间及跑动距离较长,发生疲劳的神经生物学机制及疲劳后机体对跑动时足踝关节控制的生物力学机制目前还不十分清楚。Freund 等 2012 年发表在 *BMJ Open* 上的一项研究对 22 名超级马拉松跑者参加 1 000 km 跑步挑战的过劳性损伤概率进行统计,使用 1.5 T 的 MRI 对 22 名跑者挑战前后的足踝部进行扫描,重点关注跟腱、踝关节、跟骨及足部相关骨骼的骨髓水肿(预测应力性骨折的有效指标)情况。扫描结果显示,1 000 km 跑步挑战后,跑者的跟腱平均直径由 6.8 mm 增加到 7.8 mm,持续长时间周期性的应力性载荷刺激导致了骨髓水肿和足踝部软组织的肿胀。跑步时,下肢和足踝部所受载荷快速增加,甚至可达体重的几倍甚至十倍以上,那么在长距离、长时间和持续周期性载荷的作用下,足部形态和姿态是否会随着跑步进程的增加而发生相应改变呢? 答案是肯定的,迄今已有多项研究证实,长跑后的足部姿态及相关下肢生物力学参数都会出现相应调整,足部姿态和功能与运动损伤发生风险是紧密相关的。我们首先来关注中长跑前后的足部姿态及形态改变的相关研究。

对长跑后疲劳状态下的运动员足部姿态的即刻测量与评估需要可靠、有效且简易快速的工具。如今三维足部形态扫描技术飞速发展,对足部的扫描能精细到 0.1 mm,并且能够三维重建较为可靠、完整足部形态。然而扫描系统往往较为笨重,需要合适的光线、通电等一系列外部条件的支持,因此较难应用在即刻长跑后足部形态测试扫描中。六维度的足部姿态指数(foot posture index,FPI)和足舟骨高度目前被用来快速评估受试者足部形态特征,FPI 的评分细则如表 3-1 所示,这两项关于足部形态的测试手段均已经通过信效度评估,目前被认为是快速评估足部形态的较为有效、简便且可靠的手段。然而需要注意的是,Cornwall 与 Evans 等的研究发现,使用 FPI 测试足部形态的评估者内部可靠性要高于评估者间可靠性,这也提示我们,在相同的实验设计下,对不同组的受试者,或同组受试者运动干预前后的足部形态测试最好由同一位测试人员完成,统一 FPI 的赋分标准,可能会提高研究的可靠性及可信程度。Cowley 等使用 FPI 和足舟骨高度对 30 名(12 名男性,18 名女性)年龄介于 20~53 岁的受试者半程马拉松跑前后足部形态进行测试的结果显示,半程马拉松跑后,跑者双侧足舟骨高度相比于跑步前均下降了 5 mm,且差异具有显著性($p<0.01$)。FPI 测试结果发现,半程马拉松跑后,跑者的 FPI 分数显著上升,表现为足外翻的趋势,并且左足的外翻趋势(FPI +2)要显著高于右足(FPI +0.4)。半程马拉松跑前后双侧足的 FPI 和足舟骨下沉高度呈现出不同趋势,FPI 表现出双足不对称的特征(图 3-1),推测原因可能是足舟骨高度仅考虑骨骼组织,而 FPI 同时将软组织轮廓也考虑在内,这可能是导致 FPI 在半程马拉松跑后出现双侧足不对称的主要原因之一。

表 3 - 1 FPI 的评分细则

FPI 维度	-2分	-1分	0分	1分	2分
距骨头触诊	外侧可明显触及距骨头、内侧无法触及距骨头	外侧可触及距骨头、内侧略微能触及距骨头	外侧及内侧都能均匀地触及距骨头	外侧可略微触及距骨头、内侧可触及距骨头	外侧完全无法触及距骨头、内侧可明显触及距骨头
内踝尖上下曲率检查	内踝尖下的曲率处于直线或凸出状态	内踝尖下的曲率为凹形,但相对内踝尖上曲率更平坦	内踝尖上下的曲率近乎是一致的	内踝尖下的曲率凹形程度相对于内踝尖上曲率更大	内踝尖下曲率凹形程度明显大于内踝尖上曲率的凹形程度
跟骨的内外翻检查	跟骨内翻超过5°(足内翻)	跟骨内翻大于0°,小于5°	跟骨无内外翻现象,处于中立位	跟骨外翻大于0°,小于5°	跟骨外翻大于5°(足外翻)
距舟关节处的隆起检查	距舟关节处明显凹陷	距舟关节处轻微凹陷	距舟关节正常无任何凹陷与凸起	距舟关节处轻微凸起	距舟关节处明显凸起
内侧足纵弓的一致性检查(足内侧面观)	足弓过高,足弓角呈现锐角的趋势	足弓较高,足弓角相对于正常足弓小	足弓高度正常且内侧纵弓曲线正常	足弓高度较低,足中部分着地面积增加	足弓完全塌陷,内侧纵弓与地面充分接触
前足相对于后足的内收/外展活动度检查(后面观)	外侧足趾不可见,内侧足趾清晰可见	内侧足趾清晰可见,外侧足趾隐约可见	内侧足趾与外侧足趾均可见且清晰度相等	外侧足趾清晰可见,内侧足趾隐约可见	外侧足趾清晰可见,内侧足趾不可见

资料来源:https://www.physio-pedia.com/。

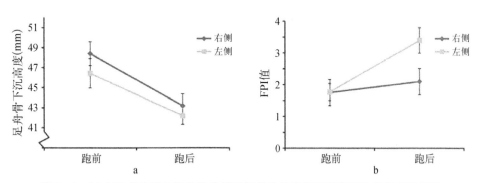

图 3 - 1 30 名跑者半程马拉松跑前后双侧足的足舟骨下沉高度和足部 FPI 情况

资料来源:Cowley E, Marsden J. 2013. The effects of prolonged running on foot posture:a repeated measures study of half marathon runners using the foot posture index and navicular height[J]. Journal of foot ankle research, 6(1):20.

Boyer 等对 30 名跑者裸足坐立位、裸足站立位及 45 min 中等配速跑台跑步的足舟骨下沉高度、足弓高度指数(arch height index, AHI,用于说明足弓形变及塌陷的情况)和足弓刚度指数(arch rigidity index, ARI,说明足弓刚度的具体情况)进行测试和计算。AHI 的计算方式为 50%足长位置处的足背高度与足长之比(该研究中对足长的定义为足内侧面第 1 跖骨头到足跟的距离,如图 3 - 2)。ARI 的计算方式为裸足自然站立状态下的 AHI 与裸足坐位的 AHI 比值,$ARI = AHI_{站立} / AHI_{坐位}$,ARI 的值越接近 1 则说明足弓刚度越高,塌陷的趋势越小。在足部相关的骨性标志点粘贴反光标记点,以追踪关键点在整个支撑期内的位移情况。研究结果显示,跑者在 45 min 中等配速跑台跑步前后,足舟骨下沉高度、AHI、ARI 等足弓参数均无显著变化($p > 0.065$)。

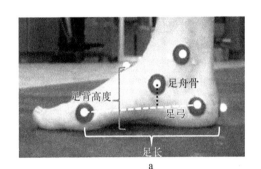

变量	跑前	跑后
足舟骨位移(mm)	5.9±2.1 (5.0~6.9)	6.0±3.5 (4.4~7.6)
足弓长度(mm)	3.6±1.4 (2.8~4.4)	4.0±2.4 (2.7~5.3)
AHI变化	0.015±0.005 (0.012~0.017)	0.013±0.010 (0.008~0.019)
ARI	0.950±0.020 (0.940~0.960)	0.940±0.019 (0.930~0.950)

a   b

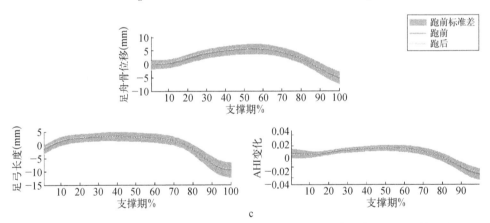

c

图 3 - 2　a 图为足舟骨高度及 AHI 计算的示意图;b 图、c 图分别为 45 min 中等配速
跑台跑步前后支撑期内的足舟骨及足弓相关指数变化情况

资料来源: Boyer E R, Ward E D, Derrick T R. 2014. Medial longitudinal arch mechanics before and after a 45-minute run[J]. Journal of the American podiatric medical association, 104(4): 349 - 356.

Aguilar 等对 116 名(92 名男性,24 名女性)健康成年且无足部畸形及相关疾病史的跑者的 45 min 跑步前后的 FPI 情况进行测试(跑速平均为 12 km/h),其测试结果与 Boyer 等的研究结果一致,同样未发现 45 min 的跑步干预对足部外翻姿势的影响。Martinez 等对 30 名男性跑者进行配速为 3.3 m/s 的 60 min 跑步干预前后的 FPI 的情况测试结果显示,60 min 跑步前后,跑者的 FPI 发生显著改变,跑后 FPI 得分平均高于跑前 2 分,主要改变为 60 min 跑后足外翻的趋势显著增加,辅助的足底压力测力板结果也显示,MR 区与 MF 跖骨头区域的接触面积显著增加,也从侧面佐证了 60 min 跑步后足部姿态的外翻改变趋势。结合上述的 3 项研究发现,45 min 的中等配速跑台跑步前后,FPI 似乎并无显著性差异,而 FPI 随着跑步时间的延长(60 min 开始)而出现变化,即足部形态出现改变,呈现出显著的足外翻趋势。

　　Fukano 等(2018)对 11 名大学生跑步运动员全程马拉松跑前后的足部形态变化及足部形态恢复情况进行探究,该研究并未选取 FPI 作为足部形态测试工具,而是使用一台型号为 JMS - 2100CU 的便携式三维足部形态扫描仪对受试者的三维足部形态进行扫描重建,获取较为精细的足部形态参数(图 3 - 3)。该研究采用追踪性测试手段,时间点分别为跑前、跑后即刻和跑后 1 d、3 d、8 d。研究结果显示,相比于跑前,跑后足舟骨高度显著下降,按照时间序列依次为跑前:(44.2±5.0)mm,跑后即刻:(39.4±5.5)mm,跑后 1 d:(37.7±6.2)mm,跑后 3 d:(38.7±5.5)mm,跑后 8 d:(37.6±5.7)mm;足弓高度相比于跑前也有显著下降趋势,按照时间序列依次为跑前:(18.4±1.9)mm,跑后即刻:(16.5±2.5)mm,跑后 1 d:(15.7±2.5)mm,跑后 3 d:(16.2±2.6)mm,跑后 8 d:(15.6±2.2)mm。与足舟骨高度在跑后持续性下降趋势不同,足弓高度在跑后 1 d 出现显著上升,而后出现显著下降趋势,这说明足弓与足舟骨在全程马拉松跑后的恢复机制是不同的。整体来看,全程马拉松跑对足部姿态影响较大,表现出足弓塌陷、足舟骨骨下沉及足外翻的趋势,这种对足部姿态的影响甚至能够持续 1 周以上,全程马拉松跑后的足部形态恢复是需要一定时间的,推测应在 1 周以上。

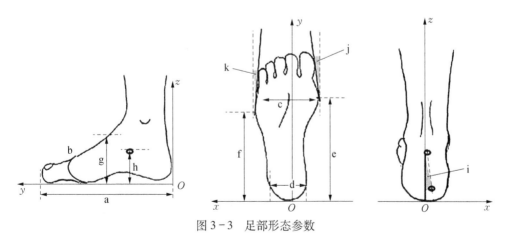

图 3 - 3　足部形态参数

　　a 为足长;b 为前足围;c 为前掌宽;d 为足跟宽;e 为足内侧长度;f 为足外侧长度;g 为足背高度;h 为足舟骨高度;i 为足跟角;j 为第 1 趾角;k 为第 5 趾角

　　资料来源: Fukano M, Inami T, Nakagawa K, et al. 2018. Foot posture alteration and recovery following a full marathon run[J]. European journal of sport science, 18(10): 1338 - 1345.

(二) 长跑前后下肢生物力学参数调整研究

通常意义上的长跑距离一般为 5~42 km。下肢生物力学参数包括时空参数、下肢运动学和动力学及足底压力特征,其已经被广泛用于评价跑步运动表现及揭示相关的运动损伤风险。例如,足底压力的分布特征随着跑速增加而改变,跑步机/跑台跑步与普通地面跑步的下肢肌肉活动度与控制机制有显著差异。裸足、着鞋具及着不同类型的鞋具跑步时的下肢生物力学参数均会出现适应性的调整。有研究发现,正常人群长距离着鞋跑步过程中,下肢生物力学参数会出现相应调整。例如,随着跑步距离的增加,重复的冲击载荷作用会使足部出现足外翻现象。跑步距离的增加也会伴随着足内侧部分压力载荷的增加,蹬离时代偿性的足内翻可能会导致下肢疼痛风险的增加。下肢相关运动损伤如髂胫束摩擦综合征、跟腱非轴向过大载荷引起的跟腱炎、髌股关节疼痛综合征等与长距离跑步时足外翻角速度、膝关节内旋角度、足底压力载荷等生物力学指标的增长有显著相关性。该部分共选取了 13 项关于着鞋长跑前后下肢生物力学参数调整的相关研究,如表 3-2 所示。

从下述 13 项关于长跑前后下肢生物力学参数研究的总结中(基于表 3-1 的测试)得出以下结果:① 6 项研究对长跑前后的足底压力参数进行测试发现,长跑后跖骨区域的足底载荷呈显著上升的趋势;② 1 项研究发现,长跑前后时空参数的差异主要表现为长跑后步频显著增快,步长及腾空时间显著缩短;③ 4 项研究对长跑前后的动力学表现进行测试发现,长跑后 vGRF 呈整体下降趋势,然而 VLR 却呈上升趋势;④ 3 项研究对长跑前后的下肢运动学表现测试发现,下肢运动学参数及足部着地方式在长跑前后出现显著差异,主要表现为长跑后的踝关节和足外翻程度增加。长跑前后运动学参数差异体现为长跑后髋关节内收角度与角速度显著增大、膝关节屈曲角度与角速度显著减小、内旋角度与角速度显著增大、长跑后着地时足跟外翻角度及角速度显著增大。下面将对长跑引起下肢生物力学参数差异和功能调整的原因进行分析从而揭示跑步尤其是长距离、长时间跑步对下肢生物力学参数调整的内在机制。

1. 长跑前后的足底压力参数特征

上述有 6 项针对长跑前后足底压力参数的研究均发现了相似的趋势,即长跑后跖骨区域的载荷显著上升,而足趾区域的载荷则显著下降。尽管上述 6 项研究的流程不同,但均发现长跑后的第 2、3 跖骨区域的载荷显著上升。Arndt 等的一项实验研究也佐证这一观点,他们发现,在裸足行走至疲劳过程中,将钛钉固定在第 2 跖骨背侧的测量仪插入第 2 跖骨,发现第 2 跖骨的应力/应变程度很高。另一项高强度(无氧阈强度)跑台跑步足底压力测试也发现第 2、3 跖骨头区域的载荷显著上升,同时发现腓肠肌内侧头和外侧头的肌肉活动度显著降低。有研究人员提出,长跑后足部肌肉的疲劳可能是导致足底压力载荷由足趾区向跖骨

表 3-2　着鞋长跑前后下肢生物力学参数调整相关研究

作者（年份）	测试时间点	跑步距离/配速/用时	被试人群（性别,年龄）	生物力学测试指标	额外测试	测试流程
Degache et al. (2013)	跑前,跑后即刻	距离:(37.5±5.5)km/h 用时:5 h 的山地越野跑	8 名男性长跑业余运动员[(42.5±5.9)岁]	动力学 时空参数	构建下肢的弹簧-质量模型,计算腿部刚度	跑台跑步配速分别为 10 km/h,12 km/h,14 km/h
Willems et al. (2012)	跑前,跑后	配速:平均配速 10.9 km/h[(8.2~15.38)km/h] 距离:20 km 的竞速跑	52 名业余跑者:36 名男性,16 名女性;平均年龄 44 岁	足底压力	红外测速门用于监控跑者实验状态下的跑速	着鞋自选速度足底压力平板测试,要求保持竞赛相同配速;竞赛前:(10.27±1.07)km/h;竞赛后:(10.30±1.07)km/h
Peltonen et al. (2012)	跑前 2 天,跑后 1 h	距离:全程马拉松 42 km/半程马拉松 21 km 配速:竞速[(11.2±0.3)km/h]	12 名马拉松跑者:8 名男性[(37±12.6)岁]	运动学 时空参数	氧代谢测试,评价 RE;跟腱刚度测试	着鞋跑台次最大速度跑步测试
Alfuth et al. (2011)	跑前,跑后即刻	距离:10 km 户外跑 用时:(50.42±5.16)min	15 名业余跑者:10 名男性,5 名女性[(32.1±11.4)岁]	足底压力	心率、疲劳程度测试	跑台着鞋跑步,速度控制在 10 km 竞速跑最快速度的 80%
Morin et al. (2011)	跑前,跑中每 2 h 测试 1 次,跑后即刻	距离:(153±15)km/h 用时:24 h 跑台跑步	10 名超级马拉松跑者,均为男性[(40.4±6.5)岁]	动力学 时空参数	腿部刚度测试;股外侧肌肌肉活检	着鞋跑台跑步,配速为 10 km/h
Morin et al. (2011)	跑前 1~2 天,跑后 3 h	距离:全程 166 km 山山地超级马拉松跑 用时:(37.9±6.2)h	18 名超级马拉松跑者[(39.1±7.6)岁]	足底压力	腿部刚度测试	12 km/h 配速的足底压力测试,跑速由 2 台摄像机监控
Dierks et al. (2010)	跑前即刻,跑步终止时	配速:平均配速为(2.6±0.3)m/s 用时:(45±12)min 的跑台跑步	20 名业余跑者,平均年龄(22.7±5.6)岁	运动学 时空参数	运动自觉强度测试,心率	着鞋统一鞋具的跑步机跑步测试,配速 9.36 km/h

续表

作者（年份）	测试时间点	跑步距离/配速/用时	被试人群（性别，年龄）	生物力学测试指标	额外测试	测试流程
Karagounis et al. (2009)	跑前，跑后即刻	距离：超级马拉松跑步，全程246 km	46名男性跑者，平均年龄(44±8.2)岁	足底压力	/	裸足自选速度的足底压力平板步行测试
Millet et al. (2009)	跑前3周，跑后1天，跑后3周，跑后5个月	距离：挑战巴黎跑步北京计划，全长8 500 km	58岁男性职业超级马拉松跑者	动力学，时空参数	膝关节等速肌力，氧代谢测试，心率，血压	在跑台上分别以8 km/h，10 km/h，12 km/h，14 km/h的速度配速跑步，每2 min增加1次跑速
Nagel et al. (2008)	跑前2天，跑后1 h	距离：全程马拉松竞速跑	200名业余跑者：167名男性，33名女性；平均年龄(39.5±8.8)岁	足底压力	/	裸足自选速度足底压力平板测试
Bisiaux et al. (2008)	跑前，跑后即刻，跑后30 min	配速：80%最大摄氧量速度 用时：30 min	23名男性跑者，平均年龄(9±5.32)岁	足底压力	最大摄氧量测试，心率，血压	着同款鞋具足底压力测试
Mizrahi et al. (2000)	跑步过程中的第10、15、20、25、30 min	配速：(3.5±0.2) m/s 用时：30 min	14名健康男性跑者，平均年龄(24.2±3.7)岁	动力学，时空参数	最大摄氧量测试	着同款鞋具在跑合上跑步，配速为(3.5±0.2) m/s
Kyrolainen et al. (2000)	跑前，跑后即刻	距离：广外全程马拉松跑测试 跑速：适用状大强度速度，平均为(3.82±0.33) m/s	7名职业铁人三项运动员；6名男性，1名女性；平均年龄(29±5)岁	运动学，时空参数	次最大强度跑步测试，有氧能力测试，氧代谢测试，血压，心率等	在跑合上以(3.82±0.33) m/s速度跑步

区转移的原因,经研究发现,趾屈肌活动度的减弱会显著降低足趾区域的接触面积,从而导致足底压力向前足部转移。第 2 跖骨区域载荷的升高还会导致第 2 跖骨抗弯力矩增大,同时伴随着胫骨后肌和趾屈肌活动度及肌肉控制能力的降低,从而增大跖骨应力性骨折的风险。例如,Karagounis 等(2009)研究发现,长跑后的24 h 左右足底压力的分布会趋向于正常状态,原因可能是踝关节周围及足底相关肌肉的功能恢复对足部控制能力增强。

2. 长跑前后的时空参数特征

上述研究普遍发现长跑后步频显著加快,步长和腾空时间显著缩短。有研究者推测,出现上述时空参数差异的原因可能是机体对于过高冲击负荷的一种代偿保护机制。在持续长时间的周期性载荷冲击下,肌肉功能可能产生了微细损伤,机体为了限制过高的冲击载荷,主动调整为步频更快、步长更短的跑步方式,而这种方式相对于大步长、低步频的跑步更能降低冲击负荷和负荷增长率等指标,从而降低下肢过度冲击,避免损伤累积。

3. 长跑前后的动力学参数特征

长跑后的主要动力学参数特征表现为 vGRF 降低,而同时 VLR 升高。可能原因是肌肉、骨骼系统的功能随着疲劳进程的增加而削弱,对外来负荷的缓冲能力下降。在胫骨粗隆上粘贴加速度计,30 min 的跑步就可导致胫骨加速度显著上升,而胫骨加速度是反映冲击载荷的有效指标。跑步过程中,足接触地面时,突然的减速制动会产生较大的冲击波并传导至整个身体。这部分冲击能量大部分被肌肉、韧带、骨骼、鞋具及运动界面吸收,人体结构良好的缓震能力是避免跑步损伤的重要因素。冲击载荷和载荷增长率的增加很大程度上受到疲劳因素的影响,从而导致肌肉主动缓震和保护功能降低。胫骨的加速度值与跑步过程中的 GRF 是显著相关的。Derrick 等的报告显示,跑步着地时膝关节屈曲角度的增大会显著降低峰值 vGRF,同时也会导致VLR 上升。Morin Samozino 等的研究也发现了相似的结论,即长跑后的峰值 GRF 呈显著下降趋势,而 VLR 显著上升。Millet 等(2009)提出,长跑过程中,跑者会趋向采用一种更为平滑的跑步方式,该方式表现出更低的 vGRF、更高的步频及缩短的腾空时间。当重复机械载荷施加及疲劳等因素导致载荷增加后,跑者会采用一种更为安全的跑姿,以降低着地时过高的冲击负荷。

4. 长跑前后的下肢运动学参数特征

长跑会显著影响下肢的运动学参数特征,其中膝、踝关节的运动学参数改变程度较大,这与膝、踝关节较高的运动损伤发生率是紧密相关的。而 Dierks 等同时发现,长跑后的髋关节运动学参数也出现相应调整。髋关节活动度显著增加可能与长跑后的肌肉疲劳有关,前人研究发现股四头肌疲劳会导致髋关节垂直偏移的增加,而稳定髋关节肌群的疲劳弱化是导致跑步运动损伤的主要因素之一。持续周期性的垂直载荷冲击足部及随着疲劳程度加深,足踝部相关肌群的去活化和控制能力减弱,从而出现长跑后期足着地时足跟外翻和支撑中期全足外翻现象的出现,生理限度内的外翻可以通过足底筋膜的放松、休息得到缓解,然而若长跑后得不到及时恢复,可能会导致足外翻损伤的累积,从而引起一系列足踝疾病,乃至影响跑步时下肢正确力线。

(三) 基于跑者主观视角的足部姿态认知研究

跑步目前是最受欢迎的大众运动项目,美国有长期跑步习惯的人群超过总人口的1/3,并且约有3 000万人参加过正规的跑步比赛(如半程马拉松、全程马拉松等)。然而跑步带来的各种急、慢性损伤不容忽视,一名跑者在跑步生涯至少受过一次伤的概率高达80%甚至以上。目前,许多跑步急、慢性损伤的原因还没有研究透彻,使用单一学科往往很难回答跑步运动损伤发生的真实机制,生理学、生物力学、人体功效学、运动装备等多学科交叉可能是解释跑步相关运动损伤(running related injuries,RRI)内在机制的有效途径,而对运动损伤发生机制的理解则有助于预防跑步相关运动损伤和研发相关防护装备等。足部畸形如平足、过度足跟外翻引起胫骨内侧疼痛和骨膜炎慢性损伤的风险可能会显著提高。有研究显示,使用足弓支撑和动作控制鞋具能显著降低跑步相关运动损伤风险。有两个案例研究发现,选用不合适的鞋具可能与运动损伤相关。Burgess 等发现,一位 26 岁的男性跑者在更换一双新鞋具后发生了远端腓骨的应力性骨折;Wilk 等则报道了一位 40 岁的男性铁人三项跑者在使用不合适鞋具后导致足底筋膜炎。鞋具的正确选择可降低运动损伤的发生率,针对跑者的足部形态和足部姿态差异,鞋具生产厂商分别推出了适合高足弓人群、低足弓人群和过度足外翻人群的鞋具,许多鞋具门店也开展了测足部形态的服务,部分跑者论坛也介绍了足部形态自测的方法,以便跑者自行测量和识别自己的足部形态。然而这些简易的足部形态测试方法是否有效可靠,跑者又能否主观地对自己的足部形态有较为清楚的认知呢? Hohmann 等(2012)的一项研究针对跑者对自身足部形态的主观认知与足科医生采用临床标准进行的客观检查进行对比,从而验证跑者主观视角对足部形态的认知程度。该研究通过向 92 名业余跑者(51 名男性,41 名女性)发放调查问卷,了解跑者对自身足弓情况及过度足外翻情况的认知,同时结合医生对跑者的足印和临床手法检查确定跑者的客观足部形态特征。

1. 跑者对自身足弓的认知情况

在 92 名跑者中,仅有 45 名(48.9%)的跑者能正确认知自身足弓。在 41 名认为自己是平足的跑者中,仅有 44%的跑者在临床检查中被确认是真正的平足人群。导致跑者对自身足弓的认知障碍可能的解释是跑者简单地依据内侧足弓高度及跑步时足弓的生理性下沉作为判断平足的依据,这样的判定方式是不准确的。在 48 名正常足弓跑者中,通过较为简单的足印仅能判定 24 名(即 50%的)跑者是正常足弓,另外的 24 名跑者则是通过足科医生的诊断判断为正常足弓。Yamshita 和 Cowan 报道显示,即使是提供鞋具处方的足科专业人员,也缺乏统一描述正常和异常足部病理的技能和语言。因此,跑者作为非专业学者,仅依靠简单的视觉和足印判断在较大程度上会造成对自身足部形态的误解和认知错误。相比之下,使用标准化脚印结合足弓指数分析是一个公认的客观方法来评估静态足弓情况。然而需要注意的是,这种方法使我们能够量化个体的足部解剖结构。然而,这是一个较为耗时的过程,并不是常用的常规临床实践方法。因此,该方法目前主要用于研究需要。

2. 跑者对自身是否过度足外翻的认知情况

92 名跑者中的 38 名(42%)认为自己是过度足外翻人群,然而临床检查仅仅发现 4 名跑者是真正的过度足外翻人群。仅有 10.5% 的跑者能够认识到运动过程中的足部姿态会发生生理性的改变和调整。为何有如此多的跑者会认为自己是过度足外翻的人群呢? 一方面有可能是相关跑步及科普网站的误导和过度宣传导致跑者对过度足外翻的定义出现了偏差。据了解,跑者一般对足外翻的认知是内侧足弓运动过程中下降和塌陷,足跟向外侧偏转。而目前临床较为通用的定义过度足外翻的标准是"足着地时,足部向内翻转的程度超过 15%,同时伴随着缓震效率的下降(表现为 GRF 及 VLR 上升)"。除非十分明显,否则一个业余运动员/跑者仅凭自身认知,也很难客观地判断自己是否是过度足外翻。科研领域对过度足外翻的定义更加严格,确定足外翻的生物力学指标包含距下关节的外翻、距骨的内收和跖屈、前足的外展、内弓的下降和胫骨的内旋等多重标准。跑者对足部形态和足部姿态的错误认知和判断可能会在很大程度上影响跑者对鞋具的正确选择。

(四) 足部姿态的量化与评价研究

1. FPI 的应用研究

FPI 是一种利用设定的标准和简单的量表来评定足部姿态的新方法。它是一种临床使用工具,用于量化足内旋、中立位或外旋的程度。FPI 是一种测量站立足部姿态的方法,因此不能代替现有的步态评估。然而,它比目前临床使用的许多静态负重和非负重测角方法都更加有效(图 3-4)。FPI 已被用于各种临床和研究应用中。FPI 的应用包括生物力学研究,如糖尿病神经性溃疡足部形态快速分析、脚型筛选识别、足部形态与运动训练损伤危险因素等。

使用 FPI 评价足部形态时,患者应双臂自然下垂,双足与肩同宽,放松正常站立,并保持静止,双臂并拢直视前方。在站立到舒适的姿势位置之前,需要确保患者没有转头、扭动身体等多余动作,因为身体姿态的改变将显著影响足部姿态。患者需要静止站立约 2 min 之后开始进行评估。测试人员需要在评估期间能够自由地在患者周围移动并且能够较为轻松地测量足部内外侧的参数。如果无法进行观察(如软组织肿胀等原因),则该项不纳入评分。评分应遵循客观保守的原则,避免过高和过低分数的出现(表 3-1)。

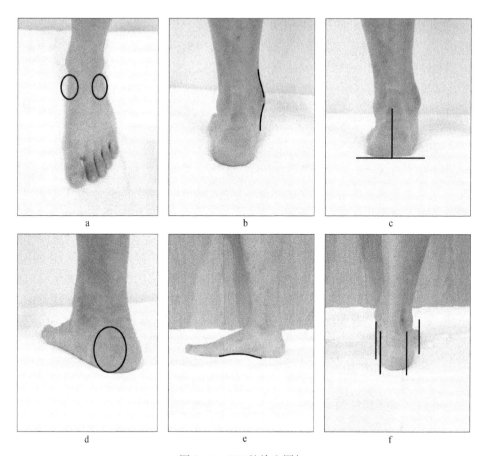

图 3 - 4
彩图

图 3 - 4　FPI 的检查图解

a 图为距骨头触诊；b 图为内踝尖上下的外侧曲率；c 图为跟骨的内外翻检查；d 图为距舟关节处的隆起检查；e 图为内侧足纵弓的一致性检查（足内侧面观）；f 图为前足相对于后足的内收／外展活动度检查（后面观）

资料来源：Chen W M, Lee S J, Lee P V S. 2015. Plantar pressure relief under the metatarsal heads—Therapeutic insole design using three-dimensional finite element model of the foot[J]. Journal of biomechanics, 48 (4)：659 - 665.

2. FPI 的参考值及其与足部功能的相关性分析

正常人群的左右侧下肢应是对称的，并同时满足部形态和功能上的对称。然而由于优势侧与非优势侧的区别，双侧下肢可能存在一定程度的功能性不对称。足部形态和足部姿态也可能存在一定程度的功能性不对称现象，而这种不对称往往称为生理不对称，其不对称程度是在一定范围内的，如果超过这个范围就需要考虑其原因，这种不对称可能会增加运动损伤的风险。因此需要界定正常人群双侧足的 FPI 范围，界定优势侧与非优势侧足的 FPI 功能性不对称程度，区分正常程度的不对称现象和非正常的病理性／功能障碍性不对称，这对于部分运动损伤的机制及防护设计是十分有帮助的。Rokkedal - Lausch 等（2013）对 930 名（467 名男性，

463 名女性）平均年龄为（37.2±10.29）岁，体重指数（body mass index）为（26.3±4.41）kg/m² 的群体进行 FPI 的测试，测试工作由 3 名经验丰富的足科医生完成，FPI 的分数区间为−12 分（过度足内翻/过度足旋后）～+12 分（过度足外翻/过度足旋前）。经测试，双侧足的 FPI 分数取整数时，得分均为 3 分。为测试左右侧足的 FPI 不对称程度，统一以右侧足的 FPI 减去左侧足的 FPI，得到的值定义为 FPI 分数，因此上述的 930 名受试者，就得到了 930 个 FPI 分数值。930 名测试者的 FPI 分数值的描述性统计图及分布趋势（即 Q−Q 图）见图 3−5。参考前人研究，将双侧足的姿态正常对称定义为 FPI 分数值的均数为−1 ～ +1 个标准差（standard deviation）的范围；1～2 个标准差的范围定义为不对称，2 个标准差范围以上定义为严重不对称。研究结果显示，双足 FPI 分数值误差处在−2～ 2 时，双侧 FPI 误差是在正常范围内的，当 FPI 分数值处在−2～−4 或 2～4 时，则定义为双侧 FPI 不对称，当 FPI 小于−4 或大于 4 时，定义为双侧 FPI 严重不对称。正常人群 FPI 范围的界定及不对称程度的判定有助于为后续的测试提供参考值。

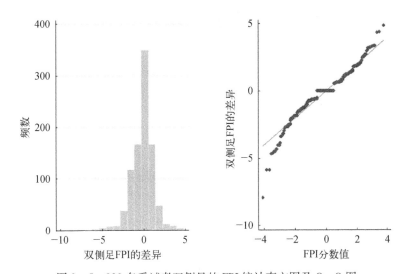

图 3−5　930 名受试者双侧足的 FPI 统计直方图及 Q−Q 图

资料来源：Rokkedal-Lausch T, Lykke M, Hansen M S, et al. 2013. Normative values for the foot posture index between right and left foot: A descriptive study[J]. Gait & posture, 38(4): 843−846.

FPI 提供了较为便捷快速的测试足部形态方法，并且经过验证有较好的有效性和可靠性。但 FPI 与运动过程中的足部功能是否相关，FPI 是否可以预测相关的足部功能和相关的生物力学参数，目前还不是十分清晰。Chuter 等（2010）对 20 名 FPI 过度外翻人群和 20 名正常足部形态人群自选速度步行时的后足冠状面的外翻角度与受试者的 FPI 得分进行相关性分析，研究结果显示，受试者的 FPI 总得分与足跟的峰值外翻角度相关性强(相关系数 $r=0.92$, $p<0.05$)。足外翻受试者的 FPI 得分($+6\sim+9$)与峰值足跟外翻角度有显著相关($r=0.81$, $p<0.05$),正常人群的 FPI 得分($0\sim+5$)与峰值足跟外翻角度也有显著相关性,但相关性程度稍弱于足外翻人群($r=0.76$, $p<0.05$),如图 3-6 所示。Redmond 等(2006)将 FPI 得分为 $-12\sim-6$ 定义为过度足内翻,FPI 得分为 $-5\sim-1$ 定义为足内翻,FPI 得分为 $0\sim5$ 定义为正常,FPI 得分为 $6\sim9$ 定义为足外翻,FPI 得分为 $10\sim12$ 定义为过度足外翻。

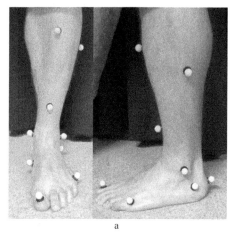
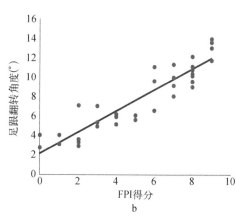

图 3-6 彩图

图 3-6 a 图为下肢胫骨下及足部反光点粘贴示意图;b 图为 FPI 与足跟翻转角度的线性相关程度

资料来源:Chuter V H. 2010. Relationships between foot type and dynamic rearfoot frontal plane motion[J]. Journal of foot ankle research, 3(1):9.

3. 足舟骨高度的动态测量技术及其与足部功能的相关性分析

运动过程中的足舟骨高度变化往往能反映足部在冠状面的翻转变化情况,运动过程中,足部在鞋内的运动学特征较难捕捉,与足内外翻相关的生物力学因素较多,而足舟骨高度的测量仅需要对足舟骨的骨性标志点进行追踪。对足舟骨运动过程中的位移和位移速度情况进行测量有助于推导足部在整个运动过程中的运动情况,从而客观反映足部功能。Barton 等(2015)采用一种拉伸传感器附着于足舟骨处(图 3-7),用于测量运动过程中足舟骨的位移及位移速度等变化模式。该研究对 26 名受试者分别在正常地面和跑台上的着鞋和裸足走、跑步时足舟骨运动情况进行统计测量,研究结果发现:① 裸足和着鞋的跑台步行条件下,足舟骨位移及速度无显著差异;② 跑台跑步时的足舟骨位移速度比跑台步行高 59%,地面跑步时的足舟骨位移速度比地面步行高 210%,地面跑步时的足舟骨最大位移高于地面步行的 23%;③ 相比于地面条件,跑台步行和跑台跑步的足舟骨最大位移分别增加了 21% 和 16%,此外,跑台步行时的足舟骨最大位移速度比地面步行要低 48%。根据以上结论可推测:① 鞋具对于步行状态下的足舟骨运动状态的影响较小;

② 跑台与地面条件下的足舟骨运动模式差异也提示了不同的运动界面及运动模式对足部生物力学是有显著影响的。

a

	跑台		
	跑台步行 (*n*=25, 72~134 步)	跑台着鞋跑步 (*n*=24, 108~156 步)	跑台裸足跑步 (*n*=21, 80~156 步)
足舟骨位移(mm) (95%CI)	8.5 (7.0；10.1)	9.9 (8.3；115)	8.0 (6.6；9.4)
足舟下沉速度(mm/s) (95%CI)	130 (97；164)	394 (322；465)	142 (118；167)

b

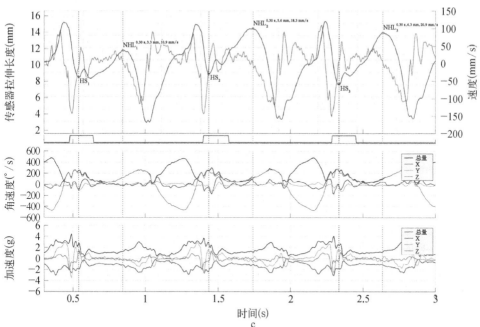

c

图 3-7
彩图

图 3-7　a 图为测量动态足舟骨高度的拉伸传感器；b 图为不同条件下足舟骨的位移及足舟骨下沉速度；c 图为拉伸传感器测试得到的周期性足舟骨位移和速度的原始数据

HS 为足跟着地；NHL 为足舟骨负载下的高度；X、Y、Z 为三轴传感器的 3 个方向

资料来源：Barton C J, Kappel S L, Ahrendt P, et al. 2015. Dynamic navicular motion measured using a stretch sensor is different between walking and running, and between over-ground and treadmill conditions[J]. Journal of foot ankle research, 8(1)：5.

Hoffman 等(2015)的一项研究基于 X 射线技术,分别获取裸足、着极简鞋具(Nike Free 3.0 V4)和着动作控制鞋具(Nike Zoom Structure Triax 15+)时的足舟骨三维空间位置变化和变化率,X 射线能够较为准确地识别骨骼组织,相对于皮肤表面的反光标记点追踪技术,X 射线能够显著提高追踪的准确度(由于足舟骨结节位置较小,且反光标记点粘贴在皮肤表面会产生晃动,此外着鞋状态下的反光标记点粘贴需要一定程度上破坏鞋面结构)。

Hoffman 的研究有以下几个目的:① 获取受试者着两种鞋具和裸足状态下的足舟骨位移情况和位移变化率;② 探究静态足舟骨高度与动态足舟骨高度的相关性;裸足与着鞋跑足舟骨高度的相关性;静态的足部姿态与动态足舟骨高度的相关性。研究选取 12 名有跑步习惯的受试者[6 名男性,6 名女性,(24.2±4.4)岁]分别在以上两种鞋具和裸足情况下按照图 3-8 所示的实验跑道条件下进行自选速度跑步测试。

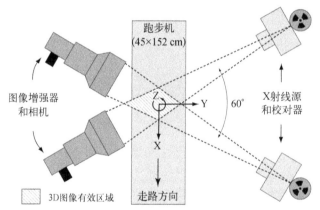

图 3-8　X 射线技术捕捉运动过程中骨骼组织的三维运动示意图

资料来源: Hoffman S E, Peltz C D, Haladik J A, et al. 2015. Dynamic in-vivo assessment of navicular drop while running in barefoot, minimalist, and motion control footwear conditions[J]. Gait & posture, 41 (3): 825-829.

研究结果显示,鞋具条件的不同对足舟骨下沉的高度没有显著影响($p = 0.22$),然而相比于极简鞋具和裸足,动作控制鞋具的使用能够显著降低足舟骨下沉的位移速度($p < 0.05$),如图 3-9 所示。鞋具条件的差异,即动作控制鞋具与极简鞋具相比并不能显著降低跑步过程中的足舟骨下沉高度,然而着动作控制鞋具跑步却可以显著降低动态足舟骨下沉位移速率。此外,无论是着鞋还是裸足,足舟骨的高度与 FPI 都难以预测运动过程中的足舟骨位移变化,因此,动态测量技术和评估方法的引入能够提升足部形态和姿态参数预测足部功能及相关运动损伤特征的有效性。

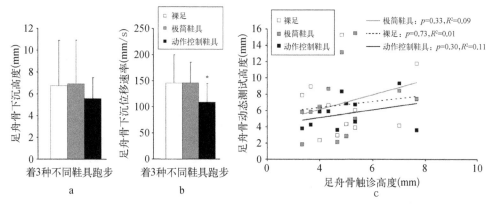

图3-9　a图为跑者在着动作控制鞋具、着极简鞋具和裸足跑步状态下的足舟骨下沉高度无显著差异;b图为跑者在着动作控制鞋具的足舟骨下沉位移速率显著低于在着极简鞋具与裸足跑步状态下;c图为着不同鞋具和裸足跑步状态下的足舟骨高度触诊高度与足舟骨动态测试高度无显著相关性

资料来源:Hoffman S E, Peltz C D, Haladik J A, et al. 2015. Dynamic in-vivo assessment of navicular drop while running in barefoot, minimalist, and motion control footwear conditions[J]. Gait & posture, 41(3):825-829.

(五)长跑足部姿态改变的生物力学研究进展

1. 长跑与足部姿态/形态调整的相关研究总结

① FPI 配合足舟骨下沉高度和足弓相关指数是评估长跑前后足部形态特征的有效工具,具有较为可靠的信度与效度。② 结合 X 射线透视技术和传感器技术动态监测跑步过程中的足部姿态/形态变化效果可能优于静态测量。③ 长跑可能会引发足外翻、足舟骨下沉、内侧足纵弓高度下降等一系列足部形态改变。④ 45 min 的长跑并未对足部形态和 FPI 造成显著影响,而随着长跑时间持续到 60 min 以上,足部形态开始出现显著变化,与跑步初始相比长跑时间持续到 60 min 以上时会出现足外翻的趋势。⑤ 随着跑步距离的进一步延长,如全程马拉松跑对足部姿态影响较大,有现出足弓下沉塌陷、足舟骨下沉、足外翻的趋势,且需要较长时间(1 周以上)的恢复。

FPI 与长跑过程中后足外翻角度呈显著正相关关系;FPI 是否可以作为预测足部功能和相关生物力学损伤参数的指标,目前尚不十分清楚,需要进一步研究。

2. 长跑前后运动生物力学相关研究总结

在时空参数与运动学参数方面,长跑后表现为步频显著加快,步长及腾空时间显著缩短;长跑后髋关节内收角度及角速度显著增大,膝关节屈曲角度及角速度显著减小,膝关节内旋角度与角速度显著增大,长距离跑后着地时踝关节和足部外翻角度和角速度显著增大。

在动力学及足底压力参数方面,长跑后 GRF 呈下降趋势,而 VLR 却呈上升趋势;长跑后跖骨区域的足底载荷呈显著上升趋势。

3. 跑者对自身足部形态的主观认知情况研究总结

仅有约50%的跑者能够正确判断自身足弓形态和足部形态特征,跑者通过简单的视觉观察和足印来判断自身足部形态,可能会在较大程度上造成对自身足部形态的误解和认知障碍。

在主观认为自身为非正常足弓(高足弓/扁平足)跑者中,仅有约40%的人为真正非正常足弓人群;在认为自身为过度足外翻的跑者中,仅有约10%的人为真正过度足外翻人群。跑者对自身足部形态和足部姿态的主观认知错误会在很大程度上影响跑者对鞋具的正确选择。

4. 长跑足部姿态改变的运动损伤相关研究总结

足外翻姿态与胫骨内侧压力综合征及髌股关节疼痛综合征具有一定相关性。FPI配合足舟骨下沉高度评价运动损伤具有一定的可靠性;由于下肢运动损伤可能是多因素共同作用的结果,单纯使用足部姿态判断可能较为单薄,建议综合考虑下肢运动学、动力学和神经-肌肉控制等参数,相比于静态足部姿态测试,跑步过程中的动态足部形态测量可能是反映足部功能和相关运动损伤风险的有效工具。

(六) 长跑时足部姿态改变的运动损伤风险评估与分析

对下肢和足部肌肉骨骼系统运动损伤相关因素的研究可以帮助我们预防相关运动损伤风险的增加,同时也为运动装备或运动辅助工具的设计研发提供参考和指导。足部姿态和形态的改变可能与运动过程中的下肢损伤发生率紧密相关。近年来多项研究发现,足外翻可以通过影响胫骨在水平面上的活动度从而导致胫骨内侧压力过载从而引发髌骨关节疼痛综合征等相关损伤风险增加。下肢各部位的运动特征是相互影响的,足外翻导致胫骨水平面内旋程度增大,内旋的胫骨运动状态向上传导同样会影响髋关节和膝关节水平面的运动特征。有研究发现,过度足外翻与内侧胫骨疼痛综合征、髌股关节疼痛综合征等运动损伤显著相关。与之相反的过度足内翻可造成支撑期腿部刚度的显著增加,从而降低下肢缓震能力,导致冲击载荷的增加。

足部姿态与下肢运动损伤密切相关,因此常被用于临床的足科检查中。Tong等研究发现,过度足内翻和外翻都与运动损伤的发生风险显著相关。汇总近年来有关足部姿态与运动损伤发生风险的相关研究,基于在 Medline、CINAHL、Embase、SportDiscus 等数据库的检索,共收集到21篇相关程度较高的研究论文,共包含受试者6 228 名。主要综述结果:① 足外翻姿态与内侧胫骨疼痛综合征显著相关,足外翻姿态与髌股关节疼痛综合征也有一定的相关性,但相关性程度较弱;② 没有相关报道及证据佐证足外翻姿态与其他运动损伤具有相关性。上述的21项研究中采用了4种静态足部姿态测量方法,其中9项选用了足舟骨下沉高度,5项选用

FPI,4 项研究选用足跟外翻程度,3 项研究选用足纵弓角度进行系统评价。另外,有研究显示,相比于使用 FPI 和足舟骨下沉高度,使用足跟外翻程度指标评价运动损伤发生率的可靠性较差。同时需要注意的是,对上述 FPI 与运动损伤的关系也应保持谨慎的态度,一方面是下肢运动损伤可能是多因素共同作用的结果,单纯使用 FPI 这一指标可能会忽视某些关键损伤因素,建议将下肢生物力学参数如运动学、动力学等纳入综合考虑;另一方面是使用静态的 FPI 预测动态的运动损伤和足部功能可能具有一定的局限性。因此,在分析运动损伤原因时,应将足部姿态作为多种因素中的一种来考虑,将 FPI 独立出来作为预测下肢运动损伤风险的工具是较为单薄的。另外,相比于静态的 FPI 测试,运动过程中的动态足部姿态测量可能是更好地反映足部功能和损伤风险的有效工具和指标。

二、动作控制鞋具的生物力学研究进展

在介绍动作控制鞋具的生物力学相关研究进展之前,我们首先要厘清目前市场上鞋具的基本种类及适用的目标人群。基于"跑者世界"(*Runner's World*)的划分,目前市场及研究机构大多将鞋具分为 4 类:① 稳定型(stability)鞋具,推荐用于跑步时有轻度足内/外翻的人群;② 缓震/正常(cushioned/neutral)鞋具,是为跑步时足部能够保持中立位,而不形成内/外翻的人群设计的,该类鞋具主要关注缓震性能;③ 动作控制鞋具,比其他鞋具质量更大,比其他鞋具能够提供更多的支撑和缓冲,通常将这一类型的鞋具推荐给平足、过度足外翻及体重较大的跑步人群;④ 极简/模拟裸足(minimalist/barefoot)鞋具,这类鞋具几乎没有支撑和缓冲,可模拟裸足跑步的状态,适用于偏爱裸足跑步的人群。

(一) 动作控制鞋具的运动损伤风险分析

随着运动装备研发水平的深入,材料科学、运动科学及各种先进技术如 3D 打印、飞织科技等的进步,目前市面上的鞋具设计高达数百种。然而据流行病学统计调查发现,近四十年的跑步相关运动损伤并没有下降的趋势。目前运动科学界普遍将跑步相关生物力学参数如足部着地方式、冲击力/增长率、足部姿态(足外翻等)作为预测跑步相关运动损伤风险的相关因素。与之相应,鞋具的缓震科技、稳定与动作控制性能被作为控制上述运动损伤相关生物力学参数的因素,以降低跑步可能引发的相关运动损伤风险,上述这些鞋具科技也是鞋具生产厂家的最大卖点。足部不良姿态被认为与运动损伤紧密相关,为了达到避免跑步相关运动损伤的目的,常常有基于跑者足部姿态和形态的鞋具设计。这种鞋具设计是否真的能够达到降低跑步相关运动损伤风险的目的,还缺乏相关研究证据的支持。具体来说,动作控制鞋具通常是为足外翻的跑者设计的,稳定型鞋

具推荐给正常足部人群,缓震/正常鞋具推荐给足内翻即高足弓人群。然而近年来相继有研究对于现有鞋具科技和跑步相关运动损伤风险的关系提出了质疑。例如,有大样本随机对照研究发现,限制足外翻的动作控制鞋具不仅没有降低跑步相关运动损伤风险,反而使部分跑步相关运动损伤的发生率提高。因此,对于稳定型鞋具、动作控制鞋具与跑步相关运动损伤发生率的关系应该持谨慎的态度,通过大样本的长期追踪性随机对照试验(randomized controlled trials, RCT)来揭示其内在的跑步相关运动损伤发生率和损伤发生机制,以免对鞋具的功能设计产生误导。下面选取的 3 项研究均来自国际体育学权威期刊 *British Journal of Sports Medicine*,研究使用了医学临床研究中常用的随机对照试验、双盲对照研究、队列研究(prospective cohort study)等方法,大样本的长期追踪性研究便于发现内在机制及规律。

1. 标准鞋具与动作控制鞋具跑步相关运动损伤风险对比的双盲对照研究

Malisoux 等(2016)的研究设计中,372 名业余跑者随机挑选动作控制鞋具及标准鞋具,其中动作控制鞋具组受试者 187 名,标准鞋具组受试者 185 名,追踪统计两组跑者 6 个月跑步的跑步相关运动损伤总体发生情况(表 3 - 3)。测试前所有受试者的足部形态特征均使用 FPI 指数进行测试,其中标准鞋具组的足部形态情况为过度足内翻 5 名(2.7%),足内翻 25 名(13.5%),中立足 108 名(58.4%),足外翻 39 名(21.1%),过度足外翻 8 名(4.3%);动作控制鞋具组的足部形态情况为过度足内翻 5 名(2.7%),足内翻 25 名(13.4%),中立足 110 名(58.8%),足外翻 41 名(21.9%),过度足外翻 6 名(3.2%)。

在 6 个月的追踪期内,研究者跑者通过移动端反馈的跑步相关运动损伤情况,将跑步相关运动损伤定义为任何位于下肢或下背部区域的身体疼痛,在跑步练习中或由于跑步练习而持续疼痛并阻碍跑步计划活动至少 1 d(定义时间损失)。每一项跑步相关运动损伤的自我报告数据由该研究的首席研究员系统地检查其完整性和一致性。统计方法层面,该研究使用 Cox 比例风险回归(Cox proportional hazard regressions)模型,给出了鞋型和其他潜在危险因素的危险比的粗略估计。纳入日期(即鞋具分发日期)、受伤日期或截尾日期是计算危险时间的基本数据。研究者需要对每一位参与者进行正确筛选,出现严重疾病、非损伤导致跑步计划修改的现象即结束跟踪,并将该受试者剔除研究。风险时间以跑步的小时数衡量,并用作时间尺度。为了验证统计模型,采用对数-负对数图对比例危害假设进行了评估。

研究结果显示,在两组跑者足部形态分布特征几乎一致的情况下,着动作控制鞋具的整体跑步相关运动损伤发生率要低于着标准鞋具。从足部形态细分运动损伤发生率来看,仅是足外翻人群着动作控制鞋具表现出跑步相关运动损伤风险的显著下降趋势,而对于正常中立足及足内翻人群,着两种鞋具则没有表现出显著性差异。足外翻跑者着标准鞋具的跑步相关运动损伤发生率要高于中立足人群着标

表 3-3 左侧表格为标准鞋具组和动作控制鞋具组受试者的基本信息，身体测量参数及足部形态，运动频率等基本情况，右侧表格为标准鞋具组和动作控制鞋具组在 6 个月的跑步过程中报告的运动损伤发生情况，共有 93 名受试者有运动损伤经历

特征	单位/量词	标准鞋具 (n=185)	动作控制鞋具 (n=187)
受试者特征			
年龄	岁	41.0±11.2	39.9±9.7
性别			
男		113(61%)	111(59%)
女		72(39%)	76(41%)
体重指数	kg/m²	23.7±3.0	23.6±3.1
既往损伤			
是		137(74.1%)	143(76.5%)
否		48(25.9%)	44(23.5%)
跑步经历	年	7[0~45]	5[0~37]
规律（近期 12 个月）	月	12[6~12]	12[3~12]
足部形态			
过度足内翻		5(2.7%)	5(2.7%)
足内翻		25(13.5%)	25(13.4%)
中立足		108(58.4%)	110(58.8%)
足外翻		39(21.1%)	41(21.9%)
过度足外翻		8(4.3%)	6(3.2%)
运动参与模式			
训练时穿着练习鞋跑步	次数占比	95.1%±11.8%	94.9%±1.3%
其他体育项目	次数/周	1.0±1.5	0.9±1.3
跑步频率	次数/周	1.9±0.9	1.9±1.3
平均时间	min	56±15	57±43
平均距离	km	9.0±2.6	8.7±3.4
平均强度		3.8±1.0	3.7±1.0
平均速度	km/h	9.7±1.2	9.6±1.4
在倾斜面上跑步	次数占比	60.4%±31.2%	58.3%±33.6%
比赛	次数占比	1.9%±3.4%	2.4%±7.8%

	标准鞋具		动作控制鞋具	
	数量	百分比(%)	数量	百分比(%)
损伤位置				
下背部/骨盆	2	3.3	0	0
臀部/腹股沟	5	8.3	1	3
大腿	5	8.3	4	12.1
膝关节	10	16.7	7	21.2
小腿	16	26.7	7	21.2
踝关节	13	21.7	10	30.3
足部	8	13.3	4	12.1
足趾	1	1.7	0	0
受伤类型				
肌腱	25	41.7	17	51.5
肌肉	18	30	9	27.3
关节囊韧带	8	13.3	5	15.2
骨结构	5	8.3	1	3
其他关节	2	3.3	1	3
其他损伤/未知	2	3.4	0	0
损伤严重程度				
轻微损伤(0~3 d)	16	26.7	7	21.2
轻度损伤(4~7 d)	4	6.7	8	24.2
中度损伤(8~28 d)	25	41.7	12	36.4
重度损伤(>28 d)	15	25	6	18.2
复发				
否	32	53.3	22	66.7
是	28	46.7	11	33.3
损伤类别				
急性	13	21.7	8	24.2
进行性	47	78.3	25	75.8

资料来源：Malisoux L, Chambon N, Delattre N, et al. 2016. Injury risk in runners using standard or motion control shoes: a randomised controlled trial with participant and assessor blinding[J]. British journal of sports medicine, 50(8): 481-487.

准鞋具的发生率。通过梳理以上研究发现,得出以下几点结论:① 在业余跑步人群中,使用动作控制鞋具可以在一定程度上降低跑步相关运动损伤的总体发生率;② 如果均使用标准鞋具,则足外翻跑者的运动损伤发生率高于足中立跑者;③ 动作控制鞋具可能对足外翻的业余跑者更加有效,它可以显著降低跑步相关运动损伤的发生。有以下几点相关启示:① 对于普通的缓震鞋具来说,适当在鞋具上增加动作控制结构可以降低业余跑者的跑步相关运动损伤风险;② 对于有足外翻的业余跑者,使用标准的没有动作控制功能的鞋具可能会增加其跑步相关运动损伤风险;③ 建议足外翻的业余跑者尝试动作控制鞋具,并将其作为控制跑步相关运动损伤发生风险的一种有效手段。

2. 跑步初学者足外翻与跑步相关运动损伤风险分析的队列研究

跑步相关运动损伤在跑步初学者人群中的发生率较高,足外翻被认为是与跑步相关运动损伤密切相关的指标之一,而根据跑者足部形态选用适当的鞋具也被认为能够显著降低跑步相关运动损伤的发生风险。但是,也有相关研究质疑动作控制鞋具的使用并没有充分的证据证明其能够预防跑步相关运动损伤。Ryan 等质疑长跑运动员使用运动控制鞋具的有效性和安全性问题。根据他们在随机对照试验中的发现,着运动控制鞋跑步的人比着稳定型鞋具或标准鞋具跑步的人受伤的次数更多,错过训练的风险也更高。在另一项研究中,根据足底形状选择动作控制、稳定型或标准鞋具的人与不考虑脚底形状选择稳定型鞋具的人相比,受伤风险没有显著差异。这一结果在后来的两项研究中也得到了证实。

Nielsen 等(2014)进行了一项针对跑步初学者跑步相关运动损伤发生率的为期 1 年的前瞻性队列研究。该研究的目的是对于跑步初学者着缓震/正常鞋具,发生第一次跑步相关运动损伤的跑步距离是否与跑者的足部姿态相关。为了避免跑步经验对研究设计的影响,对于跑步初学者的筛选较为严格。首先要求受试者均为 18~65 岁的健康成年人,参与该研究的前 3 个月时间内无任何下肢损伤,过去 12 个月没有进行系统有计划的跑步,每个月跑步总距离小于 10 km。这些人被归为有跑步经验的新手。受试者如有以下情况则被排除在外:① 受试者参加其他运动超过 4 h/周;② 训练时使用专业的运动鞋垫;③ 妊娠人群;④ 有脑卒中史的人群;⑤ 具有心脏病或胸部疼痛病史的人群;⑥ 不愿意使用标准鞋具或全球定位系统(global positioning system,GPS)上传个人训练的人群。在筛选完网上问卷后,通过电话联系符合入选条件的人员进行面试。最终确定受试者 927 名(466 名男性、461 名女性),该研究给受试者统一配备 Adidas 跑鞋,乙烯-乙酸乙烯共聚物(ethylene-vinyl acetate copolymer,EVA)缓震中底、前后掌跟差(鞋具中底足跟与前掌高度的差值)12 mm,这是较为常规的标准鞋具。另外,也为受试者统一配备具有 GPS 定位功能的手表,以便记录监督跑者的运动情况。在测试之前,统一使用 FPI 对 927 名受试者的 FPI 进行测试,结果为在总计 1 854 只足当中,过度足内翻

53 只,足内翻 369 只,中立足 1 292 只,足外翻 122 只,过度足外翻 18 只。另外,对受试者累计跑步 50 km、100 km、250 km 及 500 km 后的足部姿态进行测量。该研究的主要创新之处在于为将近 1 000 名受试者配备了统一的鞋具,避免了个人鞋具因素不同的误差,其次使用 GPS 技术对受试者的跑步距离进行客观监控,在一定程度上避免了主观误差的产生,连续一年的长期追踪性研究有助于获得更准确的研究结果。研究发现,无论是足内翻人群还是足外翻人群,首次发生跑步相关运动损伤的跑步距离相比于正常中立足人群均无显著性差异,如图 3 - 10 所示。甚至发现,每 1 000 km 运动中,足外翻人群运动损伤的发生率低于正常中立足人群。

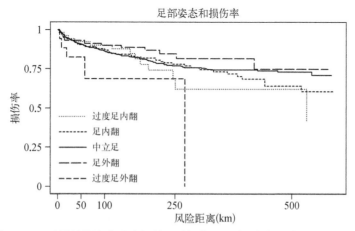

图 3 - 10　不同足部姿态跑步相关运动损伤发生率(虚实程度不同的线段)

资料来源: Nielsen R O, Buist I, Parner E T, et al. 2014. Foot pronation is not associated with increased injury risk in novice runners wearing a neutral shoe: a 1-year prospective cohort study[J]. British journal of sports medicine, 48(6): 440－447.

　　该研究结果与 Knapik 等的研究结果呈现出较高的一致性,Knapik 等发现根据足部形态特征选择稳定型鞋具、动作控制鞋具与缓震/正常鞋具的人群相比于不根据足部姿态特征均选择稳定型鞋具的人群,两组人群的跑步相关运动损伤风险无显著性差异。该研究发现,足外翻人群和中立足人群过去 1 年中出现首次跑步相关运动损伤的跑步距离是没有显著性差异的,但就统计数据来看,足外翻人群的首次损伤距离要高于普通人群。同时就每 1 000 km 的跑步相关运动损伤概率进行统计发现,足外翻跑者的跑步相关运动损伤发生率显著低于中立足跑者($p = 0.02$)。当前,跑者的足部姿态是作为鞋具生物力学设计及跑者主观选择的重要依据。然而,该研究则对这种观点提出了质疑,尤其是对于中等程度的足外翻人群,将足部姿态作为预测跑步初学者的跑步相关运动损伤风险可能是不合理的。除了足部姿态以外,跑者对鞋具舒适性的主观感受也是影响跑步相关运动损伤的关键因素。因此,结合该研究的相关发现,动作控制鞋具可以推荐给有运动损伤史的足外翻跑者。总结以上研究发现,该研究的主要观点是：① 对目前普遍认同的足外翻可导致跑步相关运动损伤风险增加的观点提出了质疑;② 大多数跑者的足部姿态在 250 km 跑步后均呈现出相似的跑步相关运动损伤风险;③ 基于 1 年的队列追踪研究发现,对于跑步初学者,足外翻跑者的 1 000 km 跑步相关运动损伤率反而低于正常中立足跑者。

3. 女性跑者选用不同鞋具的疼痛损伤发生率的随机对照研究

Ryan 等的研究选取了 81 名女性跑者,依据 FPI 将跑者分为 39 名中立足跑者,30 名足外翻跑者和 12 名过度足外翻跑者。向跑者随机发放缓震/正常鞋具(如 Nike Pegasus)、稳定型鞋具(如 Nike Structure Triax)和动作控制鞋具(如 Nike Nucleus),鞋具的具体参数如表 3-4 所示。该研究的受试者在进行足部姿态评估与随机发放鞋具后,随即进行了持续 13 周的半程马拉松赛事备战,统计所有跑者由于受伤疼痛而缺练的天数,同时使用视觉模拟评分量表(visual analogue scale,VAS)对跑者休息时、日常活动时和跑步训练时的疼痛情况进行调查统计。研究发现,共有 32% 的跑者在过去的 13 周训练中因疼痛因素而缺席过训练,缺席总天数为 194 天。其中,着稳定型鞋具的跑者对应的缺训天数最少,为 51 天;而着动作控制鞋具的跑者对应的缺训天数最多,为 79 天。鞋具因素对中立足和足外翻的疼痛损伤发生率是有显著影响的: ① 在中立足人群中,着动作控制鞋具在 VAS 调查中的疼痛损伤发生水平高于着标准鞋具;② 在足外翻人群中,着稳定型鞋具跑者的疼痛损伤发生水平要高于着标准鞋具,过度足外翻人群则未发现显著性差异。从该研究结果来看,对于中立足和足外翻的女性跑者,并没有证据表明动作控制鞋具可以显著降低跑步相关运动损伤,因此要谨慎向跑者推荐动作控制鞋具。根据训练天数缺席的统计及主观反馈量表的调查,对于中立足的女性跑者,可推荐使用稳定型鞋具。

表 3-4　研究选用的 3 款不同支撑稳定鞋具的具体特征参数

相关鞋具性能	缓震/正常鞋具 (如 Nike Pegasus)	稳定型鞋具 (如 Nike Structure Triax)	动作控制鞋具 (如 Nike Nucleus)
足跟杯	有	有	有
热塑性中底插件	有	有	有
鞋跟外侧缓冲垫	有	有	有
鞋垫外侧包裹	有	有	有
热塑性支撑	无	有	无
双密度乙酸乙酯中底	无	有	有
热塑性增强双密度乙烯基乙酯	无	无	有
加宽鞋外底	无	无	有

资料来源: Ryan M B, Valiant G A, Mcdonald K, et al. 2011. The effect of three different levels of footwear stability on pain outcomes in women runners: a randomised control trial[J]. British journal of sports medicine, 45 (9): 715-721.

4. 动作控制鞋具与跑步足外翻跑步相关运动损伤相关综述

（1）足外翻与跑步相关运动损伤：足外翻是后足、中足和前足的协同运动，膝关节的屈曲伴随足外翻能够降低走、跑着地到支撑中期较大的下肢冲击载荷。同时，足外翻也能激活支撑中期的距跖关节功能，从而使前足刚度降低，可以进行屈伸运动以适应不同路面情况的需求。基于距下关节的关节轴和解剖特征，足外翻同时还伴随胫骨的内旋，而为了对抗和抵消胫骨的过度内旋，股骨也会产生相应的代偿性旋转。因此，足外翻不仅影响踝关节等远端关节，也会对髋、膝关节等近端关节的运动模式造成影响，因而可能会带来胫骨内侧疼痛和压力过载综合征、髌股关节疼痛综合征等一系列由过度足外翻导致的疾病。跑步相关运动损伤是一个不容忽视的问题，基于前期的一项流行病学研究发现，整体跑步相关运动损伤发生率为 37% ~ 56%。如果以跑步时间来计算跑步相关运动损伤的发生率，则跑者的跑步相关运动损伤概率为 2.5 ~ 12.1 / 1 000 h，膝关节是最容易受伤的关节之一。跑步经验的不足（短于 3 年）及跑步距离的过程过长（32 km /周）可能是导致跑步相关运动损伤高发的病因学因素。足外翻和鞋具选择对跑步相关运动损伤的作用尚不清楚，对跑步过程中过度足外翻目前也没有明确的定义。

（2）动作控制鞋具与足外翻的关系：随着跑步运动的风靡和跑步人数的不断增加，鞋具的设计、材料和功能研发需求也日益增长。早在 20 世纪 80 年代，就有控制过度足外翻的鞋具产品出现。动作控制鞋具一般依靠鞋跟部位的稳定插片、足跟杯及中底内外侧不同密度的材料来实现动作控制的功能。目前关于动作控制鞋具的有效性和安全性问题，学界还存在一定的争议。早在 1983 年，Clarke 等通过研究发现，鞋具的动作控制组件能够显著抑制跑步过程中过度的足外翻。随后在 Perry 等（1995）研究中，同样发现动作控制鞋具能够限制过度的足外翻，在一定程度上验证了 Clarke 等的研究。在上述两项研究中，动作控制鞋具的使用相比于对照鞋具，显著降低了足外翻的程度及足外翻的角速度。然而由于技术条件的限制，上述两项研究均是二维层面的运动学研究，测量中存在潜在的投影误差，因此对数据的解读应谨慎。与上述两项研究不同，McNair 和 Marshall（1994）并未发现中底使用双密度材料对足外翻的影响。还有一些研究也报道了部分动作控制鞋具的使用并未降低足外翻的程度。Cheung 和 Ng（2007）采用三维动作捕捉系统对动作控制鞋具和标准鞋具在长距离跑中的作用进行研究，结果发现长跑足外翻角度在标准鞋具条件下呈显著增加趋势，动作控制鞋具的使用则并未引起足外翻角度的增加。

（3）动作控制鞋具的其他潜在生物力学功能：鉴于足外翻与胫骨和股骨扭转存在密切关系，而髌股关节的生物力学状态会显著受到胫骨和股骨水平面上活动度的影响。因此动作控制鞋具的使用可能通过会减小足外翻趋势，从而影响胫骨和股骨的扭转。下肢由于力线和结构的完整性，因此猜想不同的鞋具类型和功能可能会影响下肢的应力模式。Nigg 和 Morlock（1987）通过研究提出，动作控制鞋具可能会通过调整远端关节的力线来调节跑步运动时的地面冲击力,但 Nigg 也未发现不同类型鞋具的使用对地面冲击力有何影响。Perry 和 Lafortune 对 10 名正常跑者测试发现,对跑步时正常足外翻的抑制可能会导致地面冲击力增大,从而可能增加冲击损伤风险。另一项对过度足外翻的受试者进行跑步生物力学研究发现,该部分受试者着标准鞋具跑步时的足底内侧部分压力过高,而足内侧压力的升高则与跖骨应力性骨折、跑者的下肢疼痛密切相关。动作控制鞋具可以通过控制过度足外翻,从而影响并控制胫骨和股骨的过度旋转,进而降低下肢跑步相关运动损伤的发生风险。

(二)动作控制鞋具的运动生物力学表现研究

Hennig 对 1991~2009 年这 19 年间德国运动鞋生物力学研究测试进行了总结。图 3 - 11对 19 年间的 9 项鞋具控制足外翻情况进行统计。总体上看,随着时间的推移,鞋具对足外翻的控制能力也逐渐增加,表现为平均足外翻程度的下降趋势变化。从 2002~2009 年,鞋具对于足外翻的影响趋近于平稳,其中 2005 年表现出较低的足外翻程度,其原因是在 2005 年测试中使用了较多的稳定型鞋具。

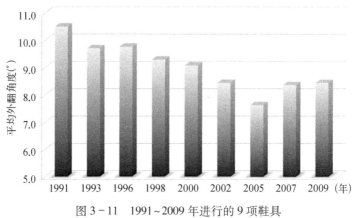

图 3 - 11　1991~2009 年进行的 9 项鞋具
测试足部平均外翻角度变化

资料来源: Hennig E M. 2011. Eighteen years of running shoe testing in Germany—a series of biomechanical studies[J]. Footwear science, 3(2): 71 - 81.

鞋具的动作控制功能往往通过以下 3 种途径和策略实现:① 在鞋跟的外侧部分设置缓冲垫,跑步着地时鞋跟外侧部分首先压缩降低,导致足跟外侧降低而接近地面,从而在一定程度上减小了足外翻的力臂长度,进而减小外翻程度和外翻力矩,降低外翻相关损伤。② 在鞋跟的内侧部分使用硬度和密度较高的中底材质,这种方式能降低足跟的外翻程度,但是鞋跟内侧部分的材料硬度较高,因此缓冲时间较短,从而容易导致足跟外翻向正常位置转移的变化率增加,这有可能会导致相关损伤风险增大。③ 采用带有一定内翻倾角的鞋具,造成一种内侧高外侧低的楔形结构,也即增加鞋跟内侧部分的中底厚度,降低鞋跟外侧部分的中底厚度,使内外侧形成高度差,从而起到限制足跟过度外翻的功效。

1. 动作控制鞋具对男性跑者运动生物力学表现的影响

Brauner 等对鞋具内翻倾角进行微小改变,探讨其对足外翻控制的作用。前人研究发现,当鞋具的内翻倾角为 8°~10° 时,对限制足部着地时的过度外翻和外翻角速度有较好的效果。然而,鞋具足跟内翻倾角的增加会影响其缓震性能,为平衡缓震与足外翻控制的关系,该研究针对较小倾角的鞋具进行研究,验证较小的鞋具内翻倾角是否也具有控制跑步足外翻的功效。该研究选用了两种完全不同的鞋具设计,并且在两个实验室独立开展研究,以进行结果的独立交叉验证,受试者分别为 10 名和 11 名男性业余跑者。如图 3 - 12 所示,两种鞋具的内翻倾角递增,最高为 4°。研究结果发现,随着鞋具内翻倾角的增大,足外翻的程度和外翻角速度呈线性减小,且具有显著性差异($p<0.01$)。同时,这种程度的鞋具内翻倾角改变并没有影响其缓震特征。从跑者的主观反馈评价看,这几种不同的内翻倾角鞋具均没有导致跑者主观舒适性和本体感觉的改变。

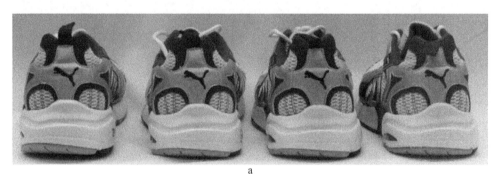

a

b

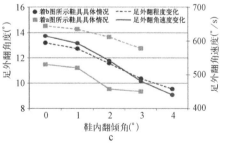

c

图 3 - 12
彩图

图 3 - 12　a 图为 4 款鞋具从左至右内翻倾角为 0°、1°、2° 和 3°;b 图为两款鞋具为足跟可拆卸热
　　　　塑性聚氨酯弹性体结构,内翻倾角分别为 0° 和 4°;c 图为跑者着两种内翻倾角类型不
　　　　同鞋具的足外翻角度和外翻角速度变化趋势

资料来源: Brauner T, Sterzing T, Gras N, et al. 2009. Small changes in the varus alignment of running shoes allow gradual pronation control[J]. Footwear science, 1(2): 103 -110.

Butler 等(2007)对 12 名高足弓和 12 名低足弓跑者分别着动作控制鞋具和缓震/正常鞋具在长跑前后的运动学和动力学参数进行对比研究。受试者采用自选速度跑步,同步采集运动学与动力学参数。采用双因素重复测量方差分析(two-way repeated measures ANOVA)鞋具(动作控制鞋具和缓震/正常鞋具)和时间点(长跑前后)这两个因素对高、低足弓两组人群的运动生物力学参数影响进行研究(图 3-13)。结果发现,对于低足弓跑者,着动作控制鞋具时胫骨峰值内旋程度降低,而其着缓震/正常鞋具时胫骨峰值内旋程度则升高,未发现踝关节内外翻程度在两种鞋具和长跑前后有何显著性差异。对于高足弓跑者,着缓震/正常鞋具时胫骨峰值加速度显著降低。

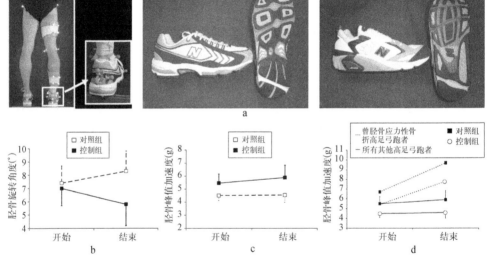

图 3-13
彩图

图 3-13　a 图为该研究的反光点粘贴方案与鞋具选择,对照缓震鞋为 New Balance 1022,动作控制鞋为 New Balance 1122;b 图为低足弓跑者分别着两种鞋具长跑前后的胫骨旋转角度对比;c 图为高足弓跑者分别着两种鞋具长跑前后的胫骨峰值加速度对比;d 图为正常高足弓跑者与曾经历胫骨应力性骨折的高足弓跑者分别着两种鞋具长跑前后的胫骨峰值加速度对比

资料来源: Butler R J, Hamill J, Davis I. 2007. Effect of footwear on high and low arched runners' mechanics during a prolonged run[J]. Gait & posture, 26(2): 219-225.

Langley 等(2019)对 28 名男性业余跑者分别着动作控制鞋具、标准鞋具和缓震鞋具跑步时的下肢运动学表现进行研究。28 名跑者分别着 3 种不同类型的鞋具在跑台进行自选速度(2.9±0.6)m/s 的跑步测试。Vicon 三维红外运动捕捉系统用于收集下肢髋、膝、踝 3 个关节在不同鞋具条件下的运动学特征数据。研究结果显示,蹬离地面时刻膝关节屈曲和内旋角度及膝关节内收活动度在不同鞋具条件下均呈现出显著差异。着地时踝关节背屈、内收角度,踝关节峰值背屈、外翻角度,蹬离时踝关节外展、内翻角度在不同鞋具条件下均呈现出显著性差异。以上研究结果显示,动作控制鞋具对下肢关节的生物力学影响主要体现在远端关节,即主要影响踝关节的功能表现。

Weir 等选取 14 名男性习惯足跟跑的业余跑者[年龄(24.1±4.4)岁;身高(178±5)cm;体重(71.2±8.3)kg]参与该研究。如图 3 - 14 所示,受试者参与两部分的跑步测试,每部分跑步测试分为两段,每段均为 21 min 的跑台跑步,其中第一段均穿着标准鞋具,第二段则分别着与第一段不同颜色的标准鞋具和稳定型鞋具。研究使用的跑台为压力测试跑台,每部分测试前均需进行标定,测量受试者最适跑步速度等。标准鞋具 1 型号为 Brooks Defyance 9,标准鞋具 2 为同型号不同颜色,稳定型鞋具为内侧有支撑结构的 Brooks Adrenaline GTS - 16,跑者对鞋具的类型不知情。测试第 1 min、21 min、24 min 和 44 min 的生物力学参数,连续测试采集 30 s 的有效数据。

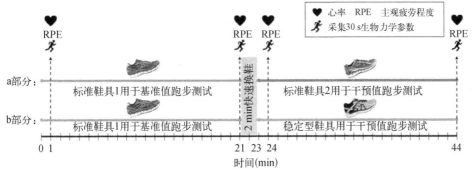

图 3 - 14 彩图

图 3 - 14 研究实验设计 a 部分:标准鞋具 1 用于基准值跑步测试,标准鞋具 2 用于干预值跑步测试;b 部分:标准鞋具 1 用于基准值跑步测试,稳定型鞋具用于干预值跑步测试。分别测试 a 和 b 两部分的心率、主观疲劳程度和生物力学参数;第 1 min 和第 21 min 作为基准值数据,第 24 min 和第 44 min 作为干预值数据

资料来源: Weir G, Jewell C, Wyatt H, et al. 2019. The influence of prolonged running and footwear on lower extremity biomechanics[J]. Footwear science, 11(1): 1 - 11.

实验室采集数据在 Visual 3D 软件中进行后续建模处理和分析,时空参数、下肢运动学参数、动力学参数(包括 vGRF)均对支撑期时间做标准化,支撑期标准化为 101 个数据节点,便于比较分析。统计方法部分首先采用双因素重复测量方差分析对最大心率、主观疲劳程度及生物力学参数进行比较,两个因素分别为鞋具、时间点,计算统计效应量偏 eta 方值,双因素方差分析统计在 SPSS 22.0 系统完成。对于一维的关节角度、关节力矩和 GRF 变化,采用一维统计参数映射(statistical parametric mapping)双因素方差分析对支撑期内的连续型高维度数据进行统计分析。连续型的数据统计方法可以避免仅对离散值进行统计造成的信息缺失,如图 3 - 15 所示,阴影部分即为显著性差异区域。

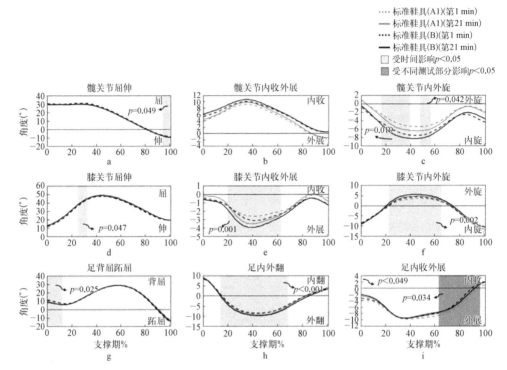

图 3-15 受试者着标准鞋具 1 和标准鞋具 2 以及标准鞋具 1 和稳定型鞋具在两个部分的第
1 min 和第 21 min 的下肢关节角度变化特征

资料来源：Weir G, Jewell C, Wyatt H, et al. 2019. The influence of prolonged running and footwear on lower extremity biomechanics[J]. Footwear science, 11(1)：1-11.

该研究对长跑过程中由标准鞋具替换为稳定型鞋具，以及标准鞋具替换为另一种标准鞋具这两个部分的长跑过程生物力学参数进行测量，受试者对鞋具情况不知情。研究结果未发现部分（鞋具）和时间节点的交互作用。

首先看时间节点的影响发现，在基准跑时，随着时间的推移，膝关节在支撑中期的屈曲程度增加；在干预跑时，随着时间的推移，膝关节的屈曲程度从支撑中期到支撑后期显著增大。前人研究也佐证了这一观点，即随着跑步时间的持续，膝关节屈曲程度的增大是为了减小有效质量从而降低足与地之间过高的冲击力。然而膝关节的屈曲角度每增加 5°，氧气消耗量随之增加约 25%。随着跑步时间的持续，踝关节背屈角度在基准跑和干预跑的支撑前期均呈现出显著降低的趋势，这可能是由足背屈肌肉疲劳导致。基准跑过程中，膝关节的外展和内旋角度在支撑中期显著增加，同时伴随着支撑中期足外翻程度的增加。对于跑者来说，这些指标的增加往往是不利的，冠状面和水平面膝关节和足活动程度的增加往往与膝关节的疼痛紧密相关。有趣的是，上述改变仅发生在基准跑的前 21 min，这些参数在后 21 min 的干预跑中保持一致，没有再出现显著改变。这种现象可以解释为,在长跑的前 20 min 内,跑者会利用自我调整机制将机体调节到自我舒适的运动模式以优化降低对软组织的冲击载荷。但目前对这种跑者的自我调整模式是有利的还是有害的尚不清楚,鞋具的研发设计是要对抗这种改变(保持跑者初始的跑步力学和运动学过程)还是在肌肉疲劳和自我运动模式受到改变时提供必要的支撑? 还需要进一步的研究。

　　其次看鞋具因素的影响,在两个部分着标准鞋具的基准跑测试中,大部分的运动学和动力学参数均为表现出显著差异,然而同样也发现踝关节在水平面的运动特征出现显著差异,推测可能是由万向角序列(cardan sequence)在水平面上的测试误差较高、反光标记点的摆放位置误差等导致。跑者着标准鞋具和稳定型鞋具在干预跑过程中的平均下肢生物力学参数无显著性差异。然而,跑者对鞋具的适应性表现是不尽相同的。对跑者的个体数据分析发现,部分跑者在干预跑着标准鞋具时与基准跑无显著性差异;然而部分跑者在干预跑着标准鞋具时的足外翻程度则显著上升,在着稳定型鞋具时则没有表现出足外翻程度上升的趋势。跑者的个体化差异同样影响膝关节冠状面和水平面的运动特征。基于以上研究结果,建议对鞋具的生物力学研究应关注个体层面在急性和长跑过程中的生物力学变化规律。对鞋具的材料和结构设计应关注以下几个方面: ① 鞋具应允许跑者更长时间保持初始自我调整的运动模式;② 当跑者的肌肉组织无法维持初始跑步模式和节奏时,鞋具能够提供一定的代偿性支撑以适应跑者新的跑步模式;③ 跑者对鞋具的适应具有个体差异性,通过调整鞋具的中底特征达到个性化的目的,这可能是减小运动伤害和提高运动表现的有效途径。

2. 动作控制鞋具对女性跑者的运动生物力学表现影响

　　Cheung 等(2007)认为,长跑疲劳因素和过度足外翻是导致跑步相关运动损伤的潜在危险因素,研究选取 25 名过度足外翻的女性业余跑者分别着动作控制鞋具和缓震/正常鞋具进行长跑疲劳前后的下肢运动生物力学参数测量与评估,主要关注下肢运动学参数。同时采用 10 级 VAS 对鞋具的内外侧稳定性进行测评。研究结果显示,肌肉疲劳状态下的足跟外翻角度约提高 $6.5°$(95%CI: $4.7°\sim8.2°$),着动作控制鞋具能有效控制长跑肌肉疲劳后的足跟外翻程度。而着无动作控制功能的缓冲/正常鞋具,无论是在疲劳前还是疲劳后,足跟外翻角度都要显著高于着动作控制鞋具,具体如图 3-16 所示。

　　Lilley 等同样选取了 15 名中年女性(40~60 周岁)和 15 名青年女性(18~25 周岁)作为研究对象,探讨动作控制鞋具对两组不同年龄段女性的跑步生物力学影响。两组女性跑者分别在实验室环境下进行 10 组自选速度跑步测试,控制速度为 $3.5\times(1\pm5\%)$ m/s,同步采集运动学与动力学数据,选用的标准鞋具为 Adidas Supernova Glide,选用的动作控制鞋具为 Adidas Supernova Sequence。分析右侧下肢膝关节与踝关节的关节动力学特征,使用逆向动力学(inverse dynamics)算法计

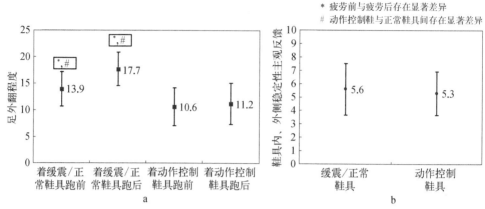

图 3-16　a 图为缓震/正常鞋具和动作控制鞋具对长跑前后足跟外翻程度的影响;b 图为受试者对鞋具内、外侧稳定性的主观反馈,无显著差异

资料来源:Cheung R T, Ng G Y. 2007. Efficacy of motion control shoes for reducing excessive rearfoot motion in fatigued runners[J]. Physical therapy in sport, 8(2): 75-81.

算关节力矩。研究结果如表 3-5 所示,在标准鞋具条件下,中年女性相比于年轻女性表现出更高程度的后足外翻、膝关节内旋及外展力矩($p<0.05$);动作控制鞋具可显著降低两组女性跑步时的后足外翻和膝关节的内旋程度($p<0.05$)。从以上研究结果可得出如下启示:对于中年女性跑者,应推荐使用动作控制鞋具作为跑步选择以降低后足外翻及膝关节内旋等损伤关键生物力学参数值。

表 3-5　标准鞋具与动作控制鞋具的运动学测试参数对比

平均结果		标准鞋具 (Adidas Supernova Glide)		动作控制鞋具 (Adidas Supernova Sequence)	
		平均值	标准差	平均值	标准差
足外翻峰值角度(°)	中年女性(40[+]岁)	15.6	(1.4)	9.1[*]	(1.3)
	青年女性(18~25 岁)	7.4[β]	(1.3)	6.5[*]	(0.9)
膝关节内旋峰值角度(°)	中年女性(40[+]岁)	15.5	(2.1)	13.6[*]	(3.6)
	青年女性(18~25 岁)	9.7	(2.4)	8.3[β]	(2.6)
膝关节外展峰值力矩(Nm/kg)	中年女性(40[+]岁)	1.67	(0.5)	1.65	(0.3)
	青年女性(18~25 岁)	0.66[β]	(0.6)	0.57[β]	(0.4)
峰值冲击载荷(Bw/s)	中年女性(40[+]岁)	88.9	(2.5)	89.3	(3.6)
	青年女性(18~25 岁)	36.2[β]	(1.9)	37.1[β]	(2.6)

资料来源:Lilley K, Stiles V, Dixon S. 2013. The influence of motion control shoes on the running gait of mature and young females[J]. Gait & posture, 37(3): 331-335.
*表示标准鞋具与动作控制鞋具间存在显著差异($p<0.05$);β 表示青年女性和中年女性间存在显著差异($p<0.05$)。

Jafarnezhadgero 等就动作控制鞋具对过度足外翻女性疲劳前后的下肢运动生物力学进行进一步研究。该研究选取女性业余跑者 26 名［年龄（24.1±5.6）岁，身高（165.5±10.2）cm，体重（64.2±12.1）kg］，均为过度足外翻跑者。对于疲劳程度的监控，使用心率带和主观疲劳程度对跑者在跑台上的次最大速度跑步进行监测。该研究选用的动作控制鞋具为 ASICS Women's GEL－Kayano 24 Running Shoe，选用的标准鞋具为 ASICS Women's GEL－Nimbus 19 Running Shoe。疲劳与鞋具作为该研究的两个因素，使用双因素重复测量方差分析，考虑鞋具主效应、疲劳主效应及疲劳与鞋具因素的交互作用。研究结果显示，鞋具条件主效应可对踝关节峰值内翻角度、峰值外翻角度及髋关节峰值内旋角度产生显著影响（$p<0.03$）。两两对比研究发现，女性过度足外翻跑者着动作控制鞋具时踝关节峰值内翻角度更大，峰值外翻角度更小。动力学方面结果显示，鞋具的主效应还影响了峰值踝关节背屈力矩，峰值伸膝力矩及峰值髋关节内旋力矩（$p<0.02$）。研究未发现鞋具与疲劳两个因素的交互作用。从以上研究结果可得出，女性过度足外翻跑者着动作控制鞋具跑步可显著降低下肢关节的峰值力矩，同时能够对足外翻有更好的控制。随着疲劳程度的加深，鞋具的控制效果逐渐减弱，此时的运动损伤风险会显著升高。

（三）动作控制鞋具的神经肌肉控制表现

跑步时足跟的过度外翻可能会导致下肢相关慢性损伤风险的升高，如胫后综合征、足底筋膜炎及跟腱炎等。动作控制鞋具可以通过限制后足的过度外翻活动，从而降低下肢相关肌群活动度，降低跑步相关运动损伤的发生风险。动作控制鞋具的设计是基于跑步着地时往往足跟外侧着地，因此在鞋具的 LR 部分使用内侧部分相对较软和顺应性较强的材料，从而使足跟着地时起到减速作用，从而降低足跟外翻的速度。在跑步支撑中期，鞋底内侧较硬的材料也能够起到限制过度足外翻的作用。例如，上文提到，在一项针对 25 名过度足外翻的女性业余跑者生物力学研究中发现，动作控制鞋具的使用能够使足跟外翻角度平均降低 6.5°（4.7°~8.2°），而缓震/正常鞋具则并不具有动作控制功能。在长跑疲劳后，由于神经肌肉控制功能下降，足外翻程度可能会进一步增大，此时动作控制鞋具的使用就能够限制这种疲劳状态下的过度外翻。此外，动作控制鞋具还被发现在长跑时能够平衡长跑时不均匀分布的足底压力。下肢肌肉的不平衡是导致多种跑步相关运动损伤的关键因素。

Cheung 等（2010）开展一项针对过度足外翻跑者着动作控制鞋具和缓震/正常鞋具长跑过程中下肢肌肉活动度的研究。该研究选用 20 名女性后足外翻程度大于 6°的业余跑者作为受试者。选用鞋具体情况如图 3－17 所示，动作控制鞋具为 Adidas AG Herzogenaurach，普通对照鞋具为 Adidas Supernova cushion。该研究选用的动作控制鞋具的中底由两种不同材料组成，而普通对照鞋具的中底仅由一种材质组成。跑者均在跑台上以 8 km/h 的速度分别着两种鞋具进行 10 km 的跑步测

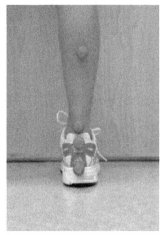

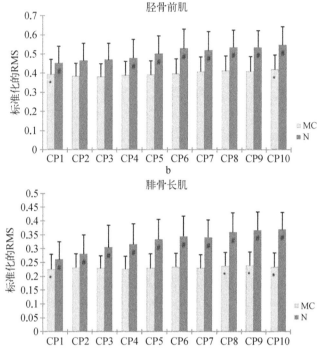

图 3 - 17
彩图

图 3 - 17　a 图为该研究选用的动作控制鞋具(MC)及普通对照鞋具(N);b 图和 c 图表示胫骨
　　　　　前肌和腓骨长肌在 75 min 跑的 10 个节点的标准化的 RMS 均值对比

*和#均表示具有显著性

资料来源: Cheung R T, Ng G Y. 2010. Motion control shoe delays fatigue of shank muscles in runners with overpronating feet[J]. The American journal of sports medicine, 38(3): 486 - 491.

试,跑步总时间为 75 min,跑者着两种鞋具跑步测试的时间相隔为 1 周。sEMG 测试部分统一测试右侧下肢胫骨前肌和腓骨长肌的肌电信号数据(足外翻:趾长伸肌+第3腓骨肌+腓骨长肌+腓骨短肌;足内翻:趾长屈肌+拇长屈肌+胫骨前肌+胫骨后肌)。选取均方根振幅(root mean square, RMS)和中位频率(median frequency, MF)作为指标[肌电指标: RMS 和积分肌电一样也可在时间维度上反映 sEMG 信号振幅的变化特征,它直接与 sEMG 信号的电功率相关,具有更加直接的物理意义,为肌电时域指标;MF 斜率为肌电频域特征,已经被用作一个在维持等长收缩过程中的疲劳度指数,在肌肉疲劳过程中可出现以下生理现象,如运动单位的同步性、慢/快肌纤维的募集顺序改变、代谢方面的改变(包括能量产生形式的改变、缺氧、H^+浓度增加、细胞膜传导性降低),应用 sEMG 信号可进行疲劳测定,并对疲劳过程中相关的生理现象进行测定]。将 75 min 的跑台跑步分为 10 个阶段,每7.5 min 为 1 个阶段,肌电测试采集每一阶段的最后 30 s 连续肌电数据。所有肌电数据均使用最大等长收缩的肌电数据进行标准化。对测试数据采用重复测量方差分析的方法检验鞋具和跑步距离对标准化

RMS 的影响,两种鞋具需要在 10 个距离节点内进行比较(20 组比较),因此使用 Bonferroni 修正,设置显著性水平为 0.05/20＝0.002 5。跑步距离与肌电指标进行皮尔逊相关性(Pearson correlation)分析。对第一个 7.5 min 的 MF 值与最后一个 7.5 min 的 MF 值进行配对样本 *t* 检验,从而用于疲劳程度对比测试。研究结果显示,跑者着普通对照鞋具跑步时,胫骨前肌和腓骨长肌两块肌肉的肌电 RMS 值与跑步距离呈显著正相关($p<0.001$);随着跑步距离的增加,跑者着两款鞋具时的 MF 值均显著下降,然而配对样本 *t* 检验结果发现,着普通对照鞋具时的 MF 值下降程度更大。动作控制鞋具能够帮助保持胫骨前肌和腓骨长肌两块肌肉长跑过程中较为稳定的激活状态,同时能够延缓胫骨前肌和腓骨长肌的疲劳发生(图 3－17)。因此推测,动作控制鞋具可能通过延缓肌肉的疲劳而提升跑步耐力,同时针对足部姿态不稳定的跑者,其能够在一定程度上减小运动损伤风险。

　　除了小腿及足踝相关肌群,动作控制鞋具的使用对长跑时大腿和膝关节周围肌群能否产生影响和干预呢? 有研究显示,股内侧肌的延迟触发可能是导致髌股关节疼痛综合征的主要原因之一。另有研究表明,长跑时的过度足外翻可能与髌股关节疼痛综合征相关,因此动作控制鞋具可能对髌股关节疼痛综合征损伤有帮助。Cheung 和 Ng(2009)的一项研究对过度足外翻跑者着动作控制鞋具和对照缓震鞋具的股内侧肌和股外侧肌活动度及 MF 进行测试。受试者仍为 20 名过度足外翻的女性业余跑者。研究结果显示,相比于着动作控制鞋具,跑者着对照缓震鞋具时股内侧肌肌肉的触发出现了显著的延迟($p<0.001$),如图 3－18 所示。着对照缓震鞋具时,股内侧肌触发的延长时间与跑步距离呈显著正相关($r=0.948$),而着动作控制鞋具却

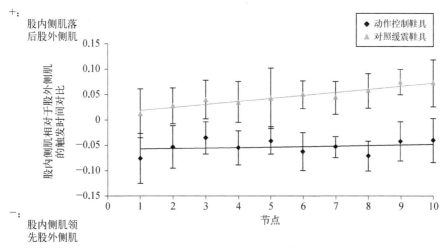

图 3－18　着动作控制鞋具与着对照缓震鞋具时着不同股内侧肌相对于股外侧肌的触发时间对比

资料来源:Cheung R T, Ng G Y. 2009. Motion control shoe affects temporal activity of quadriceps in runners[J]. British journal of sports medicine, 43(12): 943－947.

并未发现这种相关性。10 km 跑步后,股内侧肌和股外侧肌两块肌肉的 MF 值均出现显著下降,着对照缓震鞋具的 MF 值下降程度更显著。结合以上发现可推测,动作控制鞋具的使用对过度足外翻者的膝关节周围大肌肉群也产生显著影响,而且这种影响是积极的,可以帮助减少髌股关节疼痛综合征等症状的发生。

(四) 运动生物力学实证研究指导跑者的鞋具选择

近四十年来,鞋具一直都宣称以跑者足部形态为依据进行结构和材料而设计的,以满足提高运动表现及避免跑步相关运动损伤的跑步需求。然而,基于 5 项质量较高的大样本临床随机对照试验和队列研究发现,传统的鞋具却并没有使跑步相关运动损伤的整体发生率降低。与之相反,近来有研究发现,动作控制鞋具可以保护过度足外翻跑者,使其跑步相关运动损伤发生风险降低。上述研究结论的不同可能是对跑步相关运动损伤的定义、研究对象的跑步水平的不同而导致的。然而目前缺乏传统鞋具能够预防跑步相关运动损伤的有力证据。传统的鞋具已经越来越受到挑战,目前鞋具选择主要有以下几类:极繁(maximalist)鞋具、极简(minimalist)鞋具及零掌跟差(zero-drop)鞋具,并且鞋具的舒适性越来越被跑者重视(图 3 - 19)。

传统的鞋具理念可能是无效且缺乏相关证据支撑的。目前无论是传统的鞋具理念还是最新的鞋具理念,都缺乏高质量的随机对照试验研究来佐证。目前有观点认为,传统鞋具对跑步相关运动损伤的预防没有任何帮助,因为传统鞋具改变了自然足跑步状态。例如,有人认为极简鞋具能够带来更为接近自然裸足的跑步体验,从而能够降低跑步相关运动损伤,然而目前没有任何证据表明极简鞋具能够降低跑步相关运动损伤风险。

鞋具处方提供者、跑步教练和跑者更换鞋具的原因有两个:首先是提高运动表现,如有研究发现,鞋具质量每减轻 100 g,则 RE 提升约 1%;其次是改变跑步生物力学,如更换为极简鞋具后,期望的改变为提高跑步步频,调整跑步足部着地方式并降低 VLR。然而有为期 6 个月的长期追踪研究发现,跑者更换为极简鞋具并未改变跑步时空参数和足部着地方式。极简鞋具能否降低地面冲击力这一观点在研究领域也是富有争议的。在一项 26 周的追踪性随机对照试验研究中,对比极简鞋具与常规鞋具的跑步相关运动损伤发生率,结果并未发现两者有显著性差异。

相比于鞋具干预,步态再训练可能也是降低跑步相关运动损伤的有效途径。一项较大型的针对 320 名跑者的随机对照试验研究发现,持续 2 周的步态再训练可以降低 62% 的跑步相关运动损伤风险,主要表现在降低 VLR 等关键生物力学损伤指标。针对跑者鞋具相关的跑步相关运动损伤风险分析,应基于严格的随机对照试验研究,这也是目前所缺乏的。基于 Fuller 等的随机对照试验研究和 Nielsen 等的队列研究提出,未来长期干预研究应注意控制鞋具转化时间,跑步距离的监控

图 3 - 19　鞋具型号按照顺时针方向分别为 Traditional（Brooks Epinephrine 18）、Minimalist（New Balance Minimus Trail 10）、Zero-drop（Altra Torin 2.5）和 Maximalist（Hoka Bondi 6）

资料来源：Napier C，Willy R W. 2018. Logical fallacies in the running shoe debate：let the evidence guide prescription［J］. British journal of sport medicine，52：1552－1553.

建议使用 GPS 系统，以避免不客观研究结果的出现。同时对于跑步相关运动损伤的定义应保持一致，对于鞋具指南的定义也将很快实现统一，不要夸大任何现有或未来的鞋具设计对跑者的优势和劣势。

（五）长跑与动作控制鞋具相关生物力学研究总结

1. 长跑与动作控制鞋具跑步相关运动损伤相关研究总结

大样本的随机对照研究、双盲／单盲对照研究（participant／assessor blinding）、队列研究（cohort study）等实验设计能够较为客观的反映动作控制鞋具与跑步相关运动损伤发生率的关系。

372 名业余跑者（187 名为动作控制鞋具组，185 名为普通对照鞋具组）双盲随机对照研究发现,动作控制鞋具可降低业余跑者跑步相关运动损伤的发生率;足外翻跑者使用普通对照鞋具跑步相关运动损伤发生率高于正常足跑者;因此动作控制鞋具可能对足外翻跑者更加有效。该研究得出以下启示:正常/缓震鞋具由于增加了动作控制结构/功能而可能会降低业余跑者跑步相关运动损伤风险;足外翻业余跑者使用无动作控制功能的鞋具可能会增加跑步相关运动损伤风险。

927 名跑步初学者统一配备无动作控制功能的正常/缓震鞋具,进行为期一年的队列研究,得出以下结果与观点:大多数跑步初学者在 250 km 跑步后呈现出相似的跑步相关运动损伤风险,这与足部形态和足部姿态无关;足外翻跑步初学者的 1 000 km 损伤率反而低于正常足跑步初学者;因此对目前普遍认同的足外翻是跑步相关运动损伤关键因素的观点提出质疑。

对 81 名女性业余跑者(39 名足正常跑者,30 名足外翻跑者,12 名过度足外翻跑者)随机着缓震鞋具、稳定型鞋具和动作控制鞋具的临床随机对照研究显示,没有证据显示动作控制鞋具可以降低正常足和足外翻女性跑者损伤率,甚至发现正常足跑者着动作控制鞋具疼痛损伤发生率更高;着稳定型鞋具缺训天数和跑步相关运动损伤发生率均较低,因此考虑将稳定型鞋具作为正常足和足外翻跑者的选择。

2. 动作控制鞋具相关运动生物力学研究总结

随着时间推移和鞋具更新换代,鞋具的动作控制能力整体上呈增强趋势;实现鞋具动作控制的主要途径有:① 鞋跟外侧设置缓冲垫,减小足外翻力臂长度;② 鞋跟内外侧使用不同密度的中底材料;③ 设置鞋具内外侧倾角,形成楔形结构;④ 设置足跟杯,鞋面使用紧固条等。

对于男性跑者:① 低足弓跑者着动作控制鞋具跑步时胫骨内旋峰值降低,高足弓跑者着缓震鞋具跑步时具胫骨加速度峰值显著降低;② 鞋具内侧/内翻倾角为 0°~4° 时,随着倾角增大,跑步足外翻程度和外翻角速度线性减小,这个范围的内翻倾角对鞋具缓震及舒适性能无影响;③ 动作控制鞋具对下肢关节的生物力学影响主要体现在远端,主要影响踝和足部功能表现;④ 鞋具应允许跑者保持更长时间的初始调整运动模式,而当跑者无法维持初始跑步模式和节奏时,鞋具能够提供一定的代偿性支撑以适应新的跑步模式,跑者对鞋具的适应具有个体差异性,通过调整鞋具相关特征达到个性化适应跑者的目的,可能是降低跑步相关运动损伤风险和提高运动表现的有效途径。

对于女性跑者:① 长跑肌肉疲劳状态下的足跟外翻角度约增大 6.5°,着动作控制鞋具能够有效控制长跑肌肉疲劳后的足外翻程度;② 推荐 40~60 周岁的中年女性跑者使用动作控制鞋具以降低过度足外翻和膝关节过度内旋等跑步相关运动损伤关键指标;③ 女性过度足外翻跑者穿着动作控制鞋具可降低下肢关节峰值力矩,对足外翻控制作用增强,鞋具控制功能随着疲劳程度加深而减弱。

3. 动作控制鞋具的神经肌肉控制研究总结

长跑疲劳后,由于神经肌肉控制功能的下降,足外翻程度可能会进一步增大,此时动作控制鞋具的使用就能够限制这种疲劳状态下的过度足外翻。

根据研究推测动作控制鞋具可通过延缓肌肉的疲劳而提升跑步耐力,同时针对足部姿态不稳定的跑者能够在一定程度上减小跑步相关运动损伤风险。

根据研究推测动作控制鞋具的使用对过度足外翻者的膝关节周围大肌肉群也产生显著影响,而且这种影响是积极的,可以帮助减少髌股关节疼痛综合征等症状的发生。

(六) 动作控制鞋具功能研发的启示及未来研究方向

从宏观角度,继续开展基于随机对照分析、队列研究、流行病学研究等手段的大样本量跑步相关运动损伤与鞋具的研究,明确不同足部形态人群在不同鞋具条件下的跑步相关运动损伤发生情况。

结合影像学技术、传感器技术、个体化肌骨模型构建及有限元分析(finite element analysis),深入探索动作控制鞋具对下肢运动生物力学及神经肌肉控制功能的影响,探索足在鞋腔内的运动模式。

创新足部形态识别模式及相关设备,如构建基于 Kinetic 深度摄像技术和机器学习算法的足部形态快速识别系统,帮助跑者购买鞋具时快速识别自身足部形态。

探索基于足部形态特征参数的跑步相关运动损伤预测体系,基于跑者足部形态特征及损伤风险,实现动作控制鞋具的个性化定制,以期降低跑步相关损伤风险并提高运动表现。

第二节
跖趾关节功能与鞋具抗弯刚度的研究

一、跖趾关节功能相关研究

目前在研究下肢运动时,往往更多关注的是髋、膝、踝三大关节的运动特征,然而,跖趾关节作为足部的第二大关节,其功能和作用却往往被忽略,而对于需要急速蹬离地面的足屈曲动作,其动作最终的发生一定是在跖趾关节。这种动作是通过踝关节的跖屈肌配合足趾屈肌在远固定条件下收缩完成跖趾关节伸的动作。跖趾关节对于足部、下肢和人体运动的作用十分关键,屈伸特征能够对人体跑、跳等动作,特别是对支撑后期的蹬离效果产生重要影响。现阶段,相关领域专家学者已经开始重新关注跖趾关节在人体跑、跳等运动中所发挥的重要作用,包括跖趾关节运动特征与相关鞋具研发、跖趾关节训练研究,以及如何改善关节能量学特征和肌肉活化模式提高运动表现等。

(一)跖趾关节解剖学研究

人的足部包含 26 块骨骼、33 个关节及相应位点附着的肌肉、肌腱和韧带,是人体静态站立或动态走、跑、跳运动时作为人体内部动力链与外界运动环境相互接触和作用的始端。足部又可划分为足跟部(距骨和跟骨)、足中部(内外侧楔骨、中间楔骨、骰骨和足舟骨)和足前部(跖骨及趾骨)。不同区域具有不同功能,足跟部的跟骨为足部内、外侧纵弓的主要支撑点;足中部的侧楔骨、足舟骨和骰骨则是内、外侧纵弓的主要组成结构;足前部的跖骨支撑点构成足部的横弓。足部的纵弓和横弓能够缓解机体跑跳运动时的冲击,将自身重力进行分散,同时结合足部和下肢肌肉及相关韧带的作用又能给行走和跑跳等运动提供势能。

跖趾关节属于椭圆形关节,能够绕冠状轴做屈伸运动,以及绕矢状轴做轻微的内收外展运动。对于大多数拥有正常足部形态的人群,第 1、4、5 跖骨头为内、外侧纵弓的前端承重点,对维持运动过程中足底着地支撑和蹬地的稳定性具有重要作用。跖趾关节的屈伸活动度是比较大的,主动屈曲角度可达 40°左右,在跑和垂直起跳蹬离地面过程中,跖趾关节的屈伸活动度可达 31.5°和 22.6°。但以上这些测量均是基于裸足状态下运动得到的,当跖趾关节包裹在运动鞋内即着鞋状态时甚至运动鞋结构材质等的差异,均会导致跖趾关节活动度的差异。因此着鞋状态下跖趾关节角度的准确测量需要注意,目前使用的较多的方法是在运动鞋表面打孔,将标记点直接黏附在皮肤表面,这样可有效防止鞋底、鞋面等因素对跖趾关节活动度测量的影响。从关节功能的角度出发,在提踵状态或跑、跳等蹬离地面的过程中,下肢合拉力线跨过跖趾关节冠状轴后方的趾屈肌,在远固定时趾屈肌收缩使除了趾骨部分外足其他部分在跖趾关节处产生伸力,以增加向前的推进力,这对加大步幅、加快跑速具有重要作用。有研究显示,正常步态的蹬伸期,趾屈肌产生的肌力可达体重的 61%。同时,从力学角度而言,人体的跑、跳运动主要是由足与地面接触产生的反作用力引起,足跟的离地、踝关节的跖屈及跖趾关节的伸展共同使足部向前推进;跖趾关节的伸展和趾屈肌的力量能够对姿态的控制产生潜在的积极作用。跖趾关节的屈伸会对人体运动功能、力学特征及下肢其他关节的代偿产生重要影响,而其稳定性的破坏会引起包括跖趾关节活动度的减小、局部足底压力的变化、关节周围应力的增加等在内的前足生物力学特征的改变,进而严重影响足部的运动功能并引起下肢功能代偿。Menz 等对 172 名受试者进行跖趾关节足底压力及关节活动度测量,分析比较二者的关系认为,跖趾关节活动度与足底压力的相关系数为 0.85(即 $r = 0.85$)。Budhabhatti 等通过三维有限元建模研究发现,如果完全限制第 1 跖骨的屈伸,那么第 1 跖骨头承受的压力会增加 223%。顾耀东等使用弹力绑带对跖骨头进行束缚,结果发现,跖趾关节束紧后的纵跳高度增加,而且蹬伸过程中跖骨头的足底压力显著增大。由此可见,跖趾关节对于人体正常活动至关重要,但长期以来,在描述下肢运动时,通常只关注到髋、膝、踝三大关节的运动特征及产生运动的原动肌,经常把足部作为一个整体对待,从而忽略了跖趾关节作为地面与人体下肢之间的关节链接在快速蹬离地面中的作用。

(二)跖趾关节训练学研究

跖趾关节周围肌群如趾长屈肌、拇长屈肌等与髋、膝等下肢大关节肌肉相比属于小肌肉群,这些肌群通常只能在大肌肉群训练的时候才能得到间接训练,但是训练的效果不佳,肌肉力量消退得很快。目前欧美等国家教练员已经开始强调对于跖趾关节屈伸活动度及趾屈肌力量的专门训练。德国科隆体育大学研究团队通过跖趾关节力量训练器对运动员趾屈肌进行为期 7 周等长收缩肌力训练后发现,这些运动员的趾屈力矩明显增加、折返跑和跳远成绩均显著提升,这提示跖趾关节趾屈肌在经过一段时间的力量训练后,能够对运动表现产生积极影响。研究者认为,跖趾关节部位肌肉力量的增加可协调足跟离地并获得较大的地面支撑反作用力,减少支撑时间,促使身体快速蹬离地面。在周期性训练理论中提到,只有关节周围的肌群都能够平衡发展,才能有效提高运动表现和预防损伤的发生。裸足训练作为一种训练方式日益受到大众关注,逐渐被国内外研究者等人群所重视和采纳。这种训练方式能够改善踝关节周围大肌肉群如腓肠肌和小肌肉群如跖趾关节屈伸肌群的力量。由这种训练方式衍生出了各种模拟裸足的训练鞋。例如,Adidas 公司生产的 feet your wear 概念鞋、Nike 公司生产的 Nike Free 模拟裸足鞋、MBT 公司生产的摇摇鞋、Vibram 公司生产的五趾鞋等,其目的就是模拟裸足跑和裸足状态足部运动特征变化,改变足部肌肉形态,增加相应肌群肌力。Potthast 等研究发现,着 Nike Free 鞋具进行 6 个月的跑、跳、冲刺等动作训练能够提高运动员 20% 趾屈肌的力量,同时增加了长屈肌、外展肌等肌群的体积,为提高运动表现和预防损伤提供了可能性。

(三) 跖趾关节能量学研究

在短跑、跳跃类项目中,运动员通过吸收和产生机械能完成向前和向上的推进。若不考虑人体肌肉骨骼系统本身的复杂性,对于跖趾关节而言,其在足部蹬离地面前始终保持伸展状态,因此主要以吸收能量为主,几乎不产生能量的回传(图 3 - 20)。卡尔加里大学的 Darren 博士发现,下肢的髋、膝、踝关节在这个过程中吸收和产生的能量相差不大。例如,踝关节在 4 m/s 跑速下吸收和产生的能量分别是 47.8 J 和 61.7 J,膝关节则为 43.2 J 和 27.9 J。但跖趾关节处却几乎损失了所有能量,吸收与产生能量之比约 70 : 1,同时吸收的能量在短跑高速跑阶段甚至占到了下肢髋、膝、踝关节总能量的 32%,成为吸收能量的主要关节。跖趾关节以吸收能量为主,而对于能量的贡献率几乎为零。那么如果降低跖趾关节损失的能量是否有助于提高运动表现呢?Darren 等后续研究发现,通过改变鞋具纵向抗弯刚度(longitudinal bending stiffness,LBS)来改变跖趾关节的屈伸运动特性能够影响短跑运动员 40 m 冲刺跑的成绩,并且把这一结果归因于能量损失的改变。Roy 等研究发现,穿着抗弯刚度较高的鞋具跑步时,跑步效率或 RE 约提高 1%。跑步支撑前期,跖趾关节以吸收能量为主是因为该关节始终处于伸展的状态。在单腿纵跳动作中,跖趾关节能够吸收 24 J 左右的能量但这些能量几乎都被耗散掉,在不考虑其他因素的情况下,这些能量能够使一个普通人的垂直纵跳高度增加 3.5 cm。基于上述实验研究,通过增加鞋具跖趾关节部位的抗弯刚度,理论上能够改变关节做

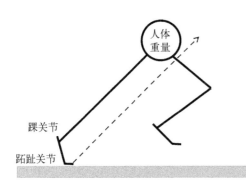

图 3 - 20 短跑中足部蹬离地面时,支撑腿踝
关节跖屈和跖趾关节伸示意图

功效率,减小跖趾关节处的能量损失。Nigg 等认为,从理论上来说,应当存在最适宜的鞋具抗弯刚度范围以提高 RE 和运动表现,他推测这种提高 RE 的机制应该是通过优化鞋具抗弯刚度来优化肌肉骨骼系统的发力、做功和肌力-长度、力-速度的关系等肌肉收缩性能,从而提高了 RE 和运动表现。另外,虽然增加跖趾关节的屈伸刚度能够在一定程度上对运动表现的提高产生积极的作用,但鉴于影响运动表现的因素太多,跖趾关节作为支撑末期的最后施力关节,与运动表现之间特别是与下肢其他各关节力学特征及能量之间的内在联系尚未完全建立。此外,运动员由于运动鞋的舒适性、小腿三头肌肌力等条件不同,对跖趾关节屈伸程度的适应及效果也会产生个体差异。因此,从减小跖趾关节能量损失的角度促进运动表现的内在生物力学机制还需要深入研究。

二、鞋具抗弯刚度对运动表现影响的研究

如何提高运动表现已经成为鞋具生物力学设计和鞋具相关科学研究的首要任务和焦点问题。鞋底 LBS 是鞋具设计的重要部分,抗弯刚度的设计一般体现在鞋具中底,因此也习惯称为中底抗弯刚度。有研究认为,LBS 与耐力运动表现紧密相关,同时也被证实与高强度运动如冲刺跑、变向跑等运动表现有密切联系。Wannop 等研究发现,提高鞋具的 LBS 可以提高冲刺跑在最初 5～10 m 加速阶段的运动表现。Tinoco 等研究发现,通过提高鞋具的 LBS 可以降低运动员在跳跃和变相跑运动中的氧气消耗。然而,通过提高 LBS 的方式提高运动表现的生物力学机制还不完全清晰,这其中涉及受试者之间的差异性问题、最佳鞋具 LBS 确定问题等。有研究表明,在中等速度(4 m/s)跑步时穿着不同 LBS 的鞋具,跖趾关节的屈伸角度及关节功率随着 LBS 的增加而逐渐减小,同时跖趾关节处损失的能量也相应减少。类似的结果也出现在跳跃类测试中,通过增加鞋底的刚度可以减小在跖趾关节处 36.7% 的能量损失,并能提高 1.7 cm 的垂直跳跃高度。

(一) 鞋具抗弯刚度对跑步运动表现的影响

Willwacher 等研究人员发现,鞋具 LBS 或者说鞋前掌 LBS 的增加会导致蹬离期足底 GRF 作用点的前移,从而导致踝关节 GRF 臂有效延长及踝关节杠杆比例增大,力臂的延长和杠杆比例增大导致的结果有两个:一是足部蹬离地面时踝关节跖屈力矩的增加,二是足部蹬离地面时踝关节跖屈速度的降低(图 3-21)。踝关节跖屈速度的降低恰恰可以降低能量的消耗速度,从而可以解释为何抗弯刚度的提高会导致中长跑 RE 的提高。同时,较高 LBS 的鞋具会导致跑步过程中着地时间和蹬离时间的延长,从而降低了肌肉收缩速度,进而导致能耗的降低及 RE 的提升。而运动员们是如何对不同的鞋具 LBS 进行适应的? 这其中的机制是什么? 德

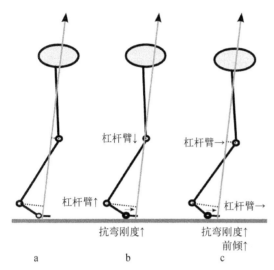

图3-21　a、b、c图为足部在蹬离地面过程中,膝关节和踝关节在不同抗弯鞋具下的力臂变化

资料来源: Willwacher S, König M, Braunstein B, et al. 2014. The gearing function of running shoe longitudinal bending stiffness[J]. Gait & Posture, 40(3): 386 – 390.

国科隆体育大学研究人员发现,运动员对提高 LBS 的鞋具有两种不同的适应机制: 一种是在不改变蹬地时间的情况下提高踝关节的跖屈力矩;另一种是提高蹬离时间同时降低踝关节的跖屈力矩。而出现这种不同适应机制的原因有可能是运动员个体之间的差异,如肌肉力量、身体形态等。Roy 等的研究发现,体重较大受试者着较高抗弯刚度鞋具的 RE 水平要高于体重较小者。同时,Resende 等研究证实,鞋具最适抗弯刚度具有个性化的差异,这取决于个体的体重、性别、运动水平等因素;同时由于跑步速度也会影响 GRF 及跖趾关节力矩,因此最适抗弯刚度的选择与跑步速度也具有一定的相关性。

Darren 等通过内置碳纤维鞋垫来改变鞋具的 LBS,并对 34 名专业短跑运动员分别着 4 种不同 LBS 的短跑钉鞋进行冲刺跑进行生物力学研究。鞋具条件分别为对照鞋及 42 N/mm、90 N/mm 和 120 N/mm 等 4 种不同 LBS 鞋具。结果发现,18 名运动员在着 42 N/mm 鞋具时平均运动成绩最好(约得到 0.69% 的提升),再提高 LBS 则对这 18 名运动员的运动成绩提升无任何帮助,这说明存在一个最适抗弯刚度,其可以使运动表现最佳化。5 名运动员着对照鞋运动表现最佳,8 名运动员着 90 N/mm 鞋具时运动表现最佳,7 名运动员穿着 120 N/mm 鞋具时运动表现最佳(总和大于 34,由于部分运动员在两种抗弯刚度条件下均能取得最佳运动表现)。运动员在着适应自身的最佳 LBS 钉鞋时平均运动成绩能够提高 1.2%,有1/4运动员的运动成绩甚至能够提高 2%。对于高水平运动员来说,这种提高程度是有着重大意义的。为了确定每一名运动员的最佳 LBS,有学者试图建立最适鞋抗弯刚度与运动员体重、身高、鞋码、运动成绩之间的线性回归曲线,然而并没有发现运动员最适鞋抗弯刚度与这些因素之间存在显著相关性。后来有研究人员总结指出,运动员最佳鞋具 LBS 的确定可能与跖屈肌力量、肌肉收缩力-长度关系及肌肉收缩力-速度关系这三个要素相关(图 3 - 22)。

Krell 等发现,运动员最佳鞋具 LBS 与运动员自身特征存在相关性,他发现运动员肌肉骨骼系统的发力特征及冲刺跑过程中跖趾关节屈伸活动度和屈伸角速度能够

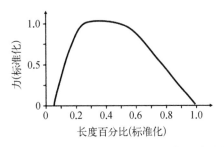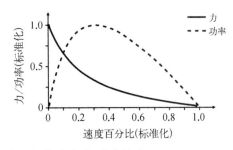

图 3-22 经过标准化的骨骼肌力-长度和力-速度关系

帮助确定该运动员最适 LBS。若运动员在冲刺过程中的跖趾关节屈伸的程度大,则其适合较高抗弯刚度的鞋具;若运动员冲刺过程中跖趾关节屈伸的程度较小,则其适合较低抗弯刚度的鞋具。根据上述研究推测运动员需要根据自身形态学参数、肌肉力量等特征对鞋具 LBS 做出自我调节以获得最佳运动表现。另外,Toon 等指出,在短跑的不同阶段,鞋具应该具有不同的 LBS 来适应运动员的发力需求。例如,在短跑的加速阶段,鞋具 LBS、踝关节杠杆长度和踝关节杠杆比例应更小;相反在短跑的途中跑阶段即出现最大速度,上述这些值应更大以获得更好的运动表现。

(二) 鞋具抗弯刚度对跳跃运动表现的影响

鞋具 LBS 还被认为能够影响助跑跳、反向跳和跳深等跳跃动作的生物力学表现。Darren 等选取了 25 名男性运动员分别着 3 款不同 LBS 的鞋具进行助跑纵跳摸高实验,3 款鞋具分别为对照鞋(0.04 Nm/deg)、较硬鞋(0.25 Nm/deg)和极硬鞋(0.38 Nm/deg)。结果显示,着较硬鞋时受试者的平均摸高高度提升了 1.7 cm,对25 名运动员中的 5 名做进一步测试发现,着较硬鞋具纵跳时,跖趾关节伸的角度较小,从而能量损失减小,而在下肢的髋、膝、踝关节产生能量不变的情况下,推测跳跃高度的提升是由于跖趾关节处能量损失的降低。Tinoco 等发现,鞋具 LBS 对处于疲劳状态下运动员的纵跳高度也有显著影响,LBS 较高的鞋具能够使疲劳状态下的纵跳高度下降得更少。迄今,对于 LBS 的改变为什么能引起纵跳高度改变的机制尚不清楚,但 Nigg 等提出的鞋具抗弯刚度改变可导致跖趾关节处的能量损耗减小这一学说得到了普遍认同。Tinoco 等同样证实了在短跑、跳跃这类快速且具有爆发力的项目中,鞋具 LBS 对运动表现的影响主要体现在能量损耗减小,这也是提高运动表现的主要因素;而鞋具 LBS 对于长跑等耐力性运动表现的提高则主要依赖于下肢肌肉输出功率的优化和关节发力杠杆效应的改变。

笔者研究团队进行了一项跖骨头区域束缚前后纵跳对比实验研究。研究选取了 12 名男性大学生体操运动员,在跖骨头区域分别施加无束缚、一般束缚和高度束缚 3 种条件,并在三维测力台上完成全力反向跳动作,记录腾空时间从而计算出腾空高度,同步采集下肢髋、膝、踝关节运动学数据及下肢大肌肉群的 sEMG 数据(图 3-23)。研究发现,跖骨头区域束缚能够显著提升纵跳高度,束缚的负荷为 10~12 kPa 时,提升的效果最明显,大约可提升 2.3 cm 的纵跳高度。同时发现,在添加束缚的条件下胫骨前肌在纵跳离地时肌电 RMS 减小而在着地时 RMS 增大,RMS 是提示肌肉活化程度的重要指标。即通过跖骨区域的束缚能够优化肌肉的发力顺序和协调功能,从而提升跳跃运动表现。

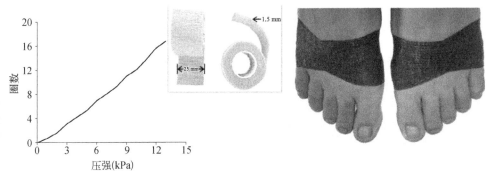

图 3-23
彩图

图 3-23 第 1~5 跖骨头区域添加不同负荷的束缚

资料来源: Zhang Y, Baker J S, Ren X, et al. 2015. Metatarsal strapping tightness effect to vertical jump performance[J]. Human movement science, 41: 255-264.

(三)鞋具抗弯刚度对灵敏性运动的影响

Tinoco 设计了一条 24 m 长的跑道,跑道上设置若干障碍物,运动员在跑道上需要完成的动作有冲刺、急停、变向、侧切等,主要测试运动员的敏捷程度。12 名运动员着普通运动鞋(前掌 LBS 为 0.22 Nm/deg)和 LBS 为普通运动鞋 1.5 倍的运动鞋(前掌 LBS 为 0.33 Nm/deg)分别在该跑道进行运动测试。结果显示,12 名运动员中的 10 名着较高 LBS 运动鞋的运动员完成跑道的平均时间缩短了 1.44%。Worobets 和 Wannop 研究也发现类似的结果,他们发现 20 名篮球运动员在着提高 50% LBS 的鞋具完成侧切障碍跑时的运动成绩平均提高 1.7%。Vienneau 等对足球运动员着 3 双不同 LBS(37.2%、100%、200%)足球鞋在标准足球场进行 25 min 变向、射门等常规训练流程中的生理学指标(包括心率、通气量、能量消耗速率等)进行了监测;结果显示,运动员着 100% 抗弯刚度足球鞋完成 25 min 训练过程中的心率、通气量和能量消耗速率均显著低于其他两款鞋具。灵敏性运动主要特点为变向动作多,结合上述生物力学及生理学等方面研究发现,提高鞋具抗弯刚度似乎能够改善运动员的灵敏性,而 LBS 提高的程度应该要高于目前的鞋具抗弯刚度的最大值。同时,当 LBS 提高的程度过大时,也不会对运动表现的提高产生任何益处。Nike 研发中心罗耕博士等研究显示,在变向较多的灵敏性运动中,鞋具抗弯刚度的提高可以减少跖趾关节处的能量损失,这可能是其能提高运动表现的一个主要因素。

总结以上鞋具 LBS 对短跑、跳跃、侧切、变向等动作的生物力学及生理学研究发现,鞋具 LBS 的提高对于这些动作运动表现的提高有帮助,而具体的机制尚不明确。目前存在一种较为合理的推测:在跑、跳等动作的推进期,跖趾关节由屈过渡到伸,较高 LBS 的鞋具能够使 GRF 的作用点前移,从而优化骨骼肌发力并减少跖趾关节处能量损失。这同时也提示,可能每名运动员都存在一个最适的运动鞋 LBS 能够使其运动表现最佳化。

三、鞋具抗弯刚度对跖趾关节运动损伤的影响研究

人体足部的前掌部分非常精细,有很多小的骨骼、韧带、小肌肉群等,因此运动中前掌部分所受到的运动伤害也最多。前掌部分最常见的运动损伤有跖骨应力性骨折、趾间神经瘤、籽骨炎、跖骨压痛、拇趾强直、拇趾外翻及第 1 跖趾关节扭伤(俗称草皮趾)等。其中发生率最高的损伤就是跖骨应力性骨折和第 1 跖趾关节扭伤。提高鞋具 LBS 其中一个主要益处就是防止跖趾关节在蹬地过程中的过度背伸,降低跖趾关节过度背伸的程度能够降低前足损伤的风险,尤其是拇趾损伤风险。

(一)跖骨应力性骨折与鞋具抗弯刚度

现阶段普遍认为,跖骨应力性骨折的损伤机制是较大强度的周期性应力反复冲击跖骨头,造成跖骨部分微细的骨折,微细骨折的逐渐累积最终造成了跖骨应力性骨折。这其中以第 2 跖骨应力性骨折的发生率最高。从运动员的角度来看,发生这种损伤大多是由于运动量和运动强度的突然增大。有研究发现,鞋具前掌的 LBS 通过影响着地蹬伸阶段前足载荷及足部肌肉组织的活化情况从而对前足损伤风险产生作用。另有研究发现,拇趾周围肌肉组织的疲劳会导致第 2 跖骨头应力的增加,从而可能会增加第 2 跖骨头应力骨折的风险。还有研究间接证实,鞋具前掌 LBS 能够影响跖骨应力性骨折风险,LBS 的增加可以使压力中心前移并使足底压力重新分布,降低前足跖骨区域的负荷从而降低跖骨应力性骨折的风险。

(二)第 1 跖趾关节损伤与鞋具抗弯刚度

第 1 跖趾关节扭伤是由于第 1 跖趾关节的过度背伸导致关节囊韧带复合体损伤(包括相关的韧带、肌腱、关节囊、跖骨、籽骨的损伤),尤其常见于足球、橄榄球等项目中。第 1 跖趾关节扭伤的发生主要是由于剧烈运动下第 1 跖趾关节的过度背伸,因此如果能够以提升鞋具抗弯刚度的方式限制第 1 跖趾关节的过度屈伸或许可以降低第 1 跖趾关节扭伤的风险。确定能够有效避免第 1 跖趾关节扭伤风险的抗弯刚度就需要确定第 1 跖趾关节扭伤发生的临界条件,包括跖趾关节背伸的

角度、角速度等指标。Frimenko 等通过对 20 名男性尸体的解剖及生物力学实验发现,50%以上的第 1 跖趾关节扭伤发生在跖趾关节屈曲角度达到 78°时。他还对职业足球运动员裸足进行足球训练时的第 1 跖趾关节活动范围进行测量,训练动作涉及走、跑、跳、侧切等。通过足部运动学建模获得跖趾关节运动学数据,测得职业足球运动员在无鞋具束缚的情况下,直线跑时第 1 跖趾关节的峰值屈曲角度为 59.5°,直线行走时第 1 跖趾关节的峰值屈曲角度为 53.7°,其他动作时第 1 跖趾关节的峰值屈曲角度约为 35°。而在实际情况下,一名职业足球边锋运动员跑动时第 1 跖趾关节的峰值角度可达到 72°,此时损伤风险显著增加(图 3-24)。通过增加鞋具 LBS 来限制第 1 跖趾关节的过度活动似乎可以减少第 1 跖趾关节扭伤的发生,但是这也有可能会造成运动员本体感觉和舒适性的下降,从而发生其他损伤。同时还要关注到,LBS 的提升是否会增加膝、踝关节损伤风险,另外运动员在疲劳状态下肌肉力量、协调性等功能下降可能会导致较高 LBS 的适应能力下降,并可能导致足部运动学的代偿性改变和其他运动损伤风险的增加。因此,目前研究应当确定运动鞋 LBS 能否有效限制第 1 跖趾关节过度背伸并预防运动损伤,而如果目前的运动鞋具无法达到这个效果,就需要通过生物力学、生理学等测试手段和方法确定能够预防损伤的合理抗弯刚度。Crandall 等在 2015 年对目前常规的 21 款足球钉鞋的抗弯刚度进行了测试,发现这些足球鞋的抗弯刚度均是呈线性变化的。目前很少有研究证明相对于线性变化(成比例)的 LBS,呈非线性变化的 LBS 是否有利于足部运动损伤的预防。非线性 LBS 鞋具即跖趾关节屈曲程度较小时,鞋具 LBS 也相对较小,这有利于跖趾关节弯曲发力;而在跖趾关节屈曲程度逐渐增大甚至是接近危险阈值的时候,鞋具 LBS 应随之增大,限制跖趾关节的过度屈曲,从而

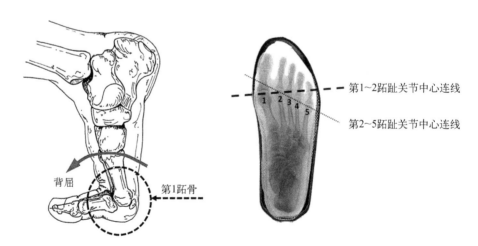

图 3-24　第 1 跖趾关节扭伤损伤机制与跖趾关节转动轴

资料来源: Crandall J, Frederick E C, Kent R, et al. 2015. Forefoot bending stiffness of cleated American football shoes[J]. Footwear Science, 7(3): 139-148.

降低第 1 跖趾关节扭伤、跖骨头韧带损伤等风险。此外,第 1~5 跖趾关节中心的连线所构成的关节转动轴并非平面垂线(2D perpendicular axis),因此转动轴定义的不同也会引起跖趾关节角度的变化。Smith 等运用不同的跖趾关节转动轴定义方法对跑步支撑期跖趾关节特征的影响分析后认为,相比传统的直线轴定义法,利用第 1~2 跖趾关节中心的连线与第 2~5 跖趾关节中心连线所组成的双轴线建立跖趾关节转动轴能够更加准确地获得跖趾关节的运动特征。因此,鞋具前掌弯折轴的位置、方向的设置应有系统的研究来界定标准。

无论是跖骨应力性骨折还是第 1 跖趾关节扭伤,其诱导因素均是跖趾关节处负荷过大和跖趾关节的过度背伸。许多研究已证实通过提高鞋具抗弯刚度一方面可以重新分配跖趾关节处过大的压力载荷,另一方面也可以减小跖趾关节的过度背伸,从而减少跖趾关节运动损伤的发生。但是这种通过提高鞋具抗弯刚度来减少损伤的安全性和有效性仍需要进一步研究和验证。

四、运动鞋抗弯刚度优化设计

一双具有合适抗弯刚度的运动鞋应当既不会改变前掌自然的屈伸性,又能辅助提高蹬地效率从而提高运动表现,这就要求跖趾关节本身的屈伸刚度与运动鞋的抗弯刚度高度一致。这需要结合运动科学、材料科学和人体工学这几门学科共同寻找蹬地时鞋底、鞋面屈伸位置和最佳抗弯刚度的关系,保证运动鞋在预防损伤和提高运动表现两方面发挥最大功效。Willwacher 等研究发现,鞋具 LBS 应该存在一种可变的杠杆效应或称为齿轮效应(gearing function),这种效应的实质是鞋具 LBS 不是呈线性改变,而是呈非线性改变的。这种功能导致途中跑推进期过程中下肢各关节的 GRF 臂发生改变。例如,跖趾关节和踝关节这两个远端关节的 GRF 臂随着 LBS 的增加而增加,然而膝关节蹬离地面过程的 GRF 臂反而随之减小,关节力臂的增加可以增大关节力矩和关节功率,但前提是运动员要有足够的肌肉力量水平和做功能力。因此通过增加鞋具 LBS 可以促进能量向远端关节(跖趾关节、踝关节)的重新分配。另外,鞋具 LBS 的增加也可能对运动员习惯发力动作产生影响,从而可能导致运动表现降低,具体来说,LBS 增加可能导致重心在支撑脚转移过程中的阻力增加,从而导致了支撑时间的延长。

McCormick 等研究发现,改变鞋具前掌 LBS 还是预防跖趾关节运动损伤的有效方法。使前足过度伸展角度减小,限制跖趾关节过度背屈是预防跖骨头负荷过大导致的跖骨应力性骨折风险和第 1 跖趾关节扭伤等损伤的重要途径。第 1 跖趾关节扭伤主要在足球、橄榄球、篮球这类项目中较为多发,这种损伤可导致足底正常结构的破坏,尤其是在拇短屈肌和前足底筋膜韧带等结构。在正常的走、跑、跳等运动中,跖趾关节的被动伸展角度范围为 16.7°~59.5°,约 50% 跖趾关节损伤发生在该关节伸展角度达到 78°的时候。因此基于以上有关鞋具前掌 LBS 对运动表现和损伤的研究可总结出鞋具中底 LBS 设计的一些指导性思想。如果从限制跖趾关节由于过伸导致运动损伤的角度,鞋具的 LBS 应该设置得较大。然而过高的 LBS 有可能使运动员完成动作时受到限制,从而可能降低运动表现。相较而言,应适当提高鞋具前掌的 LBS,保持这种改变对运动表现提高的益处,并且规避对运动表现的不利影响。如果以运动员的主观舒适性为标准,则应规定以运动员感到不适的 LBS 作为临界值,值得注意的是这个临界值具有主观差异性,是因人而异的。采用适当屈伸刚度的运动鞋既不会改变前足的易屈伸性,又能辅助提高蹬地效率,这就要求跖趾关节本身的屈曲刚度和运动鞋刚度达到高度一致。

(一) 鞋具抗弯刚度设计

目前已经有大量的研究证实,通过调整鞋具前掌的 LBS 可以显著影响运动表现和调节损伤风险。早在 2006 年,Roy 和 Stefanyshyn 等就通过实验证实较高 LBS 的鞋具能够降低跑步氧气消耗量,即能够提高 RE,但是却并没有发现高 LBS 鞋具对跑步过程中的下肢关节机械做功和肌肉活动水平有显著影响,因此其中的生物力学机制还需要进一步阐明。迄今,围绕鞋具抗弯刚度的研究几乎都聚焦于跖趾关节,加强抗弯刚度的鞋具使跖趾关节背屈过程中的阻力矩增大,并且降低了跖趾关节周围肌群所做的负功。同时,较高的 LBS 能够使运动员在足蹬离地面过程即跖趾关节伸的过程中储存更多的弹性势能,压力中心在蹬离阶段的前移提高了关节力矩(动力矩),同时也降低了 GRF。另外,跑步推进期时间可随着鞋具 LBS 的增加而缩短。Willwacher 等认为,运动员对较高抗弯刚度的鞋具存在两种不同的适应机制:一种是通过踝关节的力矩增加来适应力臂长度的增加;另一种机制是支撑期时间的延长并不影响踝关节力臂长度变化。目前生物力学研究中改变鞋具 LBS 的途径主要有以下几种:① 通过更换抗弯刚度更高的碳纤维或其他材料鞋垫;② 通过增加鞋具中底材料的密度和硬度等指标,或是在中底前掌部位镶嵌不同材质的材料;③ 通过改变外底的结构,如通过在鞋外底设置凹槽来改变抗弯刚度。总体来说,目前的研究结果显示出高度的一致性,即鞋具 LBS 的提高可以在一定程度上提高运动表现,无论是对短跑冲刺还是对中长跑均能起到一定的积极作用。Willwacher 等同时发现,短跑项目中较高 LBS 鞋具的杠杆效应能够显著提高踝关节和跖趾关节这两个远端关节相对于 GRF 的力臂,即可以提高水平方向 GRF 的利用率,但是同时也需要运动员拥有较强的肌肉力量水平和运动能力。

Asics 运动科学研究人员 Tsuyoshi Nishiwaki 认为,通过传统的机械测试方法得到的鞋底硬度和刚度指标是不全面的,因为机械测试时鞋底的形变模式与实际跑步状态下的鞋底形变模式是有显著区别的。但是在运动状态下对鞋底硬度的评估难以实现,因此可以引入有限元分析中的本征振动分析(eigen vibration)对鞋底材料的硬度、屈曲刚度等指标进行模拟。他将鞋底网格化为 6 888 个实体单元和 8 328 个节点,白色部分为中底结构,黑色部分为外底结构(图 3 - 25)。中底单元的杨氏模量(Young's modulus)和泊松比(Poisson's ratio)分别为 5.0 和 0.2,外底单元的杨氏模量和泊松比分别为 10.0 和 0.45。将足底压力测试系统得到的人体质量在鞋底的分布情况导入有限元模型。图 3 - 26 中型号 3_d 表示将鞋具外底前掌橡胶部分切除 15 mm,型号 3_r 表示在相同部位增加 2 mm 厚度的树脂薄片。通过有限元模型计算鞋底首次弯曲时的特征频率值(eigen frequency),这个值实际上是鞋底的硬度值与弯曲形变程度的比值。结合生物力学测试和有限元模拟发现,型号 3 鞋底的特征频率值最大,也就是在型号 3 所示的部位改变鞋中底和鞋外底的一些特性能够对鞋具的抗弯刚度产生最显著的影响,这个部位上缘距鞋头的距离是 35 mm,选用的鞋具尺码为欧码 42 码(图 3 - 27)。

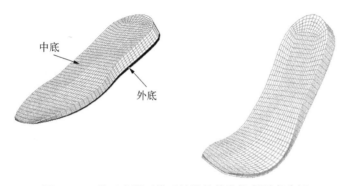

图 3 - 25　基于有限元模型的鞋具前掌抗弯刚度分析

资料来源: Nishiwaki T, Nakaya S. 2009. Footwear sole stiffness evaluation method corresponding to gait patterns based on eigenvibration analysis [J]. Footwear Science, 1(2): 95 - 101.

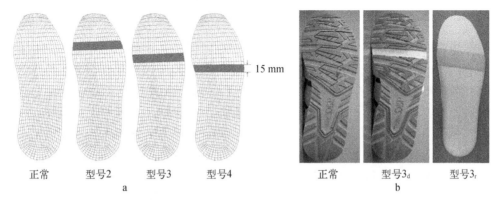

图 3 - 26　a 图为有限元模型模拟改变抗弯刚度;b 图为实物鞋具对照

资料来源: Nishiwaki T, Nakaya S. 2009. Footwear sole stiffness evaluation method corresponding to gait patterns based on eigenvibration analysis[J]. Footwear Science, 1(2): 95 - 101.

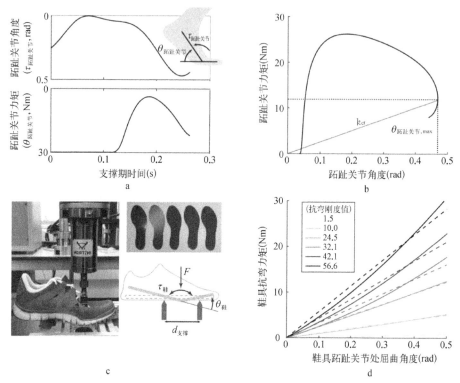

图3-27 a图为支撑期跖趾关节角度和力矩随支撑期时间的变化曲线;b图为跖趾关节力矩与跖趾关节角度曲线;c图为鞋具抗弯刚度机械测试的方法;d图为c图中鞋具抗弯力矩与鞋具跖趾关节屈曲角度的关系曲线

a图中 $\theta_{跖趾关节}$、$\tau_{跖趾关节}$ 表示跖趾关节屈曲角度;b图中 $\theta_{跖趾关节,max}$ 表示跖趾关节最大屈曲角度,k_{cr} 表示临界抗弯刚度;c图中,F 表示机械尖端垂直向下施加的力,$\tau_{鞋}$、$\theta_{鞋}$ 表示鞋具前掌受垂直向下作用力后的弯折角度,$d_{支撑}$ 表示两个支撑点间的距离,长度为 80 mm

资料来源:Oh K, Park S. 2017. The bending stiffness of shoes is beneficial to running energetics if it does not disturb the natural MTP joint flexion[J]. Journal of biomechanics, 53: 127-135.

韩国科学技术院(Korea Advanced Institute of Science and Technology, KAIST)的 Oh 和 Park 等猜想鞋具抗弯刚度的提高对于长跑经济性和能量节省是有利的,但要建立在鞋具本身的抗弯刚度不影响足跖趾关节本身运动的前提下。他们设计了一系列生物力学实验去验证这种猜想,实验用鞋具选用 ReebokZ-quick 系列,该鞋同时作为对照鞋(抗弯刚度=1.5 Nm/rad),通过外加碳纤维鞋垫改变鞋具的抗弯刚度(图3-27c)。使用机械测试仪器(Instron,英国)测试得到 5 种碳纤维鞋垫的抗弯刚度分别为 10.0 Nm/rad、24.5 Nm/rad、32.1 Nm/rad、42.1 Nm/rad、56.6 Nm/rad。受试对象为 19 名无下肢损伤史的男性专业跑者,测试跑者实验室中等速度跑台条件下的下肢髋、膝、踝、跖趾关节运动学数据和三维 GRF 数据,并通过逆向动力学方法计算对应的关节力矩,气体代谢系统(Cosmed,CPET,意大利)用于测试受试者的氧气消耗速率

（O_2 consumption rate）。测试分为 5 个阶段进行,时间跨度为 5 周。① 第 1 阶段(第 1 周),所有受试者着对照鞋进行无氧阈强度下的运动学、动力学和氧气消耗速率测试,并测试每名受试者的临界抗弯刚度(subjective critical insole stiffness,k_{cr}),支撑期跖趾关节角度和关节力矩支撑期时间的变化关系如图3-27a所示,鞋具抗弯力矩与鞋具跖趾关节屈曲角度的关系曲线如图3-27d所示。如图3-27b所示,临界抗弯刚度为跖趾关节力矩与跖趾关节最大角度的比值。② 第 2 阶段(第 2~3 周),受试者对不同抗弯刚度的鞋垫进行适应性训练。③ 第 3 阶段(第 3 周),受试者分别着 5 种不同抗弯刚度鞋垫跑步时的关节三维运动学、三维 GRF 同步采集。④ 第 4 阶段(第 4 周),19 名受试者分别着对照鞋、接近临界抗弯刚度鞋和接近 2 倍临界抗弯刚度鞋测试氧气消耗速率。⑤ 第 5 阶段(第 5 周),8 名受试者分别着对照鞋,1/2 临界抗弯刚度鞋和1/2 峰值抗弯刚度鞋测试氧气消耗速率。关节角动量值定义为关节力矩与对应时间的积分,是衡量肌肉做功和氧气消耗量的敏感指标。

从实验测试的结果来看,差异程度体现在以下几点:① 受试者着不同 LBS 鞋具跑步的支撑期时间随 LBS 的提升而延长,尤其体现在蹬离期;前后方向的峰值 GRF 随抗弯刚度的提高显著降低,但前向推进冲量并未产生显著改变(冲量为力与时间积分)。② 定义临界抗弯刚度为鞋具的临界 LBS,多数受试者着超出临界抗弯刚度刚度的鞋具时,跖趾关节屈曲程度显著降低,同时踝关节 GRF 臂延长;鞋具弹性力矩随着鞋具 LBS 的提高而增大,从而导致跖趾关节周围肌肉组织活动水平下降和跖趾关节肌肉主动力矩的减小。③ 跖趾关节的角动量随着鞋具抗弯刚度的提高而显著降低,而跖趾关节的净角动量却在鞋具刚度超过临界抗弯刚度后显著提升,受试者下肢 4 个关节的净角动量在鞋具抗弯刚度接近临界抗弯刚度时显著降低。④ 受试者着不同 LBS 鞋具时的氧气消耗量也呈现出显著差异,将氧气消耗量针对每名受试者的体重等做标准化。结果发现,鞋具抗弯刚度接近临界抗弯刚度时,氧气消耗量大约降低 1.1 mL /(min · kg) ± 1.2%,约为 1.00 mL /(min · kg);而在最高抗弯刚度条件下,氧气消耗量大约提高 1.0 mL /(min · kg) ± 2.1%。总结发现,当鞋具的抗弯刚度接近临界抗弯刚度时,其与对照鞋具和 LBS 最高的鞋具相比,能够显著降低氧气消耗量,即能够提高 RE。但是为什么抗弯刚度超过临界抗弯刚度之后,RE 或者说运动表现反而下降呢? 可能是由于较高的抗弯刚度限制了跖趾关节本身的屈曲活动,同时由于踝关节相对于地面力臂的延长,较高的抗弯刚度降低了踝关节在推进期的作用,导致推进力的降低。而推进力的降低必然会导致推进冲量的降低和跑步速度的下降,维持推进冲量不改变就需要延长推进期时间。下肢 4 个关节的力矩及角动量在鞋具刚度超过临界抗弯刚度后均出现了代偿性改变,即跖趾关节肌肉力矩减小,而髋、膝、踝关节力矩和角动量增大可导致肌肉活动水平的改变和耗氧量的增加。因此,较高抗弯刚度鞋具对跖趾关节的限制和下肢 3 个关节力矩增加是 RE 下降的主要因素。

从图 3-28a 可以明显看出,当鞋具的抗弯刚度接近虚线所示的值(临界抗弯刚度)时,氧气消耗量出现了明显下降;图 3-28b 的横坐标代表鞋具的抗弯刚度与跖趾关节临界抗弯刚度的差值,同样可以看出当鞋具抗弯刚度与跖趾关节临界抗弯刚度两个值接近时,氧气消耗量与其他抗弯刚度值相比是有显著下降的。从以上研究结果推测,跖趾关节力矩与跖趾关节最大屈曲角度的比值(即临界抗弯刚度)应当是最适抗弯刚度,在这种抗弯刚度下,下肢髋、膝、踝关节角动量有所提高,而跖趾关节角动量显著减小,出现了净角动量的降低,角动量是评价肌肉激活程度和氧耗量的敏感指标,因此角动量的减小可导致氧气消耗量的降低和 RE 的增高。

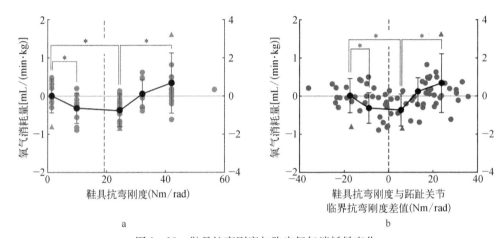

a   b

图 3-28　鞋具抗弯刚度与跑步氧气消耗量变化

* 表示 Bonferroni 修正的结果具有显著差异($p<0.05$);▲ 表示一名受试者数据有显著差异($p<0.05$)

资料来源:Oh K, Park S. 2017. The bending stiffness of shoes is beneficial to running energetics if it does not disturb the natural MTP joint flexion[J]. Journal of biomechanics, 53:127-135.

(二)篮球鞋抗弯刚度设计

篮球是一项集力量、速度、灵敏性于一身的体育运动,篮球比赛中运动员身体频繁接触且对抗激烈,从而导致篮球运动员受伤概率较高,发生运动损伤的概率为 2%~3%。篮球鞋作为最重要的篮球运动装备除了需要提高保护性能减少运动损伤风险外,还要兼具促进运动表现的功能,这也对篮球鞋的设计及核心技术提出了更高的要求。篮球鞋主要由鞋面、鞋底、足跟杯几个部分组成,其中鞋底又分为 3 层结构,即外底、中底和内底。外底的主要功能一是提供地面与篮球鞋之间的摩擦力,二是起到保护中底的作用;内底与足部直接接触,主要特点在其舒适性;中底位于外底和内底之间,是篮球鞋缓冲性能的主要来源。中底材料和结构的改变会带来运动鞋缓冲性能、扭转性能、抗弯刚度等的变化。近年来,不同的材料和结构运用到篮球鞋中底中,如近来流行的热塑性聚氨酯(boost)材料、Air 气垫、弹力胶、EVA、聚氨酯

（polyurethane，PU）甚至弹簧等，其中运用最广泛的当属 EVA 与聚氨酯，热塑性聚氨酯材料是热塑性聚氨酯弹性体颗粒发泡产物。中底是篮球鞋极为重要的组成部分，在运动损伤的预防和运动表现的提高方面承担重要作用。篮球鞋中底一方面通过其缓震性能减小足部受到的冲击，另一方面通过其抗弯性能促进能量回弹从而提高运动表现，运动鞋的能量回弹是指净吸收的能量与中底损失能量的差值，篮球鞋的 LBS 与能量回弹具有高度正相关性。篮球鞋中底的硬度、厚度及能量回弹在各个方面影响运动员在场上的运动表现。篮球运动员在跨步、着地、起跳等动作中往往消耗了大量的能量，如果这些能量中的一部分可以被重新利用，能够通过篮球鞋把能量反馈传递到下肢而用于蹬地发力，则运动员在做同样的动作时会更有效率。因此篮球鞋在减少能量损失方面起着重要的作用，具体表现为两个方面：一是增加能量回弹，二是减少能量的损失。能量回弹需要在适当的时间、适当的部位以适当的频率发生，如果能量回弹发生在错误的部位及错误的时间，就会对运动表现产生消极的影响。篮球运动员跑步时储存在鞋底的能量为 10~15 J，但是并非所有的能量都能够反馈到运动员下肢，约有 70%的能量会在中底部位损失。因此，若篮球鞋能够降低能量的损失并增加能量反馈则可以提高运动表现。在鞋底与地面的每次接触中，能量从运动员传递到运动界面。例如，运动员着地后由于与地面的摩擦和运动界面的形变发生了能量损失，运动界面形变产生的能量就会传递给运动员，而这种传递关系就需要运动鞋来实现。因此在运动鞋的结构设计中需要优化人体与运动界面之间的能量传输。然而由于篮球运动方式和技术动作的多样化，篮球鞋的能量回归与缓震性能难以同时兼顾。篮球运动员在场上做一些加速、急停、侧切、跳跃等动作时，跖趾关节处会损失大量的能量，如果能够减少这部分能量的损失就可以在一定程度上提升运动表现。例如，Nigg 等研究发现，体重为 70 kg 的男性纵跳时跖趾关节吸收的能量大约为 24 J，这部分能量能够使纵跳高度提升 3.5 cm；Madden 等通过在篮球鞋中底放置碳纤维板提高抗弯刚度，令受试者着不同抗弯刚度鞋具进行跑步及纵跳实验，实验室条件下同步采集运动学和动力学数据结果显示，鞋具抗弯刚度的变化并没有髋、膝、踝关节的能量生成与吸收，加入碳纤维板的中底也没有增加跖趾关节处的能量储存与再利用率，而是减少了跑跳过程中跖趾关节处的能量损失。篮球鞋良好的缓震性能需要较软的中底材质，即中底材料 LBS 较低。而根据上述总结，跖趾关节处能量损耗的减小和能量回归的增加则需要较大的 LBS，因此篮球鞋的中底设计需要综合这两点考虑，平衡二者的关系，才能更好地提升篮球运动员的运动表现并避免冲击损伤风险的增加。

（三）足球鞋抗弯刚度设计

足球鞋是足球运动中最重要的装备，也是功能性运动鞋具中最具科技含量的装备。足球鞋一般无中底结构，缓震功能的实现主要依靠足球鞋垫。足球运动表现与很多因素有关,如体能、技术战术、环境等。而足球鞋对于足球的运动表现也有着非常显著的影响。例如,足球鞋钉的不同构造被证实会影响冲刺、变向等动作的完成质量,并且还能够影响足球射门动作完成质量。足球鞋的质量也能够影响足球运动时下肢关节的运动学特征,如着质量较高的足球鞋进行射门动作时,射门腿触球的时刻膝关节屈曲程度较大。足球鞋 LBS 也被证实与运动表现密切相关,已有研究发现提高短跑钉鞋 LBS 可以提升短跑运动成绩和跳跃高度,鞋具的 LBS 与 RE 有直接关系。有学者提出,目前很多关于鞋具抗弯刚度的生物力学研究大多局限于实验室条件,选取的动作多为短距离的反复冲刺、侧切变向和正脚背射门等,而在 90 min 的足球比赛中,足球运动员还需要高质量地完成抢断、过人等动作。一项 Meta 分析(meta-analysis)结果显示,足球运动员在一场比赛中氧气消耗量维持在最大耗氧量的 70% ~ 80%,心率维持在最大心率的 80% ~ 90%。有研究对 13 名足球运动员着 3 种不同抗弯刚度足球鞋在足球场地进行 25 min 的测试性训练的生理指标进行采集,训练内容包含冲刺跑、连续盘带、障碍跑、往返跑及射门。使用 Cosmed 气体代谢系统和心率测试带对运动员的耗氧量和心率进行监控。研究结果显示,足球鞋抗弯刚度对 25 min 场地训练的生理指标产生了显著影响。

在足球鞋 LBS 设计中,还有一个因素需要考虑,就是如何防止或者减小前足运动损伤如第 1 跖趾关节扭伤的风险。Crandall 等对 21 款市面主流的足球鞋具进行了抗弯刚度、峰值抗弯力矩机械测试,测试过程鞋前掌的弯曲角度从 30° 被动弯曲到 90°,抗弯刚度的变化范围为 0.10 ~ 0.35 Nm/deg,峰值抗弯力矩的变化范围为 5.1 ~ 16.6 Nm。鞋具抗弯刚度、峰值抗弯力矩与鞋前掌的弯曲角度基本呈线性关系。而第 1 跖趾关节运动过程中力矩测试值显著高于这 21 款足球鞋的机械力矩测试值。结果提示,足球鞋的抗弯力矩-角度可以呈非线性变化,即使足球鞋抗弯刚度呈非线性变化来同时满足提高运动表现和减小如第 1 跖趾关节扭伤等损伤的风险。Wannop 等对非线性变化抗弯刚度足球鞋进行了对比研究,实验选取 Adidas 16.4 FXG 足球鞋,其中一双足球鞋使用普通鞋垫,另一双足球鞋使用抗弯刚度较高且呈线性变化的碳纤维鞋垫。实验室条件下选取的测试动作为冲刺跑、常速跑和慢速跑,同时收集下肢运动学数据、GRF 数据及髋、膝、踝关节的力矩。结果发现,随着跑步速度的提升,跖趾关节的屈曲角度增大,使用碳纤维鞋垫可以限制冲刺跑时过大的跖趾关节角度,使其局限在正常范围内。另外,碳纤维鞋垫有效降低了冠状面和水平面的关节力矩。有研究发现,这两个平面的力矩过大会增大关节损伤风险。碳纤维鞋垫使 GRF 的作用点向足中部移动,表现出来的结果就是压力中心线向足中部靠拢(图 3 - 29),GRF 在左右方向的分散力减小,因此膝关节和踝关节在冠状面和水平面的 GRF 臂也减小,从而减小了膝、踝关节的关节力矩,达到减小损伤的目的。

以下一组具体的数字表明非线性抗弯刚度的碳纤维鞋垫对膝、踝关节的好处。

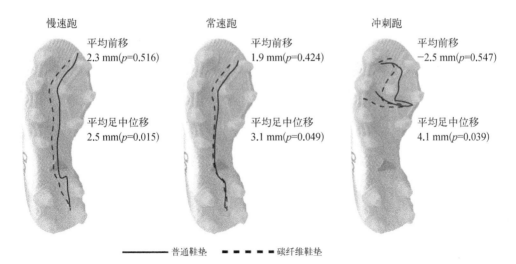

图 3-29　使用普通鞋垫和碳纤维鞋垫不同速度条件足底压力中心线的变化

资料来源：Wannop J W, Killick A, Madden R, et al. 2017. The influence of gearing footwear on running biomechanics[J]. Footwear Science, 9(2)：111-119.

① 水平面：使用碳纤维鞋垫不同跑步速度条件下踝关节的累积负荷和峰值负荷相比对照鞋垫下降约25%。② 冠状面：踝关节的总负荷和峰值负荷在碳纤维鞋垫条件下相比对照鞋垫下降约15%。膝关节也出现类似的变化，即碳纤维鞋垫条件下，冠状面和水平面的峰值力矩和关节的总负荷均下降了约10%左右（图3-30）。膝关节和踝关节的总负荷减小可以降低一些慢性运动损伤如髌股关节疼痛综合征、慢性骨关节炎等的发生风险。以上这些测试结果证实了鞋具抗弯刚度呈非线性变化的碳纤维鞋垫（图3-31）对足球运动表现具有积极的影响。

（四）抗弯刚度优化设计鞋具的量产

　　总结以上关于跖趾关节功能和运动鞋底抗弯刚度的相关研究，运动鞋抗弯刚度需要同时满足运动员以下3方面需求：① 在跖趾关节初始屈曲阶段，运动鞋应具有较低的抗弯刚度，用来满足舒适性的需求；② 在跖趾关节发力屈曲的阶段，此时跖趾关节屈曲角度仍处在合理范围内，运动鞋抗弯刚度也相应增大用于增强发力蹬伸的运动表现；③ 跖趾关节被动屈曲，屈曲程度超过正常范围可能导致运动损伤发生时，运动鞋应具有较高的抗弯刚度，限制跖趾关节的过度屈曲，从而减少运动损伤的发生。从上述几个标准来看，运动鞋抗弯刚度的线性增加很难同时满足以上3个需求。因此就需要一种抗弯刚度呈非线性增加的运动鞋底或鞋垫材料，这种运动鞋底或鞋垫应能达到既提高运动表现又降低损伤风险的目的。这种非线性增加的抗弯刚度，在跖趾关节屈曲角度较小时应具有较小的抗弯刚度，而其在跖趾关节屈曲角度过大的时候又具有较大的抗弯刚度以限制跖趾关节过度屈曲

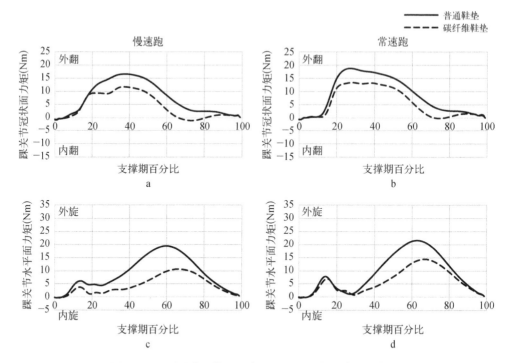

图 3 - 30　踝关节冠状面和水平面的关节力矩变化示意图

资料来源：Wannop J W, Killick A, Madden R, et al. 2017. The influence of gearing footwear on running biomechanics[J]. Footwear Science, 9(2)：111 - 119.

图 3 - 31　非线性碳纤维抗弯刚度鞋垫可应用在足球鞋产品

（背伸）从而避免如跖趾关节应力骨折和第 1 跖趾关节扭伤等运动损伤的发生。同时，其还能够通过优化踝关节、跖趾关节等远端关节的杠杆比例及优化骨骼肌做功而提升运动表现。图 3 - 31 将碳纤维鞋垫应用在足球鞋产品，不仅是足球鞋产品，篮球鞋、鞋具等产品也可尝试应用碳纤维鞋垫。

（五）抗弯刚度优化设计鞋具的定制

　　从以上研究得知，运动鞋抗弯刚度对于每一位运动员都应该有一个最合适的取值或者说取值范围来满足提高运动表现的需求。根据 Oh 和 Park 的研究显示，每个人对应的最适鞋具抗弯刚度可以用无氧阈强度跑步跖趾关节力矩与跖趾关节最大屈曲角度的比值来获得(临界抗弯刚度＝跖趾关节力矩$/\theta_{跖趾关节}$)，这也是研究中首次给出鞋具最适抗弯刚度的量化计算方法。未来针对高水平运动员或特殊人群的功能性定制鞋具，除了足部形态的测试外，还应加入鞋具抗弯刚度测试，同时结合不同运动项目特点定制个性化鞋具，从而达到舒适性和功能性兼具的目的。

第三节
鞋具对跑步经济性的影响

一、什么是跑步经济性?

(一) 跑步经济性(RE)的定义

最大摄氧量(maximal oxygen consumption, VO_{2max})是评价运动员有氧能力的重要指标,对于跑步项目(短跑除外)来说,虽然专业运动员和业余跑者在多数情况下都以低于最大摄氧量的强度运动,但这并不影响通过最大摄氧量对比赛成绩或运动表现的预测。然而,对于最大摄氧量相似的运动员,使用最大摄氧量这一指标预测比赛成绩的敏感性会下降,因此需要一个更为有效的评价指标。1924年,Hill首次引入了RE的概念,他假设跑步时机械效率越高则在特定跑速下的代谢能量越低。一些研究结果也表明,次最大摄氧量与跑步速度具有线性关系,如Conley等认为水平较高的运动员跑步时的摄氧量与跑步速度之间存在如下关系:$y = 0.209x - 5.67$,其中 y 为次最大摄氧量强度下给定跑速(241 m/min、268 m/min、295 m/min)的稳态摄氧量[VO_{2max},mL/(min·kg)], x 为跑步速度(m/min)。该方程的斜率0.209即代表了实验对象的RE值。Daniel等也对稳态摄氧量与跑步速度之间的关系进行研究,得出的RE值为0.201。基于最大摄氧量强度下跑步速度与摄氧量的线性关系,研究者对RE做出相关定义:RE为次最大强度给定跑速跑步时的能量需求,是预测有氧跑步成绩的重要指标;Morgan对RE的定义:RE是给定跑步速度下的稳态摄氧量值,已被证实是造成最大摄氧量相近的运动员跑步成绩显著差异的主要原因;Anderson等对RE的描述:RE是一个体现运动效能的生理指标和决定长跑成绩的关键因素,用给定跑速下的摄氧量来表示;Saunders等对RE的定义:RE为次最大摄氧量强度给定跑速跑步时的稳态摄氧量,他认为从能量代谢角度看,在相同跑速下,RE好的跑者消耗的氧气比RE差的跑者消耗的氧气要少。以上学者对RE的定义符合以下几点前提:① 次最大摄氧量强度;② 恒定的跑速;③ 达到代谢稳态;④ 以摄氧量的绝对值和相对值表示。综上所述,RE 是指跑步配速与耗氧量之间的关系,在同样配速下耗氧量越大,RE 越差。一次典型的 RE 测试通常包含一组 5~6 min 略低于乳酸阈的间歇跑,通过测量跑步中呼吸的气体成分来得到 RE 的指标。因此 RE 还可以定义为以恒定的次最大强度速度跑步时,达到稳定状态时摄氧量的指标。在以相同速度跑步时,更低的摄氧量水平代表了更好的 RE。此外,RE 最终表现为对运动成绩的影响,因此研究也以每千克体重每千米的耗氧量[mL/(km·kg)]来衡量 RE。目前对于 RE 的测量手段主要有两种:一种是在易于控制的实验室跑台环境下进行,优点是便于控制恒定的跑速并且通过佩戴呼吸面罩能够精确测量氧气消耗量等生理指标;另一种是在真实环境下跑步并借助于便携式可穿戴设备监测氧耗量,优点是更加贴近真实状态下的运动情况。

(二) RE 与运动成绩的关系

有氧代谢能力是耐力项目运动员有氧耐力的先决条件。在相同的稳态速度下,RE 好的跑者对氧气的需求要低于 RE 差的跑者。有研究表明,最大摄氧量相似的跑者 RE 的差异可以高达 30%,此差异可能会对长跑运动成绩产生显著影响。目前已有大量研究证实了 RE 与跑步成绩之间的关系,并指出 RE 与长跑能力显著相关。Weston 等研究发现虽然肯尼亚长跑运动员最大摄氧量比白色人种长跑运动员低 13%,但由于肯尼亚长跑运动员的 RE 比白色人种运动员高 5%,从而使得肯尼亚长跑运动员的 10 km 竞赛成绩甚至比白色人种长跑运动员更好。而且肯尼亚长跑运动员能够以比白色人种长跑运动员更高的最大摄氧量百分比完成 10 km 比赛,其血乳酸水平却与白色人种长跑运动员相似。中长跑比赛成绩很大程度上依赖于高水平的有氧能力,以及机体在血乳酸堆积最少的情况下能够最大程度利用这种有氧能力。Conley 等对高水平长跑运动员 RE 与跑步成绩的研究发现,以 241 m/min、268 m/min、295 m/min 的速度跑步时的稳态摄氧量对应的 RE 值与 10 km 跑步成绩之间具有非常显著的相关关系(r 分别为 0.83、0.82 和 0.79,$p<0.01$),跑步成绩差异的 65.4% 可以用 RE 的差异来解释。Abe 等研究认为 1 500~3 000 m 跑步 58% 的成绩差异可以用 RE 来解释。Saunders 对 7 名国家一级中长跑运动员的 800 m 跑步成绩与 RE 之间的关系进行测试,结果表明在跑速为 12 km/h 下的稳态摄氧量即 RE_{12} 与 800 m 跑步运动成绩高度相关($r=0.98$,$p<0.01$)。Storen 等对 11 名耐力项目运动员次最大摄氧量强度跑步测试(15 km/h)发现,RE 与 3 000 m 跑步运动成绩没有直接的显著相关关系,但最大摄氧量、RE 与 3 000 m 跑步运动成绩高度相关($r=0.93$),而且可以使用 RE 指标解释 86% 的 3 000 m 跑步运动成绩差异。综上所述,中长跑运动成绩依赖于最大摄氧量,虽然最大摄氧量是关系比赛成绩的重要因素,但是对于最大摄氧量相近的运动员,RE 是一个更好的预测指标。RE 与中长跑运动成绩呈高度正相关,因此提高运动员的 RE 对提高运动

成绩十分重要。

(三) RE 与身体形态的关系

　　RE 可以表示为单位时间内每千克体重的摄氧量,因此体重和体脂百分比势必会对 RE 造成一定影响。Williams 等研究发现,体重和 RE 存在一定的相关关系,相关系数 $r = -0.52$。Bunc 研究认为,体重及体脂百分比的增加会使跑步时的氧耗增加,但这一理论仅适用于成人,儿童的单位体重摄氧量要明显高于成人。体重分布也会对 RE 产生影响,Myers 等研究发现,躯干重量每增长 1 kg,对氧气的需求增加 1%。Jones 等研究发现,当以 12 km/h 的速度跑步时,足部每增加 1 kg 的负重,对氧气的需求则增加 4.5%。还有研究发现,在给定跑速跑步时,下肢每增加 1 kg 负重,对氧气的需求就会增加 7%,跑者下肢体重分布越少,移动下肢所需要做的功就越少。有研究证实,与 RE 有关的形态学因素包括体型、腿长、腿围度、盆骨宽度等。另有研究发现,腿长能够影响角惯量和运动腿的代谢消耗,在以 2.68 m/s 的恒定速度跑步时,下肢相对较长的运动员 RE 更好。Williams 研究发现,大腿围与 RE 之间呈负相关($r = -0.58$),同时发现优秀运动员的相对体型更小、体重更轻、盆骨更窄,这些特征都有可能成为长跑运动员选材时的参考指标。Earp 发现,更长的跟腱可导致弹性增加,从而导致启动时的发力率降低,而发力率降低对 RE 不利。因此,寻找适合项目特点的形态特征也是实施运动选材工作的前提条件。身体形态学的优势更有利于跑步时节省能量,从而提升 RE。

二、影响 RE 的生物力学因素

　　大量研究证实,RE 受到许多生物力学因素的影响,这些因素可以分为内在影响因素与外在影响因素。其中,内在影响因素与跑步生物力学紧密相关,内在影响因素大致可以分为 5 类:一是时空参数因素,包括通过步长、步频、着地时间、步态周期等指标;二是运动学参数因素,包括运动模式、关节角度、角速度等指标;三是动力学参数因素,包括 GRF、下肢关节力矩、肌肉力矩等指标;四是神经肌肉参数因素,包括肌肉的预激活、共活化等;五是躯干及上肢生物力学参数因素。

(一) 时空参数因素对 RE 的影响

　　跑步速度主要取决于步长与步频,在跑速保持一致的前提下,提高步长或者步频都会导致另一个指标减小。跑者在跑步时往往会倾向于选择更为适宜的步长和步频,这种潜意识的自我调节和适应机制是人类先天就具有,并经过长期的自然适应所得到的。有研究对有经验的跑者跑步时这种自我优化机制进行了生物力学模拟和验证,通过控制跑者不同步长和步频的组合,结合摄氧量等 RE 指标和数学曲线拟合得出了最经济优化的步长和步频组合。然而通过数学模拟得出的结果是，平均来看，训练有素的跑者的最佳步长应该在现有步长基础上减小3%，最佳步频则应在现有步频基础上提高3%。有研究对跑者的步长进行减小3%的急性干预处理(跑速不变)发现，RE并没有显著意义上的降低，然而当步长的减小超过6%时，RE会显著降低。总结发现，训练有素的跑者应该存在一个最佳步长范围，步长在这个范围内波动时，跑者可以通过自我调节机制来保持较高的RE。这个最佳步长范围应该在97%~100%自选步长内变化。对于有经验的跑者，随着跑步疲劳程度的加深，跑者会根据自身的生理特点自我调节步长和步频以适应这种疲劳的状态，通常能够使步频的波动范围在3%以内，同时还能够保持相对较高的RE。而有研究显示，跑步初学者的这种自我调节机制不够完善，随着疲劳程度加深，初学者的步频波动范围可高达8%。业余跑者在跑步提速阶段，更倾向于采用提升步长的方式，而步频却往往没有显著提升，业余跑者在中等速度跑步时的步频一般在78~85步/min；顶尖的长跑运动员如马拉松运动员跑全程马拉松的步长比跑5 000 m时步长会下降约10%，而步频却始终维持在91~93步/min，受过良好训练的长跑运动员中等速度跑步的步频范围为85~90步/min，还有研究发现业余跑者在裸足和着极简鞋具中等强度跑步时的步频范围也为85~90步/min。另有研究发现，较高的步频和较小的步长可以导致跑步时一些生物力学参数的改变，如更低的垂直冲击力、着地时更小的胫骨加速度、更高的vGRF、更小的膝关节力矩和更大的踝关节力矩。哈佛大学的Lieberman对跑者在3 m/s恒定速度下选择不同步频跑步进行了系统的生物力学测试，测试的指标包括足着地时相对于身体的位置、下肢运动学、下肢动力学及氧耗量；并选择5种不同的步频，分别为每分钟75步、80步、85步、90步、95步。研究结果发现，步频每提高5步，髋关节的屈曲力矩就增加约5.8%，足着地的位置相对于髋关节中心的距离减小约5.9%。经过测试对比，Liberman得出最有利于RE的步频应该为(84.8±3.6)步/min，这个步频范围能够在最大化髋关节的屈曲力矩同时减小制动力。由此建议中长跑的最优步频应为85步/min，并且建议着地时胫骨应尽量垂直于地面。

前文提到的最佳步长范围并不是对每一名跑者都适用，往往只有具有一定跑步经验的跑者在疲劳状态下才会表现出这种自我优化的调节机制及调节步长、步频来适应生理功能的下降以使自己仍然维持在较高的跑步经济水平。除了步长和步频的自我调节机制之外，还有一个很重要的参数需要考虑，即跑步时身体上下的振动幅度，而这个参数也存在自我调节机制。有室内和室外跑步经验的跑者都会有这样一种体验：跑速大致相同时，跑步机上的10 km一般比较容易完成，而同样的室外10 km跑步的疲劳程度往往大于室内在跑步机上的10 km跑步，即跑步机更加省力。其中很重要的一个原因就是跑步机上跑步时运动员身体重心(center of mass，COM)的上下振动幅度减小，跑步机传送带前后的作用力会传递一部分给跑者,使得跑者重心上下移动减小,前后移动分力增加。有研究发现,运动员跑步时身体垂直振动幅度的急性增大会导致耗氧量的显著上升,运动员在力竭状态下垂直振动幅度也会显著增大,从而导致耗氧量的增加。然而跑步过程中耗氧量的增加幅度远大于 COM 振动增加的幅度,这也预示导致疲劳状态下耗氧量增加的应该还有其他的生理学或者生物力学因素。另外,有研究显示裸足跑步时 COM 的垂直振动幅度减小,从而可导致 RE 的提升。而减小垂直振动幅度可以在一定程度上提高 RE,但是前提是 COM 的绝对高度保持不变。总体来看,以上研究均指出减小跑步过程中 COM 的垂直振动幅度对提高 RE 是有利的,这其中的机制主要在于垂直方向上在体重支撑上的做功减小,克服体重做的功减小,从而提高了机械效率,降低了耗氧量进而提高了 RE。而上述研究选用的受试者均为男性,没有考虑到性别差异,同样的结论对于女性跑者是否也同样适用呢?就目前的研究结果来看显然是存在争议的。研究发现,女性跑者跑步时身体垂直方向振幅小于男性跑者,依照上述结论,推测女性跑者的 RE 也应优于男性跑者,然而目前的研究结果却并不支持这一推测。Eriksson 证实使用视听反馈系统对专业跑步运动员跑台跑步技术进行干预可以显著降低其身体垂直振动的幅度,使得垂直方向上对抗身体重力的机械做功显著减小。而目前的研究层面大多只能做到对跑者跑步时的步长和步频加以控制,对垂直方向的身体振幅直接控制较为困难。

许多研究还针对跑步时空参数特征中的着地时间与 RE 的关系进行探讨,然而却出现了几种截然不同的研究结果。4 项研究未发现着地时间与 RE 有任何直接关系;两项研究发现较长的着地时间对 RE 的提高有益处;而另外两项研究发现,较长的着地时间会导致 RE 的降低。Kram 等在国际权威期刊 *Nature* 发表的研究提出,更短的着地时间需要更为快速的蹬离,这时快肌纤维募集增多,可导致较高的耗氧量。与之相反,更长的着地时间会导致减速过程时间的延长从而引起耗氧量的增加。上述推测就目前来看是较为可信的,而相对于着地时间来说,减少着地过程中的速度损失对于提高 RE 则更为重要。结合这一理论,习惯前足着地的跑者与习惯足跟着地的跑者相比,其着地时间更短,但是其在减速阶段时间没有显著差异,因此未发现跑步足部着地方式对 RE 造成的显著性影响。另外一个影响跑步减速制动的重要因素是足着地时 COM 与足的距离关系。Nicholas Romanov 发明了姿势跑法(pose running method),这种跑法的理念包含了 3 个关键的基本动作:关键跑姿、下落、上拉。围绕这 3 个基本动作(图 3-32),他又提出了 18 条正确跑姿的法则,他认为跑者需要有效利用重力向前跑而非利用肌肉,技术高超的跑者应该要像帆船手一样,像抓住风力一样的利用地心引力向前移动。

姿势跑法中很关键的一条法则是减少足部初始着地阶段 COM 的水平移动,

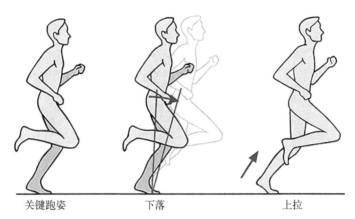

关键跑姿 　　　　　下落 　　　　　　上拉

图 3-32　姿势跑法的 3 个关键动作

这样可以减小制动力、推进力及制动冲量也即速度损失。有研究发现,增加跑步摆动期的绝对时间可以提高 RE,Barnes 等认为性别因素对摆动期时间和 RE 的关系也有影响。总结之前的研究结果发现,摆动期绝对时间的延长必然会导致支撑期时间的缩短,跑步支撑期消耗能量的速度是要高于摆动期的,因此从这个角度来看,延长摆动期时间可能会减少耗能并提高 RE。摆动期和支撑期的绝对时间及比例很大程度上影响了步长和步频这两个指标,这也是影响 RE 的根本因素所在。

(二) 运动学参数因素对 RE 的影响

目前已有多项交叉对比研究证实很多运动学参数与 RE 都有着直接和间接的关系。有研究发现,以下这些运动学参数的变化对 RE 具有积极影响: 踝关节较高的跖屈角速度、着地时足跟较高的水平速度、较大的大腿伸展角度、支撑期膝关节较大的屈膝角度、支撑期膝关节较小的关节活动度、支撑前期即减速期髋关节较小的屈曲角度、摆动期较低的膝关节屈曲角速度、支撑期踝关节较大的背屈角度和背屈角速度。在这些运动学参数中,蹬离期支撑腿较小的伸展角度被认为能够提高 RE。蹬离期支撑腿较小的伸展角度同时会伴随着较小的踝关节跖屈角度和膝关节伸展角度(图3-33)。Moore 等在 *Medicine & Science in Sports & Exercise* 上的一项研究系统阐述了支撑腿较小的伸展角度与能量节省和 RE 的关系。他发现支撑期支撑腿较

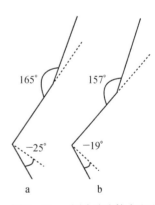

图 3-33　a 图为跑步技术未改变的蹬离期膝关节和踝关节角度;b 图为改变跑步技术后 RE 提高的蹬离期膝关节和踝关节角度

小的伸展角度可以使大腿伸肌群拉长程度减小而保持在一个便于发力的肌肉长度（基于肌力－长度曲线），从而增加肌肉力量的输出；同时较小的支撑腿伸展角度还能够增大动力臂的比（GRF 臂/肌肉肌腱复合体力臂）。以上的两个因素可以使动力产出最大化，另外支撑腿伸展角度的减小可以使摆动期下肢屈曲角度减小从而减小下肢惯性力矩，同时也降低了摆动期屈曲下肢带来的能量消耗。前人有研究证明，行走过程摆动期下肢惯性力矩的减小有助于减小下肢的机械做功和氧气消耗，这个理论对于跑步来说也应该同样适用，但需要进一步的研究进行验证。

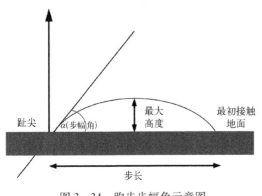

图 3 - 34　跑步步幅角示意图

对 RE 有重要影响的运动学参数还有跑步蹬离期的步幅角，研究将步幅角定义为以足蹬离时的一点与同侧足着地时的一点为两个端点做一条与地面平行的线段，足腾空高度的最大值为以这条线段两端点所做圆弧的弧顶垂直于线段的距离，再以足着地的端点向圆弧做一条切线，则切线与水平线段之间的夹角为步幅角（图3-34）。Jordan 表明，更大的步幅角能够降低摄氧量、增加摆动期时间及减小步长。而这项研究只是对足部着地蹬离的情况做了运动学研究，而并不确定 COM 的运动学轨迹变化。根据先前研究发现，跑步摆动期时间的延长会导致 COM 垂直高度变化的绝对值减小，随之会导致对抗重力做功和耗氧量的降低从而使 RE 下降，即支持步幅角的增加会导致 RE 下降这一观点。而 Jordan 等认为，步幅角这一指标对于预测受过良好训练的跑步运动员的 RE 有着良好的可信度，他认为较大的步幅角这一生物力学指标可以使跑者跑步时的摆动期时间延长，同时对应的支撑期时间缩短，而更短的支撑期时间也意味着更加有效的能量转移过程，他同时建议将较大的步幅角和较长的摆动期时间作为预测跑者 RE 的重要指标，并且应作为教练员和运动员改良长跑技术时的重要参考指标。

跑步足部着地方式也是一个可以影响 RE 的可变生物力学因素，而足部着地方式对 RE 的影响目前在运动生物力学界仍存在一定的争议。部分学者认为前足着地对提高 RE 有帮助，然而另一部分学者则证明这种说法是完全错误的，他们的研究发现，前足着地和足跟着地对 RE 并无显著影响，在慢速跑（≤3.0 m/s）、中速跑（3.1~3.9 m/s）和快速跑（≥4.0 m/s）这几种不同的配速下的跑步中均未发现显著差异。还有研究发现，足跟着地与中足着地在中等跑速下对 RE 的影响无显著差异，但是在慢速跑条件下，足跟着地的 RE 比中足着地的 RE 要高。还有一个有趣的发现，习惯前足着地的跑者的足部着地方式转变为足跟着地后，耗氧量、RE 等指标不会受到影响;而习惯足跟着地的跑者的足部着地方式在被动转变为前足着地后,RE 明显下降。就目前的研究结果来看,跑步 FSP 对 RE 的影响并不大,唯一可能受到影响的是习惯足跟着地的跑者的足部着地方式在突然转变为前足着地后 RE 可能会下降。

(三) 动力学参数因素对 RE 的影响

早在 20 世纪 90 年代,研究人员就对跑步支撑期 GRF 与 RE 的相关性进行了相关研究,当时的研究仅关注与 vGRF,且认为 RE 与 vGRF 呈正相关,80% 的能量消耗用于支撑体重,并提出 RE 取决于驱动 vGRF 所消耗的能量这一推测(图 3 - 35a)。然而之后的研究发现除了 vGRF 之外,跑步时使身体减速的制动力和加速的推进力对耗氧量和 RE 也有直接影响,且认为用于支撑体重的能量消耗占能量消耗的 65%~74%,用于前向推进的能量消耗占能量消耗的 37%~42%,用于完成腿摆动的能量消耗占能量消耗的 7%,用于维持身体平衡的能量消耗占能量消耗的 2%(图 3 - 35b)。总结有关 GRF 的 3 个维度即 vGRF、前后方向 GRF 与左右方向 GRF 与 RE 的相关性研究发现,以下这些指标变化可以提高 RE:较低的垂直地面冲击力(vGRF 第一峰值)、较低的左右方向峰值 GRF、较低的前后方向制动力(前后 GRF 第一峰值)和较高的前后方向推进力(前后 GRF 第二峰值)。

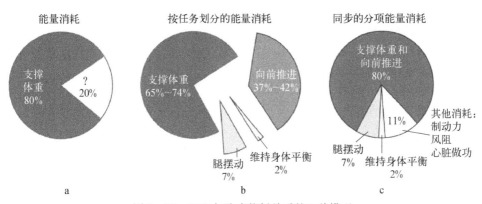

图 3 - 35　GRF 与跑步能耗关系的 3 种模型

资料来源: Farley C T, Mcmahon T A. 1992. Energetics of walking and running: insights from simulated reduced-gravity experiments[J]. Journal of applied physiology, 73(6): 2709 - 2712; Arellano C J, Kram R. 2014. Partitioning the metabolic cost of human running: a task-by-task approach[J]. Integrative and comparative biology, 54(6): 1084 - 1098.

Arellano 用一种新的协同作用模型去解释跑步过程中的能量消耗和 RE,在他的提出的模型中,用于支撑体重的力即 vGRF 和前后方向 GRF 中的向前推进力占整体能量消耗的 80%,用于完成腿摆动的能量消耗占整体能量消耗的 7%,用于维持身体平衡能量消耗的占整体能量消耗的 2%,还有 11% 的能量消耗没有办法具体解释,这部分包括制动力、风阻、心脏做功等的消耗(图 3 - 35c)。Storen 等对

Arellano 的模型进行了验证并得到了相似的结果,他发现峰值 vGRF 与峰值前后方向 GRF 的总和与 3 km 跑步的运动表现和 RE 呈高度负相关($r = -0.71$ 和 $r = -0.66$)。这项研究同时也佐证了较低的 GRF 能够提高跑步表现和 RE 的推测。Moore 等对跑步初学者进行了一段时间的跑步技术干预和跑步训练后发现其 RE 有了显著的提高,同时发现随着 RE 的提高,3 个维度 GRF 合力与地面形成的夹角和跑者蹬离地面时下肢长轴与地面形成的夹角高度重合,这种变化与 RE 呈高度正相关($r = 0.88$)。这项研究证实在蹬地过程中较小的肌肉发力和内源力的产生对提高 RE 是有利的。还有研究发现,GRF 的冲量(力×时间)与 RE 也有相关性,但目前的研究结论并不统一,还存在一定争议。

跑步过程中 GRF 的大小与 COM 的位移呈线性相关,这个相关性可以用跑步时下肢的弹簧-质量模型来解释。这里还要引入一个指标,即身体弹簧质量模型的刚度,生物力学界常以垂直刚度(vertical stiffness)、腿刚度(leg stiffness)和关节刚度(joint stiffness)来近似表示腿部刚度(lower extremity stiffness)。垂直刚度(k_{vert})计算方式为

$$k_{vert} = F_{max} / \Delta y \qquad (公式 3-1)$$

式中,F_{max} 为最大垂直力;Δy 为 COM 的最大垂直位移。

腿刚度(k_{leg})的计算方式为

$$K_{leg} = F_{max} / \Delta L \qquad (公式 3-2)$$

$$\Delta L = \Delta y + L_0(1 - \cos \theta_0), \theta_0 = \sin^{-1}(ut_c / 2L_0)$$

式中,Δy 为 COM 的最大垂直位移,L_0 为站立时的腿长,θ_0 为腿跨过的弧形的半角,u 为垂直速度,t_c 为着地时间。有研究发现,跑步时较大的腿刚度与 RE 呈正相关,在着地相下提高腿部刚度有利于利用储存的弹性势能。同时,随着疲劳进程的加深,腿刚度也会下降。外界跑步环境因素也会对腿刚度的改变造成影响,如腿刚度会随着跑步界面变软而下降,从而导致 RE 下降。另有研究发现,着极简鞋具会提高腿部刚度从而改善 RE,关于鞋具的改变对 RE 的影响会在后文做详细阐述。Morin 等发现在跑步的时空参数指标中,与步频相比着地时间是影响腿刚度的主要因素,因此如果跑者想从提高腿刚度的角度去提高 RE,则应该尽量缩短着地时间。Hayes 对短跑和中长跑的研究均发现,跑步速度的增加都伴随着腿刚度的增加,这也提示随着运动速度的增加,在着地早期需要腿部刚度防止下肢的塌陷,而在推进期可以利用腿部刚度释放能量提高运动表现和 RE。

(四) 神经肌肉参数因素对 RE 的影响

跑步着地相前期,肌肉会有一个预激活效应来提高肌肉肌腱复合体的刚度,这

样的好处是通过下肢肌肉的预伸展改变拉长-缩短周期,原理是在肌肉向心收缩之前,肌肉先迅速伸展,之后的收缩就会更有力迅速。Nigg 等对不同鞋具中底材料硬度与肌肉预激活和 RE 的关系进行研究发现,鞋具条件的改变并没有对下肢肌肉的预激活和 RE 造成直接影响。肌肉活化即激活的程度与耗氧量和 RE 其实是密不可分的,因为肌肉活化程度越高,募集的肌肉单元越多,就需要越多的氧气消耗。因此,目前常用 sEMG 这一可以简便测得的指标来反映肌肉活化程度,同时也可以将其作为一个反映 RE 的指标。有研究发现,蹬离期的小腿三头肌和股二头肌较高的活化程度是造成氧耗量上升的关键性因素,肌肉的离心力量与向心力量比值也是影响氧耗量和 RE 的重要生物力学因素。Abe 等发现,长跑过程中股外侧肌离心力量与向心力量比值的下降是导致氧耗量上升的因素之一,这个比值改变的原因是跑步推进相向心收缩的增加,Abe 的这一发现也得到了后续研究的证实和肯定。从 sEMG 指标来看,跑步初学者的下肢肌肉的峰值振幅和肌肉活动时间均明显大于有经验跑者,这也从神经肌肉的角度佐证了跑步初学者的氧耗量高和 RE 较差的现象。两块肌肉同时被激活称为肌肉共活化,Heise 等发现股直肌和腓肠肌的共活化程度与 RE 呈正相关,这也预示了双关节肌肉的共活化对 RE 有利。此外,下肢近端肌肉股直肌和股二头肌这一对拮抗肌的共活化水平与 RE 呈负相关,由此来看这种共活化对 RE 是有害的。Kelly 等 2011 年发表在 *American Journal of Sports Medicine* 上的一项研究对 12 名业余跑者脚型鞋垫进行 1 h 跑步的神经肌肉控制及氧耗量做了系统实验分析,这种脚型鞋垫的制备是严格根据受试者无负重双脚与肩同宽站立状态下,收集受试者足底压力数据和足底模型,通过热熔法而制备出的。将其与正常鞋具鞋垫做对比研究,结果发现,这种符合受试者足底压力特征和足部形态的鞋垫对次最大恒定速度跑步时的神经肌肉控制产生了显著影响,即能够降低踝关节跖屈肌肉的疲劳程度,然而可能是这种改变过于微小,因此没有发现其对 RE 和氧耗量的显著性影响。而 Burke 对 6 名受过专业训练的跑步运动员同样施加脚型鞋垫的干预发现,与正常鞋垫相比,着脚型鞋垫进行强度适中跑步时的 RE 显著小于常规鞋垫,然而并未发现下肢肌肉活动度的差异,可能的原因是 Burke 选用的脚型鞋垫重量与 Kelly 选用的脚型鞋垫重量不同,从而造成了两项研究结果差异。

(五) 躯干及上肢生物力学参数对 RE 的影响

躯干及上肢生物力学参数对 RE 的影响比下肢较少,但是躯干及上肢生物力学却对 RE 有着重要影响。例如,跑步时的摆臂能够影响身体垂直振动,减小头部、肩部和躯干的扭转。跑步时限制摆臂会对 RE 造成不利影响,而限制摆臂的方式如双手背于头后部、双手环绕于胸前和双手背于身后对 RE 都有不同程度的不利影响。因此,跑步时应鼓励正常的摆臂,这有利于 RE 的保持和提高。跑步时限制双臂的正常摆动对下肢的部分运动学和动力学指标也有一定影响。例如,跑步时双手环绕胸前或者背于身后会导致峰值垂直力的下降、支撑期髋关节和膝关节峰值屈曲角度增加和膝关节峰值内收角度减小。这些生物力学参数的改变均是由于限制了跑步时双臂摆动,因此双臂的正常摆动是组成完整跑步技术不可缺少的部分(图3-36)。同时我们发现,峰值垂直力的下降和髋、膝关节屈曲角度的增加会导致腿刚度的下降,这也解释了部分研究得出的限制双臂摆动会导致 RE 降低的问题。跑步时躯干适当的前倾有利于 RE 的提高,同时也有研究支持对立的观点。Hausswirth 等对比了 2 h 15 min 的马拉松跑和 45 min 长跑的氧耗量和躯干前倾程度发现,马拉松跑的氧耗量和躯干前倾程度更高,然而导致马拉松跑较高氧耗量的因素不一定是躯干前倾的程度大,也有可能是由马拉松跑的其他生物力学指标变化导致的,如马拉松跑的步长与45 min 跑相比下降幅度达到 13%,另外马拉松跑的疲劳程度高于 45 min 跑,因此可能是步长减小和疲劳因素导致马拉松跑的氧耗量上升和 RE 下降。在讨论躯干生物力学对 RE 影响的时候,还需要注意女性胸部的生理构造对跑步时 RE 的影响。有研究证实,女性跑步时胸部的运动会对躯干和下肢运动学、动力学及步长都造成一定的不利影响,因此建议女性跑步时需要专业的运动胸衣来限制胸部的运动,以防止对躯干下肢生物力学造成的影响并导致 RE 下降。

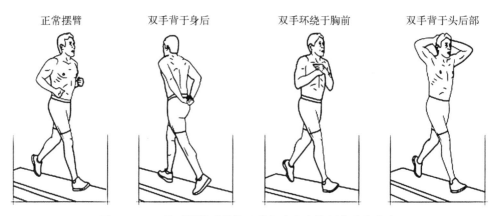

正常摆臂　　　　　双手背于身后　　　　双手环绕于胸前　　　双手背于头后部

图 3-36　4 种不同的手臂位置进行跑台中等恒定速度跑步

(六) RE 和生物力学相关研究总结建议

RE 是决定跑步尤其是中长跑运动表现的关键性因素,根据以上的研究梳理发现,跑步时一些生物力学指标的改变与 RE 的提高有着直接或间接的联系。这些指标有自选步长并且步长波动范围不超过 3%、较小的身体垂直振动幅度、较高的腿刚度、较小的下肢惯性力矩、GRF 合力方向与下肢长轴方向一致性、蹬离期较小的下肢伸展程度、较大的步幅角、保持双臂摆动、推进相较低的肌肉活化程度和下肢主动肌-

拮抗肌较低的共活化程度。还有一些生物力学指标的改变也会对 RE 产生影响,但目前的研究还无法确定这些指标对 RE 的效果,如着地时间、冲击力、前后方向 GRF、躯干倾斜、下肢双关节肌肉共活化、脚型鞋垫。总体来看,以上这些跑步生物力学指标多发生在推进相或是为推进相做准备,因此跑步周期中与 RE 结合最紧密的一个时相即为推进相。后续的研究应当结合运动员身体形态学参数特征及跑步耗氧量、运动学、动力学、神经肌肉学的整体研究,来提高跑步运动表现及 RE 相关性的认识。

三、鞋具与 RE 相关研究

对于长跑运动来说,选择一双合适的鞋具对于提升长跑运动表现和 RE 是十分关键的。无论是业余跑步爱好者还是职业跑步运动员,一双能够提升跑步运动表现的运动鞋都是十分有吸引力的。由于影响跑步运动表现的因素复杂,主观层面因素和客观层面因素均会对跑步运动表现产生一定影响。2007 年的一项系统性调查研究显示,运动鞋对跑步运动表现方面的研究极少,文献研究中也未给出适合长跑运动的推荐鞋具。RE 是检测运动表现十分有效的指标,因此许多关于鞋具对运动表现影响的生物力学研究转而使用 RE 这一指标来预测运动表现,并对不同的鞋具条件加以比较。目前的研究大多从运动鞋的各种特性入手,研究运动鞋性能的改变对 RE 的影响,进而推测运动鞋性能对运动表现的影响,这些运动鞋特性包括鞋重量、缓震性能及能量回归性能、动作控制、LBS、中底黏弹性、前后掌跟差和舒适性。鞋重量是影响 RE 的重要因素,众多研究表明在给定的跑步负荷下,鞋越重则对应的耗氧量就越高。相对于鞋重量的研究,有关运动鞋缓震性能对 RE 影响的研究结果却并不统一。运动鞋缓震性能的提高并不总是能带来耗氧量的降低和 RE 的改善,相反有研究发现 HS 跑者在裸足跑或着极简鞋具这样没有任何缓震的鞋具条件下 RE 反而提高。原因可能是裸足跑或着没有掌跟差的极简鞋具时,HS 跑者的足跟着地跑姿急性转变为前足着地跑姿,从而提高了步频并减小了跑步时身体垂直方向振幅,使 RE 提高。

(一)鞋具缓震性及能量回归性能对 RE 的影响研究

鞋具缓震性及能量回归性能是体现鞋具科技最主要的部分,目前有关鞋具缓震和能量回归性能与 RE 的研究已有一定的积累,并取得了一些研究进展,然而这些研究的结论却并不完全一致。早在 1983 年,Bosco 和 Rusko 就在鞋具中底嵌入黏弹性缓震片,并与普通鞋具进行跑台常速跑步的耗氧量对比测试,结果发现缓震性较高鞋具的 RE 高于常规鞋具;Frederick 于 1986 年发表题目为 Lower oxygen demands of running in soft-soled shoes 的科研论文,该文对气垫鞋具和常规鞋具进行跑台次最大强度跑步对比研究发现,相较于常规鞋具,气垫鞋具可以提高约2.4%

的 RE。与之相反,卡尔加里大学的 Nigg 博士对鞋具足跟部位不同缓震材料与肌肉电信号和 RE 的关系进行研究,他选取两双鞋具(一双足跟中底材料邵氏 C 硬度指数为 26,另一双鞋具邵氏 C 硬度指数为 45)分别进行有氧阈强度跑台跑步,结果并未发现两双鞋具在 RE 方面的显著性差异。Sinclair 等 2012 年对 12 名男性受试者着两种不同缓震性能的鞋具进行 6 min、配速 4.0 m/s 的跑台跑步测试,结果未发现缓震性能较好鞋具的 RE 有显著性提高。以上的研究均是在跑台环境下进行,2014 年 Worobets 等对 12 名专业跑者在跑台环境和室外跑道分别着两双不同缓震性能鞋具进行耗氧量测试,测试用鞋为 Adidas 室内和室外鞋具,鞋具在鞋面构造等方面均一致,唯一不同点在于中底材料软硬度和回弹性能(图 3 - 37,图3 - 38);测试结果发现,跑台和室外跑步显示出类似的结果,即中底材质较软且回弹性能较高的 Boost 材质鞋具氧耗量显著性低于常规鞋具;其中在跑台测试中,12 名受试者中的 10 名在着 Boost 材质鞋具时的平均耗氧量下降了 1.0%,在室外跑道测试中,12 名受试者的 9 名着 Boost 材质鞋具时的平均耗氧量下降了 1.2%,因此综合来看,着材质较软且回弹性能较高的鞋具大约可以提升 1% 的 RE。

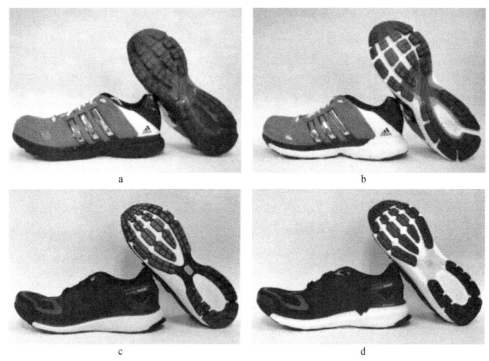

图 3 - 37 a 图为常规室内鞋具;b 图为 Boost 材质室内鞋具;c 图为
常规室外鞋具;d 图为 Boost 材质室外鞋具

资料来源:Worobets J, Wannop J W, Tomaras E, et al. 2014. Softer and more resilient running shoe cushioning properties enhance running economy[J]. Footwear science, 6(3): 147 - 153.

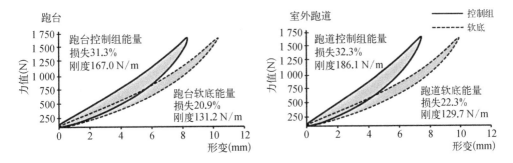

图 3-38　常规鞋具与 Boost 中底材质鞋具的应力应变机械测试对比及能量损失率对比

资料来源：Worobets J, Wannop J W, Tomaras E, et al. 2014. Softer and more resilient running shoe cushioning properties enhance running economy[J]. Footwear science, 6(3)：147-153.

　　上文提到的 Boost 中底材质鞋具,实际上就是中底为热塑性聚氨酯弹性体的发泡鞋底,相较于常规的 EVA 中底,这种新的中底材料具有更高的能量回归性能和更强的缓震能力。Sinclair 等于 2016 年发表在 *Journal of Sports Science* 的一项研究也对这种中底材质鞋具与 RE 之间的关系进行实验研究。选取的研究对象为 12 名青年男性跑者,每周跑步不少于 3 次,且超过 35 km。鞋具为 Adidas Boost 中底材质鞋具和 Adidas 常规鞋具,跑者在高速跑台保持 12 km/h 的速度跑步,使用德国 Meta Lyser 系统进行耗氧量测试,心率测试带实时监测心率变化,监测跑步中间较为稳定的 6 min 数据,包括耗氧量[mL/(min·kg)]、肺换气率(O_2/CO_2)和主观舒适性指标。测试结果显示,穿着能量回归性能较好的热塑性聚氨酯弹性体 Boost 中底材质鞋具能够显著降低耗氧量(图3-39),并且主观舒适性也较高,这项研究也从侧面证实,鞋具缓震性能和能量回归性能的提高对于提高跑步运动表现是十分有帮助的。

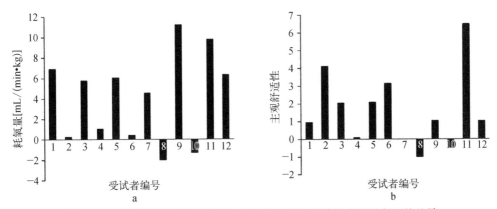

图 3-39　12 名受试者在耗氧量(a 图)和主观舒适性(b 图)两方面的差异

资料来源：Sinclair J, Mcgrath R, Brook O, et al. 2016. Influence of footwear designed to boost energy return on running economy in comparison to a conventional running shoe[J]. Journal of sports sciences, 34(11)：1094-1098.

（二）极简鞋具对 RE 的影响研究

在探讨裸足与极简鞋具对 RE 的影响之前,首先需要了解鞋具的质量因素对 RE 的影响,因为无论是裸足跑还是着极简鞋具跑步,本质改变之一就是鞋具质量的变化。有研究发现,相对于裸足跑,着鞋跑时随着鞋具质量的增加,耗氧量也呈线性增加($r=0.85$,$p<0.01$)。同时,根据图 3-40 的线性回归模拟,并结合 Fuller 等的 Meta 分析可以推断出极简鞋具的质量界限为 440 g/双,研究认为极简鞋具的质量范围为 0~440 g,常规鞋具的质量大于 440 g。同时研究还发现,着质量小于 440 g 的鞋具和裸足跑的耗氧量要显著低于着质量大于 440 g 的鞋具($p<0.01$);并且未发现着质量小于 440 g 的极简鞋具与裸足跑之间的耗氧量存在显著差异($p=0.34$),当控制极简鞋具与常规鞋具质量一致的时候,着极简鞋具的耗氧量和 RE 也要显著高于着常规鞋具($p<0.01$)。容易理解的是,随着鞋具质量的上升,机体需要对抗鞋具重力做更多的功,因此耗氧量也随之上升。而为何鞋具质量小于 440 g 时就会明显降低耗氧量即提高 RE 呢?目前给出的猜想是,鞋具提供的缓震性、抗弯性及舒适性带来的益处抵消了对抗鞋具的重量所做的功,因此质量低于 440 g 的鞋具未表现出与裸足跑在耗氧量方面的差异。当然,质量小于 440 g 的极简鞋具和常规鞋具除了在质量方面的差异之外,在前后掌跟差、鞋底厚度和鞋前套结构这几个方面也存在显著差异。有两项研究通过在极简鞋具面贴铅条等方式控制其质量与常规鞋具质量一致,然而还是发现着极简鞋具的 RE 优于着常规鞋具。分析原因可能是由于极简鞋具较平和、较薄的鞋底促使跑者选择前足着地的方式跑步,并且被动地增加步频,这两个因素可以促进 RE 的提高。足部着地方式是裸足和着

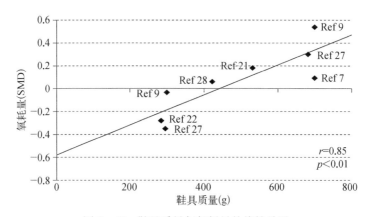

图 3-40　鞋具质量与氧耗量的线性关系

Ref 表示不同的研究,SMD 表示百分比差异

资料来源:Franz J R, Wierzbinski C M, Kram R. 2012. Metabolic cost of running barefoot versus shod: is lighter better? [J]. Medicine and science in sports and exercise, 44(8): 1519-1525.

极简鞋具跑步与着常规鞋具跑步主要的不同点,由于掌跟差的不同,裸足与着极简鞋具跑者一般会选择前足着地或中足着地,极少会选择足跟着地跑法,而着常规鞋具由于足跟较高、缓冲性能较好,跑者往往会选择足跟着地的跑法。因此有研究在控制极简鞋具与常规鞋具质量之后,进一步对跑者足部着地方式和步频进行控制,保证跑者着极简鞋具和常规鞋具时的足部着地方式、步频、鞋具质量这 3 个因素均一致,然而还是发现了着极简鞋具的 RE 高于着常规鞋具,这背后的生理学和生物力学机制还需要进一步研究。

哈佛大学的 Lieberman 团队对 HB 或着极简鞋具跑者分别着极简鞋具和常规鞋具在控制足部着地方式情况下进行 RE 监测和运动生物力学分析,测试方法为令 HB 跑者分别着极简鞋具和常规鞋具在跑台条件下以 3 m/s 的恒定速度跑步,选择前足着地和足跟着地这两种足部着地方式,控制两种鞋的质量一致,并且控制跑者步频一致,仅探究鞋具及足部着地方式这两个因素对跑步过程能量消耗及 RE 的影响。测试内容还包括受试者分别在着鞋及裸足状态下跑步的膝关节屈曲角度、足弓拉紧程度、跖屈肌力量、跟腱-小腿三头肌拉紧程度这 4 个生物力学指标(图 3 - 41)。该研究发现,在控制步频和鞋具质量的前提下,跑者着极简鞋的以前足着地跑步的 RE 比着常规鞋具高 2.41%,而以足跟着地跑步的 RE 比着常规鞋具高 3.32%。与之相反,跑者分别着极简鞋具和常规鞋具进行前足着地和足跟着地姿势跑步时的 RE 无显著性差异。同时发现,跑者在裸足跑前足着地时的足弓拉紧程度要显著性高于足跟着地;前足着地跑法的跖屈肌的力量输出要显著高于足跟着地,并且裸足跑的跖屈肌力量输出也显著性高于着常规鞋具跑步;裸足跑的跟腱-小腿三头肌拉紧程度和膝关节屈曲角度都要显著低于着常规鞋具跑步时。Liberman 根据研究结果得出,无论是选择前足着地还是足跟着地,着极简鞋具跑步的 RE 都要优于着常规鞋具。而为何在控制鞋具质量和步频之后,着极简鞋具的 RE 仍然优于常规鞋具呢? Liberman 认为,着极简鞋跑步时下肢足弓能够储存更多的弹性势能,从而导致了能量的节省和 RE 的提高。在过去几十年时间里,运动鞋尤其是鞋具发展日新月异,各种动作控制、缓震科技层出不穷,有些鞋具为了提高舒适性添加了足弓支撑性能并使用相对较厚的鞋底;而这些额外增加的鞋具设计元素可能在一定程度上限制了足部本身的功能。目前已有一部分专业跑者更倾向于选择轻便的、无掌跟差的、易弯折的极简鞋具或具有极简鞋设计理念的轻便鞋具作为训练和比赛用鞋。

上述 Liberman 团队的研究一方面控制了极简鞋具与常规鞋具的质量,另一方面在跑步机条件下控制相同的步频,有学者进一步研究发现,在不控制鞋具质量和步频等因素时,着极简鞋具的 RE 还可以进一步提高,这部分 RE 的提高可能是因为鞋具质量的减小,也有可能是步频和着地方式因素同时作用导致。还有研究称,缺少缓震系统的极简鞋具能够增加跑步时的本体感觉反馈,使跑者增加步频且足着地的位置更靠前。Fuller 等对无裸足跑或着极简鞋具跑步经验的受试者进行为

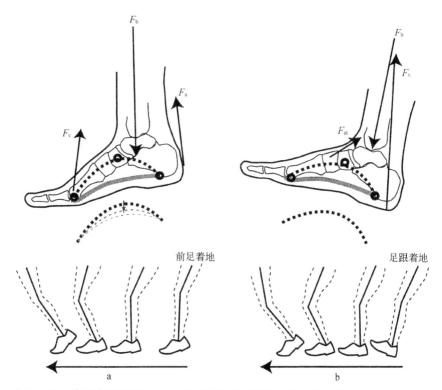

图3-41　前足着地状态下(a)和足跟着地状态下(b)足纵弓在足着地时刻所受的内力和外力

F_v为vGRF，F_b为沿躯干向下的传导力，F_a为跟腱向上的拉力；在前足着地状态中，F_v的值相对较小，跟腱提供跖屈力量来控制足的跖背屈；在足跟着地状态中，F_v的值相对较大且无F_a，必须由胫骨前肌提供背屈动力即F_{at}，如图a的足弓部分虚线所示，前足着地时足纵弓受到F_v和F_a这两个端点的力，因此足弓被动拉伸增大，储存的弹性势能也越大

资料来源：Lieberman D E, Venkadesan M, Werbel W A, et al. 2010. Foot strike patterns and collision forces in habitually barefoot versus shod runners[J]. Nature, 463(7280): 531 – 535; Perl D P, Daoud A I, Lieberman D E. 2012. Effects of footwear and strike type on running economy[J]. Medicine and science in sports and exercise, 44(7): 1335 – 1343.

期4周的极简鞋具过渡性训练,发现受试者在适应了前足着地之后,RE与着常规鞋具相比有显著性提升,这也提示后续的研究更应关注着极简鞋具跑步的追踪性研究,进一步确定影响RE的内在生物力学机制。

　　极简鞋具或是模拟裸足鞋具除了质量方面明显比传统鞋具小之外,还有一个重要特征即掌跟差。运动鞋中底落差的变化过程实际上也是运动品牌中底缓震技术的变革史,除了中底材料和中底技术的发展,还伴随着运动理念的改变。至少在20世纪80年代之前,运动鞋中底几乎都是无掌跟差的,如具有代表性的Converse帆布鞋和Nike的Cortez阿甘系列的鞋具。但随着运动鞋材料的发展,越来越多弹性更好、重量更轻的材料被用于鞋底,这些材料的运用可以大大提高舒适性。随着运动鞋种类的细分和中底材料的多样化,如何让一双运动鞋有极致缓震性能且能够适应人的运动习惯,从足跟着地吸收震动和能量再过渡到前掌回弹,以让运动员有更好的发挥? 除了材料缓震之外,很多物理结构缓震也被运用到运动鞋中底结构上,于是运动鞋的鞋跟与前掌的落差也变得越来越高。物理缓震中比较有名的有 Nike 的 Air 气垫、美津浓(Mizuno)wave 形态缓震、Adidas 的刀锋、Reebok 的 DMX 气囊、李宁的李宁弓、安踏的能量环及能量柱等(图 3-42)。它们都是通过物理构造实现缓震加回弹的效果,而且物理缓震和材料缓震一般都是同时使用的。然而物理缓震也有较大的缺点,一方面是构造缓震的结构自重较大,造成中底厚度较高(物理形变需要空间),另一方面也较容易受到外界环境的影响,一旦损坏就失去了缓震性能。物理缓震运动鞋产品多数都更加重视足跟设计物理缓震,这也造成了这一类运动鞋的前后掌落差较大甚至会超过 12 mm。随着鞋具运动科学研究的发展,足跟着地过渡到前掌-前掌发力的运动方式和理念与跑者的实际情况仍有出入,但这可能是导致运动损伤的因素之一。运动鞋可能最需要的是在提供缓震和保护的同时,尽可能让人以自然的姿态运动,人体其实是最好的缓震回弹结构。这种理念兴起之后各种零掌跟差的鞋具也随之兴起,最具有代表性的就是 Nike 在 2005 年推出的 Free 系列鞋具,我们注意到 Free 系列每个型号会备注"3.0、4.0、5.0"这些数字,数字越小则掌跟差越低,可能就越接近赤足的感觉。例如,Vibram 推出的五趾鞋,即我们前文提到的极简鞋具,在零掌跟差的同时,也没有任何缓震功能。目前的运动品牌几乎都把前后掌跟小于 8 mm 的鞋具认为是接近自然步态的鞋具,前后掌跟差小于等于 4 mm 的鞋具认为是符合"裸足"定义的鞋具。Saucony 几乎所有鞋具系列都会标明前后掌跟差数据,同时值得一提的是,鞋跟和前掌即使不存在掌跟差,也并不一定说明这双运动鞋的中底是薄的,如今也有不少鞋具的前后掌基本水平但是中底厚度很高,这些品牌认为零掌跟差是最符合人类的,但是足够的缓震也是非常重要的,比较有代表性的有美国的 Altra 鞋具。随着运动科学、运动生物力学研究的深入和鞋材的进步,运动理念也在不断革新,因此不能绝对地说哪种鞋具更好,我们更需要关注的是对于不同运动习惯、不同跑步姿态甚至不同运动水平的跑者对于鞋具的细分化需求。还有研究对于鞋具掌跟差做了 4 个分段: ① 0~4 mm,缓震能力差,极简鞋具、竞速鞋具多属于此类,较适合竞

图 3-42　a 图为 Adidas 的刀锋缓震系列;b 图为美津浓 wave 缓震系列

速跑者;② 4~8 mm,缓震能力较差,通常可用于强度训练或竞赛,适合前掌或中足着地的跑者;③ 8~12 mm,缓震能力中等,通常作为训练或长距离跑鞋具,适合初级跑者;④ >12 mm,是强缓震能力的慢跑鞋,适合足跟着地或内旋不足的跑者。

(三) 鞋具抗弯刚度对 RE 的影响研究

在第三章第二节——跖趾关节功能与鞋具抗弯刚度的研究中,我们对运动鞋的 LBS 与足部跖趾关节功能做了详细介绍和总结,并结合不同种类的功能性运动鞋分别阐述了抗弯刚度与运动表现的关系。本章节我们主要聚焦鞋具的 LBS 设计对 RE 的影响。目前在鞋具的生物力学研究中,关注抗弯刚度对 RE 影响的研究并不丰富,我们选取了 4 篇发表在国际知名运动科学期刊的研究性论文,其中的 2 篇研究来自卡尔加里大学运动表现实验室,1 篇研究来自香港科技大学和香港大学,另外 1 篇研究来自韩国科学技术院。从时间维度上看,卡尔加里大学 Darren 博士团队早在 2006 年就开始对鞋具抗弯刚度与 RE 的关系开始研究,该文于 2006 年发表于美国运动医学学会官方期刊 *Medicine & Science in Sports & Exercise*。该文认为在跑跳运动中,跖趾关节处储存的机械能大部分都耗散掉了,若提高运动鞋中底的 LBS 则可以减少跖趾关节处能量的耗散并提高跳跃的运动表现。基于此该文猜想提高鞋具中底抗弯刚度也能够提高 RE 和跑步运动表现,因此文章的研究思路和目的为探索鞋具中底抗弯刚度的变化对 RE、关节能量学及肌肉电信号特征的影响。研究选用的鞋具为 Adidas Adistar Comp 系列,通过在该鞋具中底添加碳纤维板来改变鞋具的 LBS,其中对照鞋具的抗弯刚度为 18 N/mm,中等抗弯刚度鞋具为 38 N/mm,最大抗弯刚度鞋具为 45 N/mm(图 3-43)。对照鞋具、中等抗弯刚度鞋具和最大抗弯刚度鞋具质量分别为 241.6 g、236.6 g、240.2 g,不存在显著差异,也排除了质量因素对 RE 的影响。18 名受试者随机着 3 双鞋具在 1% 坡度跑台(为抵消风阻的影响)进行次最大摄氧量强度跑步,受试者的平均速度为 3.7 m/s。RE 指标

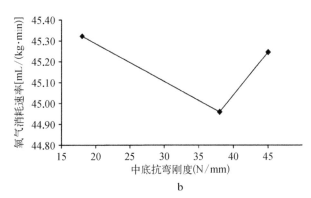

a

b

图 3-43 a 图为选用的鞋具;b 图为鞋具中底抗弯刚度与氧气消耗速率对应关系

采用受试者在稳态速度下单位时间单位体重的氧气消耗量来表示。下肢运动学、动力学和肌肉电信号数据同步采集,下肢关节力矩通过逆向动力学算法计算,下肢关节做功通过下肢关节力矩与关节角速度的乘积得出。肌电 RMS 用来表示肌肉的激活程度。

根据上述研究结果推测,RE 随着鞋具中底抗弯刚度的提高而提高。研究提出,在次最大跑速下存在最适的抗弯刚度来提高 RE,由鞋具中底抗弯刚度改变而产生的能量节省大约为 1% 左右。研究同时发现,RE 与跑者的体重呈负相关,即体重越大,RE 越低。研究还认为,跑者鞋具的抗弯刚度应随着体重的增加而提升以满足 RE 提高的需要。因此对鞋具制造商的建议是对鞋具 LBS 的设计应根据鞋码来划分,由于鞋码与体重呈高度正相关,因此随着鞋码的增大,中底抗弯刚度应正向增加以利于 RE 的提高和跑步运动表现能力的提升。

韩国科学技术院的科研人员 2017 年在 *Journal of Biomechanics* 发表了名为不改变跖趾关节自然屈曲的情况下,鞋具抗弯刚度有利于跑步经济性(The bending stiffness of shoes is beneficial to running energeticsif it does not disturb the natural MTP joint flexion)一文,文章也对鞋具 LBS 与 RE 之间的关系进行了巧妙的实验设计和验证,该文所表达的观点就是"鞋具抗弯刚度的提高对跑步能量节省是有利的,但要建立在鞋具本身的抗弯刚度不影响跖趾关节正常运动的前提下"。该文给出了一个鞋具抗弯刚度设计的临界值,即临界抗弯刚度,若定义受试者跑步时跖趾关节处于最大屈曲时的角度为 θ_{max},此时对应的跖趾关节力矩为 τ_{MTP},则临界抗弯刚度 $=\tau_{MTP}/\theta_{max}$。香港科技大学 2016 年发表在 *Gait & Posture* 的一项研究对运动员在次最大速度跑步时跖趾关节被动抗弯刚度与腿刚度、身体垂直刚度和 RE 是否有关联进行研究。9 名受试者在跑台以 2.78 m/s 的恒定速度跑步,足底压力鞋垫用于受试者支撑期时间 t_c 和峰值 vGRF $F_{z(max)}$ 的收集。无线通气量测试设备同步收集受试者气体代谢数据。跑步后即刻测试受试者站立位的跖趾关节被动刚度和坐立位的跖趾关节被动刚度(图 3 - 44)。身体垂直刚度(K_{vert})和腿刚度(K_{leg})通过下列公式计算得出:

$$K_{leg} = \frac{F_{z(max)}}{\Delta L} \tag{公式 3-3}$$

$$\Delta L = L - \sqrt{L^2 - \left(\frac{vt_c}{2}\right)^2} + \Delta y_{max} \tag{公式 3-4}$$

$$\Delta y_{max} = \frac{F_{z(max)} \, t_c^2}{m \, \pi^2} + g \, \frac{t_c^2}{8} \tag{公式 3-5}$$

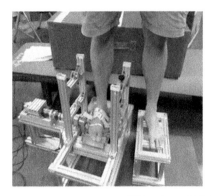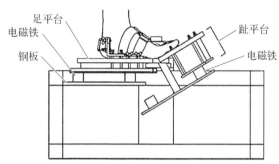

图 3-44　受试者跖趾关节被动刚度的测量方式

资料来源：Man H S, Lam W K, Lee J, et al. 2016. Is passive metatarsophalangeal joint stiffness related to leg stiffness, vertical stiffness and running economy during sub-maximal running? [J]. Gait & posture, 49: 303-308.

$$K_{\mathrm{vert}} = \frac{F_{z(\max)}}{\Delta y_{\max}}$$　　　　　（公式 3-6）

式中，$F_{z(\max)}$ 为峰值 vGRF；L 为下肢长度；ΔL 为下肢长度垂直位移；v 为跑步时水平移动速度；t_c 为支撑期时间；$\Delta y_{\max}$ 为身体重心的最大垂直位移；g 为重力加速度；m 为身体质量；π 为圆周率。

　　下肢长度近似于身高乘0.53，这种方式计算的误差率为 1.94±1.51%，可以据此得出受试者以 2.78 m/s 速度跑步时的垂直刚度和腿部刚度。研究结果显示，跖趾关节的被动刚度与氧气消耗成反比也即与 RE 成正比，与腿部刚度和垂直刚度都成正比。这也提示跖趾关节抗弯刚度的提高对 RE 是有利的，同时也从侧面证明趾屈肌等跖趾关节周围小肌肉群力量的提升对 RE 和运动表现的提升是有帮助的。

　　近年来，随着大众对马拉松运动认识度的提高，国内马拉松和长跑爱好者越来越多，跑者对专业性运动装备的需求也逐渐提升。2016 年，Nike 和 Adidas 相继发布了马拉松"挑战 2 h"计划，即"Breaking 2"。希望主要从鞋具这一核心跑步装备的科技创新打开突破口。2017 年 5 月 6 日，世界顶尖马拉松运动员 Kipchoge 穿着 Nike Zoom Vapor-Fly Elite 跑鞋在意大利蒙扎挑战 2 h 的人类极限。最终距离 2 h 的成绩仅仅差 25 s，但由于赛道几乎无落差及风速等的影响被降至最低，该次成绩并未被有效记录。

　　在过去几年时间，为顶级马拉松运动员设计的鞋具始终遵循极简的思路，鞋面尽量轻质化，鞋底尽量薄，整个鞋身的质量被控制在尽可能小的范围内。而图 3-45 的这双 Nike Zoom Vapor-Fly Elite 跑鞋则对现有的极简理念形成颠覆，包括较夸张的鞋底弧线，看起来厚重的鞋底，该鞋后掌中底高度接近 40 mm，前后掌跟差达到 9 mm。而该鞋具最重要的部分是隐藏在中底之中的"铲形"高强度碳纤维板,该碳纤维板内嵌于中底,目前还没有研究对该鞋具的机械 LBS 进行量化测试,但根据主观的试穿等反馈,发现该鞋具内嵌的碳纤维板强度很高。根据 Nike 运动科学实验室给出的解释:使用这双鞋具时,来自路面或者跑步机的冲击力量通过柔软的中底吸收后反馈到碳纤维板,随后通过特殊的"铲形"结构被自然回弹到脚底。根据 Nike 实验室的测试结果,着该鞋具的整体运动效率可提高 4%,因此该鞋具也被命名为"Nike Zoom Vapor‐Fly 4%"。添加碳纤维板的目的就是提高运动鞋 LBS,根据第三章第二节——跖趾关节功能与鞋具抗弯刚度的研究中有关跖趾关节功能和运动鞋抗弯刚度的研究进展及上述关于鞋具抗弯刚度与 RE 的相关总结,我们发现,鞋具 LBS 的提高有利于跑步运动表现的提高。该结论也得到了严格的运动生物力学研究验证并且在实际跑步装备应用方面取得了良好效果。

图 3‐45 彩图

图 3‐45　Nike Zoom Vapor‐Fly Elite 跑鞋

(四) 鞋具与 RE 相关研究总结建议

RE 是一个体现"运动效能"的生理指标,是中长跑跑步成绩的关键因素,用给定跑速下的摄氧量来表示,是给定速度跑步时的能量需求,也是预测跑步成绩和跑步运动表现的重要指标。鞋具作为最重要的跑步运动装备,其性能的改变可以显著影响 RE,进而影响跑步运动表现。前文首先系统介绍影响 RE 的几个生物力学因素,即时空参数因素、运动学参数因素、动力学参数因素、神经肌肉参数因素和躯干及上肢生物力学参数因素,随后阐述了鞋具性能的改变影响生物力学因素的机制和论证过程,进而导致 RE 的改变。下文主要从缓震及能量回归性能、极简鞋具设计、LBS 这 3 个方面展开。

1. 缓震及能量回归性能

有研究证实,缓震及能量回归性能较好的 Boost 中底比普通的 EVA 中底大约能提升 1% 的 RE,鞋具中底缓震及能量回归性能的提高对 RE 的提升是有利的。但需要注意缓震及能量回归性能的提高会使鞋具质量增加,研究发现鞋具质量每增加 100 g,耗氧量增加约 1%。同时也发现鞋具质量低于 440 g/双时,质量因素对 RE 几乎无影响,因此在 440 g/双的范围内增加鞋具的缓震及能量回归性能是进一步提升 RE 的有效方法。

2. 极简鞋具设计

随着回归自然、裸足理念的兴起,极简鞋具或模拟裸足鞋具种类越来越多,但这类鞋具都有以下几个共同点:① 鞋具质量低于 440 g/双;② 前后掌跟差小于 4 mm;③ 中底较薄,缓震及能量回归性能较差,并且 LBS 很小,表现为易弯折。大量研究证实,着极简鞋具的 RE 显著高于着常规鞋具,一方面是由于极简鞋具质量较小,对抗重力做功产生能量节省;另一方面则是着极简鞋具足部着地方式及步频的改变导致足弓及跟腱-小腿三头肌长度和张力的改变,能够储存更多的弹性势能,蹬离过程中弹性势能释放减少了机械做功;并且研究认为极简鞋具能够更大程度上发挥足部本身的功能,刺激足部小肌肉群做功,从而提高运动表现并降低足部运动损伤风险。

3. LBS

近年来,针对鞋具抗弯刚度与 RE 的研究均认同抗弯刚度的提高能够提升 RE 和跑步运动表现的观点,这些研究通过在现有鞋具基础上添加碳纤维板改变鞋具的抗弯刚度,另外研究发现在常规鞋具基础上提高抗弯刚度能够降低耗氧量,节省能量可提高 RE。从性质上定义了抗弯刚度的提高对 RE 是有好处的,那么抗弯刚度应提高多少? 鞋具抗弯刚度处在哪一个范围内能够最大限度提升 RE 和跑步运动表现?

综合以上研究,研究者给出以下两点建议:① RE 与体重呈负相关,随着跑者体重的增大,需要的鞋具抗弯刚度也增大,同时体重与鞋码呈正相关关系,因此应按照鞋码划分不同的抗弯刚度以适应不同跑者的需要,研究显示体重 70 kg 的成年男性跑者最适鞋具抗弯刚度为 35~40 N/mm;② 增加鞋具的抗弯刚度对 RE 是有利的,但要建立在鞋具的抗弯刚度不能影响足跖趾关节正常屈曲的前提下。每一名跑者都有其对应的最佳鞋具抗弯刚度即临界抗弯刚度,根据研究结果推测,跖趾关节力矩 τ_{MTP} 与跖趾关节最大屈曲角度 θ_{max} 的比值即临界抗弯刚度应当是最适抗弯刚度,即临界抗弯刚度 = τ_{MTP}/θ_{max}。中底较厚、掌跟差较高及 LBS 较大的强缓震鞋具和极简鞋具都被证实能够提升 RE,表面上看这两类鞋具的结构、性能和设计理念等是截然相反的,但从内在的生物力学机制来看它们是殊途同归的。笔者认为,上述两种类型的鞋具实际上也满足了不同人群,能够适应不同水平、不同跑步习惯跑者的需求。

本章参考文献

梅齐昌,顾耀东,李建设.2015.基于足部形态特征的跑步生物力学分析[J].体育科学,35(6):

34 - 40.

孙冬,Fekete G,顾耀东,等.2018.鞋钉构造对专业足球运动员在不同草坪条件下的生物力学表现分析[J].中国体育科技,54(1): 71 - 79.

孙冬,顾耀东,李建设.2015.足球鞋核心技术的生物力学研究进展[J].浙江体育科学,(4): 111 - 115.

Abe D, Muraki S, Yanagawa K, et al. 2007. Changes in EMG characteristics and metabolic energy cost during 90-min prolonged running[J]. Gait & posture, 26(4): 607 - 610.

Abe D, Yanagawa K, Yamanobe K, et al. 1998. Assessment of middle-distance running performance in sub-elite young runners using energy cost of running[J]. European journal of applied physiology occupational physiology, 77(4): 320 - 325.

Aderem J, Louw Q A. 2015. Biomechanical risk factors associated with iliotibial band syndrome in runners: a systematic review[J]. BMC musculoskeletal disorders, 16(1): 356.

Alfuth M, Rosenbaum D. 2012. Long distance running and acute effects on plantar foot sensitivity and plantar foot loading[J]. Neuroscience letters, 503(1): 58 - 62.

Anderson T. 1996. Biomechanics and running economy[J]. Sports medicine, 22(2): 76 - 89.

Aquino M R, Avelar B S, Silva P L, et al. 2018. Reliability of Foot Posture Index individual and total scores for adults and older adults[J]. Musculoskeletal science & practice, 36: 92 - 95.

Arellano C J, Kram R. 2014. Partitioning the metabolic cost of human running: a task-by-task approach[J]. Integrative and comparative biology, 54(6): 1084 - 1098.

Arndt A, Ekenman I, Westblad P, et al. 2002. Effects of fatigue and load variation on metatarsal deformation measured in vivo during barefoot walking[J]. Journal of biomechanics, 35(5): 621 - 628.

Barnes K R, Mcguigan M R, Kilding A E. 2014. Lower-body determinants of running economy in male and female distance runners[J]. The journal of strength & conditioning research, 28(5): 1289 - 1297.

Barton C J, Kappel S L, Ahrendt P, et al. 2015. Dynamic navicular motion measured using a stretch sensor is different between walking and running, and between over-ground and treadmill conditions [J]. Journal of foot ankle research, 8(1): 5.

Baur H, Hirschmüller A, Müller S, et al. 2007. Muscular activity in treadmill and overground running [J]. Isokinetics exercise science, 15(3): 165 - 171.

Bisiaux M, Moretto P. 2008. The effects of fatigue on plantar pressure distribution in walking[J]. Gait & posture, 28(4): 693 - 698.

Bosco C, Rusko H. 1983. The effect of prolonged skeletal muscle stretch — shortening cycle on recoil of elastic energy and on energy expenditure[J]. Acta physiologica scandinavica, 119(3): 219 - 224.

Boyer E R, Ward E D, Derrick T R. 2014. Medial longitudinal arch mechanics before and after a 45-minute run[J]. Journal of the American podiatric medical association, 104(4): 349 - 356.

Brauner T, Sterzing T, Gras N, et al. 2009. Small changes in the varus alignment of running shoes allow gradual pronation control[J]. Footwear science, 1(2): 103 - 110.

Bravo-Aguilar M, Gijon-Nogueron G, Luque-Suarez A, et al. 2016. The influence of running on foot posture and in-shoe plantar pressures[J]. Journal of the American podiatric medical association,

106(2): 109-115.

Buchbinder M, Napora N, Biggs E. 1979. The relationship of abnormal pronation to chondromalacia of the patella in distance runners[J]. Journal of the American podiatry association, 69(2): 159-162.

Budhabhatti S P, Erdemir A, Petre M, et al. 2007. Finite element modeling of the first ray of the foot: a tool for the design of interventions[J]. Journal of biomechanical engineering, 129(5): 750-756.

Bunc V. 2000. Energy cost of treadmill running in non-trained females differing in body fat[J]. Journal of sports medicine physical fitness, 40(4): 290-296.

Burgess I, Ryan M D. 1985. Bilateral fatigue fractures of the distal fibulae caused by a change of running shoes[J]. Medical journal of Australia, 143(7): 304-305.

Burke J R, Papuga M O. 2012. Effects of foot orthotics on running economy: methodological considerations[J]. Journal of manipulative physiological therapeutics, 35(4): 327-336.

Burns J, Keenan A M, Redmond A. 2005. Foot type and overuse injury in triathletes[J]. Journal of the American podiatric medical association, 95(3): 235-241.

Butler R J, Hamill J, Davis I. 2007. Effect of footwear on high and low arched runners' mechanics during a prolonged run[J]. Gait & posture, 26(2): 219-225.

Callaghan M, Collins N, Sheehan F. 2012. Patellofemoral pain: proximal, distal, and local factors 2nd international research retreat[J]. Journal of orthopaedic sports physical therapy, 42(6): A1-A20.

Cen X, Xu D, Baker J S, et al. 2020. Association of arch stiffness with plantar impulse distribution during walking, running, and gait termination[J]. International Journal of Environmental Research and Public Health, 17(6): 2090.

Chan Z Y, Zhang J H, Au I P, et al. 2018. Gait retraining for the reduction of injury occurrence in novice distance runners: 1-year follow-up of a randomized controlled trial[J]. The American journal of sports medicine, 46(2): 388-395.

Chen C H, Tu K H, Liu C, et al. 2014. Effects of forefoot bending elasticity of running shoes on gait and running performance[J]. Human movement science, 38: 163-172.

Chen W M, Lee S J, Lee P V S. 2015. Plantar pressure relief under the metatarsal heads — Therapeutic insole design using three-dimensional finite element model of the foot[J]. Journal of biomechanics, 48(4): 659-665.

Cheung R T, Ng G Y. 2007. A systematic review of running shoes and lower leg biomechanics: a possible link with patellofemoral pain syndrome?[J]. International sport medicine journal, 8(3): 107-116.

Cheung R T, Ng G Y. 2007. Efficacy of motion control shoes for reducing excessive rearfoot motion in fatigued runners[J]. Physical therapy in sport, 8(2): 75-81.

Cheung R T, Ng G Y. 2009. Motion control shoe affects temporal activity of quadriceps in runners[J]. British journal of sports medicine, 43(12): 943-947.

Cheung R T, Ng G Y. 2010. Motion control shoe delays fatigue of shank muscles in runners with overpronating feet[J]. The American journal of sports medicine, 38(3): 486-491.

Cheung R T, Rainbow M J. 2014. Landing pattern and vertical loading rates during first attempt of barefoot running in habitual shod runners[J]. Human movement science, 34: 120 – 127.

Chuckpaiwong B, Nunley J A, Mall N A, et al. 2008. The effect of foot type on in-shoe plantar pressure during walking and running[J]. Gait & posture, 28(3): 405 – 411.

Chuter V H. 2010. Relationships between foot type and dynamic rearfoot frontal plane motion[J]. Journal of foot ankle research, 3(1): 9.

Clansey A C, Hanlon M, Wallace E S, et al. 2012. Effects of fatigue on running mechanics associated with tibial stress fracture risk [J]. Medicine and science in sports and exercise, 44(10): 1917 – 1923.

Clarke T, Frederick E, Hamill C. 1983. The effects of shoe design parameters on rearfoot control in running[J]. Medicine and science in sports and exercise, 15(5): 376 – 381.

Conley D L, Krahenbuhl G S. 1980. Running economy and distance running performance of highly trained athletes[J]. Medicine and science in sports and exercise, 12(5): 357 – 360.

Connick M J, Li F X. 2014. Changes in timing of muscle contractions and running economy with altered stride pattern during running[J]. Gait & posture, 39(1): 634 – 637.

Cornwall M W, Mcpoil T G. 1995. Footwear and foot orthotic effectiveness research: a new approach [J]. Journal of orthopaedic sports physical therapy, 21(6): 337 – 344.

Cowan D N, Jones B H, Robinson J R. 1993. Foot morphologic characteristics and risk of exercise-related injury[J]. Archives of family medicine, 2(7): 773 – 777.

Cowley E, Marsden J. 2013. The effects of prolonged running on foot posture: a repeated measures study of half marathon runners using the foot posture index and navicular height[J]. Journal of foot ankle research, 6(1): 20.

Crandall J, Frederick E C, Kent R, et al. 2015. Forefoot bending stiffness of cleated American football shoes[J]. Footwear Science, 7(3): 139 – 148.

Daniels J, Daniels N. 1992. Running economy of elite male and elite female runners[J]. Medicine and science in sports and exercise, 24(4): 483 – 489.

Degache F, Guex K, Fourchet F, et al. 2013. Changes in running mechanics and spring-mass behaviour induced by a 5-hour hilly running bout [J]. Journal of sports sciences, 31(3): 299 – 304.

Derrick T R. 2004. The effects of knee contact angle on impact forces and accelerations[J]. Medicine and science in sports and exercise, 36(5): 832 – 837.

De Ruiter C J, Verdijk P W, Werker W, et al. 2014. Stride frequency in relation to oxygen consumption in experienced and novice runners[J]. European journal of sport science, 14(3): 251 – 258.

Dierks T A, Davis I S, Hamill J. 2010. The effects of running in an exerted state on lower extremity kinematics and joint timing[J]. Journal of biomechanics, 43(15): 2993 – 2998.

Divert C, Mornieux G, Freychat P, et al. 2008. Barefoot-shod running differences: shoe or mass effect? [J]. International journal of sports medicine, 29(6): 512 – 518.

Eriksson M, Halvorsen K A, 2011. Gullstrand L. Immediate effect of visual and auditory feedback to control the running mechanics of well-trained athletes[J]. Journal of sports sciences, 29(3): 253 – 262.

Escamilla-Martínez E, Martínez-Nova A, Gómez-Martín B, et al. 2013. The effect of moderate running on foot posture index and plantar pressure distribution in male recreational runners[J]. Journal of the American podiatric medical association, 103(2): 121−125.

Esculier J F, Dubois B, Dionne C E, et al. 2015. A consensus definition and rating scale for minimalist shoes[J]. Journal of foot ankle research, 8(1): 42.

Farley C T, Mcmahon T A. 1992. Energetics of walking and running: insights from simulated reduced-gravity experiments[J]. Journal of applied physiology, 73(6): 2709−2712.

Fourchet F, Girard O, Kelly L, et al. 2015. Changes in leg spring behaviour, plantar loading and foot mobility magnitude induced by an exhaustive treadmill run in adolescent middle-distance runners [J]. Journal of science medicine in sport, 18(2): 199−203.

Franz J R, Wierzbinski C M, Kram R. 2012. Metabolic cost of running barefoot versus shod: is lighter better? [J]. Medicine and science in sports and exercise, 44(8): 1519−1525.

Frederick E, Howley E, Powers S. 1986. Lower oxygen demands of running in soft-soled shoes[J]. Research quarterly for exercise sports biomechanics, 57(2): 174−177.

Freund W, Weber F, Billich C, et al. 2012. The foot in multistage ultra-marathon runners: experience in a cohort study of 22 participants of the Trans Europe Footrace Project with mobile MRI[J]. BMJ open, 2(3): e001118.

Fu F Q, Wang S, Shu Y, et al. 2016. A comparative biomechanical analysis the vertical jump between flatfoot and normal foot[J]. Journal of Biomimetics, Biomaterials and Biomedical Engineering, 28: 26−35.

Fukano M, Inami T, Nakagawa K, et al. 2018. Foot posture alteration and recovery following a full marathon run[J]. European journal of sport science, 18(10): 1338−1345.

Fu L, Gu Y, Mei Q, et al. 2018. A kinematics analysis of the lower limb during running with different sports shoes[J]. Proceedings of the Institution of Mechanical Engineers, Part P: Journal of Sports Engineering and Technology, 233(1): 175433711878441.

Fuller J T, Thewlis D, Buckley J D, et al. 2017. Body mass and weekly training distance influence the pain and injuries experienced by runners using minimalist shoes: a randomized controlled trial[J]. The American journal of sports medicine, 45(5): 1162−1170.

Fuller J T, Thewlis D, Tsiros M D, et al. 2017. Six-week transition to minimalist shoes improves running economy and time-trial performance[J]. Journal of science medicine in sport, 20(12): 1117−1122.

Fuller J T, Thewlis D, Tsiros M D, et al. 2019. Longer-term effects of minimalist shoes on running performance, strength and bone density: a 20-week follow-up study[J]. European journal of sport science, 19(3): 402−412.

García-Pérez J A, Pérez-Soriano P, Llana S, et al. 2013. Effect of overground vs treadmill running on plantar pressure: influence of fatigue[J]. Gait & posture, 38(4): 929−933.

Grau S, Müller O, Bäurle W, et al. 2000. Limits and possibilities of 2D video analysis in evaluating physiological and pathological foot rolling motion in runners[J]. Sportverletzung sportschaden, 14(3): 107−114.

Hamill J, Bates B T, Holt K G. 1992. Timing of lower extremity joint actions during treadmill running [J]. Medicine and science in sports and exercise, 24(7): 807−813.

Hasegawa H, Yamauchi T, Kraemer W J. 2007. Foot strike patterns of runners at the 15-km point during an elite-level half marathon[J]. The journal of strength & conditioning research, 21(3): 888－893.

Hausswirth C, Bigard A, Guezennec C. 1997. Relationships between running mechanics and energy cost of running at the end of a triathlon and a marathon[J]. International journal of sports medicine, 18(5): 330－339.

Hayes P R, Caplan N. 2014. Leg stiffness decreases during a run to exhaustion at the speed at O 2max [J]. European journal of sport science, 14(6): 556－562.

Heise G, Shinohara M, Binks L. 2008. Biarticular leg muscles and links to running economy[J]. International journal of sports medicine, 29(8): 688－691.

Hennig E M. 2011. Eighteen years of running shoe testing in Germany — a series of biomechanical studies[J]. Footwear science, 3(2): 71－81.

Hill A, Long C N. 1925. Muscular exercise, lactic acid, and the supply and utilisation of oxygen[J]. Ergebnisse der physiologie, biologischen chemie und experimentellen pharmakologie, 24(1): 43－51.

Hintermann B, Nigg B. 1998. Pronation in runners: implications for injuries[J]. Sports medicine, 26 (3): 169－176.

Hoffman S E, Peltz C D, Haladik J A, et al. 2015. Dynamic in-vivo assessment of navicular drop while running in barefoot, minimalist, and motion control footwear conditions[J]. Gait & posture, 41 (3): 825－829.

Hohmann E, Reaburn P, Imhoff A. 2012. Runner's knowledge of their foot type: do they really know? [J]. The foot, 22(3): 205－210.

Hreljac A, Marshall R N, Hume P A. 2000. Evaluation of lower extremity overuse injury potential in runners[J]. Medicine and science in sports and exercise, 32(9): 1635－1641.

Hunter I, Smith G A. 2007. Preferred and optimal stride frequency, stiffness and economy: changes with fatigue during a 1-h high-intensity run[J]. European journal of applied physiology, 100(6): 653－661.

Jafarnezhadgero A, Alavi-Mehr S M, Granacher U. 2019. Effects of anti-pronation shoes on lower limb kinematics and kinetics in fecmale runners with pronated feet: The role of physical fatigue[J]. PloS one, 14(5): e0216818.

Jiang C. 2020. The effect of basketball shoe collar on ankle stability: a systematic review and meta-analysis[J]. Physical Activity and Health, 4: 11－18.

Jones B H, Knapik J J, Daniels W L, et al. 1986. The energy cost of women walking and running in shoes and boots[J]. Ergonomics, 29(3): 439－443.

Karagounis P, Prionas G, Armenis E, et al. 2009. The impact of the Spartathlon ultramarathon race on athletes' plantar pressure patterns[J]. Foot & ankle specialist, 2(4): 173－178.

Kelly L A, Girard O, Racinais S. 2011. Effect of orthoses on changes in neuromuscular control and aerobic cost of a 1-h run[J]. Medicine and science in sports and exercise, 43(12): 2335－2343.

Keonyoung Oh, Sukyung Park. 2017. The bending stiffness of shoes is beneficial to running energetics if it does not disturb the natural MTP joint flexion[J]. Journal of Biomechanics, 53: 127－135.

Knapik J J, Brosch L C, Venuto M, et al. 2010. Effect on injuries of assigning shoes based on foot shape in air force basic training[J]. American journal of preventive medicine, 38(1):

S197 – S211.

Knapik J J, Jones B H, Steelman R A. 2015. Physical training in boots and running shoes: a historical comparison of injury incidence in basic combat training[J]. Military medicine, 180(3): 321 – 328.

Knapik J J, Swedler D I, Grier T L, et al. 2009. Injury reduction effectiveness of selecting running shoes based on plantar shape[J]. The journal of strength & conditioning research, 23(3): 685 – 697.

Kong P W, Candelaria N G, Smith D R. 2009. Running in new and worn shoes: a comparison of three types of cushioning footwear[J]. British journal of sports medicine, 43(10): 745 – 749.

Korpelainen R, Orava S, Karpakka J, et al. 2001. Risk factors for recurrent stress fractures in athletes [J]. The American journal of sports medicine, 29(3): 304 – 310.

Kram R, Taylor C R. 1990. Energetics of running: a new perspective[J]. Nature, 346(6281): 265 – 267.

Krell J B, Stefanyshyn D J. 2006. The relationship between extension of the metatarsophalangeal joint and sprint time for 100 m Olympic athletes[J]. Journal of sports sciences, 24(2): 175 – 180.

Kyröläinen H, Pullinen T, Candau R, et al. 2000. Effects of marathon running on running economy and kinematics[J]. European journal of applied physiology, 82(4): 297 – 304.

Langley B, Cramp M, Morrison S C. 2018. The influence of running shoes on inter-segmental foot kinematics[J]. Footwear science, 10(2): 83 – 93.

Leung A, Mak A, Evans J. 1998. Biomechanical gait evaluation of the immediate effect of orthotic treatment for flexible flat foot[J]. Prosthetics orthotics international, 22(1): 25 – 34.

Levinger P, Murley G S, Barton C J, et al. 2010. A comparison of foot kinematics in people with normal- and flat-arched feet using the Oxford Foot Model[J]. Gait & posture, 32(4): 519 – 523.

Lieberman D E, Venkadesan M, Werbel W A, et al. 2010. Foot strike patterns and collision forces in habitually barefoot versus shod runners[J]. Nature, 463(7280): 531 – 535.

Lieberman D E, Warrener A G, Wang J, et al. 2015. Effects of stride frequency and foot position at landing on braking force, hip torque, impact peak force and the metabolic cost of running in humans[J]. Journal of experimental biology, 218(21): 3406 – 3414.

Lilley K, Stiles V, Dixon S. 2013. The influence of motion control shoes on the running gait of mature and young females[J]. Gait & posture, 37(3): 331 – 335.

Li S, Zhang Y, Gu Y, et al. 2017. Stress distribution of metatarsals during forefoot strike versus rearfoot strike: A finite element study[J]. Computers in Biology and Medicine, 91: S0010482517303165.

Lun V, Meeuwisse W, Stergiou P, et al. 2004. Relation between running injury and static lower limb alignment in recreational runners[J]. British journal of sports medicine, 38(5): 576 – 580.

Luo G, Stergiou P, Worobets J, et al. 2009. Improved footwear comfort reduces oxygen consumption during running[J]. Footwear Science, 1(1): 25 – 29.

Lv X, He Y, Sun D, et al. 2020. Effect of stud shape on lower limb kinetics during football-related movements[J]. Proceedings of the Institution of Mechanical Engineers, Part P: Journal of Sports Engineering and Technology, 234(1): 3 – 10.

Macera C A. 1992. Lower extremity injuries in runners[J]. Sports medicine, 13(1): 50 – 57.

Macintyre J, Taunton J, Clement D, et al. 1991. Running injuries: a clinical study of 4, 173 cases [J]. Clinical journal of sport medicine, 1(2): 81－87.

Madden R, Sakaguchi M, Tomaras E K, et al. 2016. Forefoot bending stiffness, running economy and kinematics during overground running[J]. Footwear science, 8(2): 91－98.

Malisoux L, Chambon N, Delattre N, et al. 2016. Injury risk in runners using standard or motion control shoes: a randomised controlled trial with participant and assessor blinding[J]. British journal of sports medicine, 50(8): 481－487.

Malisoux L, Gette P, Chambon N, et al. 2017. Adaptation of running pattern to the drop of standard cushioned shoes: a randomised controlled trial with a 6-month follow-up[J]. Journal of science medicine in sport, 20(8): 734－739.

Man H S, Lam W K, Lee J, et al. 2016. Is passive metatarsophalangeal joint stiffness related to leg stiffness, vertical stiffness and running economy during sub-maximal running? [J]. Gait & posture, 49: 303－308.

Mann R, Malisoux L, Nührenbörger C, et al. 2015. Association of previous injury and speed with running style and stride-to-stride fluctuations[J]. Scandinavian journal of medicine science in sports, 25(6): e638－e645.

Mccormick J J, Anderson R B. 2009. The great toe: failed turf toe, chronic turf toe, and complicated sesamoid injuries[J]. Foot and ankle clinics, 14(2): 135－150.

Mckenna M J, Hargreaves M. 2008. Resolving fatigue mechanisms determining exercise performance: integrative physiology at its finest! [J]. American physiological society, 104(1): 286－287.

Mcnair P J, Marshall R N. 1994. Kinematic and kinetic parameters associated with running in different shoes[J]. British journal of sports medicine, 28(4): 256－260.

Mei Q, Graham M, Gu Y. 2014. Biomechanical analysis of the plantar and upper pressure with different sports shoes[J]. International Journal of Biomedical Engineering Technology, 14(3): 181－191.

Menz H B. 1998. Alternative techniques for the clinical assessment of foot pronation[J]. Journal of the American podiatric medical association, 88(3): 119－129.

Menz H B, Morris M E. 2006. Clinical determinants of plantar forces and pressures during walking in older people[J]. Gait & Posture, 24(2): 229－236.

Menz H B, Munteanu S E. 2005. Validity of 3 clinical techniques for the measurement of static foot posture in older people[J]. Journal of orthopaedic sports physical therapy, 35(8): 479－486.

Millet G Y, Morin J B, Degache F, et al. 2009. Running from Paris to Beijing: biomechanical and physiological consequences[J]. European journal of applied physiology, 107(6): 731－738.

Mizrahi J, Verbitsky O, Isakov E. 2001. Fatigue-induced changes in decline running[J]. Clinical biomechanics, 16(3): 207－212.

Mizrahi J, Voloshin A, Russek D, et al. 1997. The influence of fatigue on EMG and impact acceleration in running[J]. Basic and applied myology, 7(2): 111－118.

Moore I S. 2016. Is there an economical running technique? a review of modifiable biomechanical factors affecting running economy[J]. Sports medicine, 46(6): 793－807.

Moore I S, Jones A M, Dixon S J. 2012. Mechanisms for improved running economy in beginner runners[J]. Medicine and science in sports and exercise, 44(9): 1756－1763.

Moore I S, Pitt W, Nunns M, et al. 2015. Effects of a seven-week minimalist footwear transition programme on footstrike modality, pressure variables and loading rates[J]. Footwear science, 7 (1): 17 − 29.

Morgan D W, Martin P E, Krahenbuhl G S. 1989. Factors affecting running economy[J]. Sports medicine, 7(5): 310 − 330.

Morin J B, Samozino P, Millet G Y. 2011. Changes in running kinematics, kinetics, and spring-mass behavior over a 24-h run[J]. Medicine and science in sports and exercise, 43(5): 829 − 836.

Morin J B, Samozino P, Zameziati K, et al. 2007. Effects of altered stride frequency and contact time on leg-spring behavior in human running[J]. Journal of biomechanics, 40(15): 3341 − 3348.

Morin J, Tomazin K, Edouard P, et al. 2011. Changes in running mechanics and spring — mass behavior induced by a mountain ultra-marathon race[J]. Journal of biomechanics, 44 (6): 1104 − 1107.

Myers M, Steudel K. 1985. Effect of limb mass and its distribution on the energetic cost of running[J]. Journal of experimental biology, 116(1): 363 − 373.

Nachbauer W, Nigg B M. 1992. Effects of arch height of the foot on ground reaction forces in running [J]. Medicine and science in sports and exercise, 24(11): 1264 − 1269.

Nagel A, Fernholz F, Kibele C, et al. 2008. Long distance running increases plantar pressures beneath the metatarsal heads: a barefoot walking investigation of 200 marathon runners[J]. Gait & posture, 27(1): 152 − 155.

Napier C, Cochrane C K, Taunton J E, et al. 2015. Gait modifications to change lower extremity gait biomechanics in runners: a systematic review[J]. British journal of sports medicine, 49(21): 1382 − 1388.

Napier C, Willy R W. 2018. Logical fallacies in the running shoe debate: let the evidence guide prescription[J]. British journal of sport medicine, 52: 1552 − 1553.

Nawoczenski D A, Cook T M, Saltzman C L. 1995. The effect of foot orthotics on three-dimensional kinematics of the leg and rearfoot during running[J]. Journal of orthopaedic sports physical therapy, 21(6): 317 − 327.

Neal B S, Griffiths I B, Dowling G J, et al. 2014. Foot posture as a risk factor for lower limb overuse injury: a systematic review and meta-analysis[J]. Journal of foot ankle research, 7(1): 34 − 39.

Nielsen R O, Buist I, Parner E T, et al. 2014. Foot pronation is not associated with increased injury risk in novice runners wearing a neutral shoe: a 1-year prospective cohort study[J]. British journal of sports medicine, 48(6): 440 − 447.

Nigg B M, Cole G K, Nachbauer W. 1993. Effects of arch height of the foot on angular motion of the lower extremities in running[J]. Journal of biomechanics, 26(8): 909 − 916.

Nigg B M, Morlock M. 1987. The influence of lateral heel flare of running shoes on pronation and impact forces[J]. Medicine and science in sports and exercise, 19(3): 294 − 302.

Nigg B M, Stefanyshyn D, Cole G, et al. 2003. The effect of material characteristics of shoe soles on muscle activation and energy aspects during running[J]. Journal of biomechanics, 36(4): 569 − 575.

Nishiwaki T, Nakaya S. 2009. Footwear sole stiffness evaluation method corresponding to gait patterns based on eigenvibration analysis[J]. Footwear Science, 1(2): 95 − 101.

Oh K, Park S. 2017. The bending stiffness of shoes is beneficial to running energetics if it does not disturb the natural MTP joint flexion[J]. Journal of biomechanics, 53: 127 – 135.

Oleson M, Adler D, Goldsmith P. 2005. A comparison of forefoot stiffness in running and running shoe bending stiffness[J]. Journal of biomechanics, 38(9): 1886 – 1894.

Paquette M R, Zhang S, Baumgartner L D. 2013. Acute effects of barefoot, minimal shoes and running shoes on lower limb mechanics in rear and forefoot strike runners[J]. Footwear science, 5(1): 9 – 18.

Peltonen J, Cronin N J, Stenroth L, et al. 2012. Achilles tendon stiffness is unchanged one hour after a marathon[J]. Journal of experimental biology, 215(20): 3665 – 3671.

Perl D P, Daoud A I, Lieberman D E. 2012. Effects of footwear and strike type on running economy [J]. Medicine and science in sports and exercise, 44(7): 1335 – 1343.

Perry S, Lafortune M. 1995. Influences of inversion/eversion of the foot upon impact loading during locomotion[J]. Clinical biomechanics, 10(5): 253 – 257.

Redmond A C, Crosbie J, Ouvrier R A. 2006. Development and validation of a novel rating system for scoring standing foot posture: the Foot Posture Index[J]. Clinical biomechanics, 21(1): 89 – 98.

Resende R A, Fonseca S T, Silva P L, et al. 2014. Forefoot midsole stiffness affects forefoot and rearfoot kinematics during the stance phase of gait[J]. Journal of the American Podiatric Medical Association, 104(2): 183 – 190.

Rixe J A, Gallo R A, Silvis M L. 2012. The barefoot debate: can minimalist shoes reduce running-related injuries? [J]. Current sports medicine reports, 11(3): 160 – 165.

Rokkedal-Lausch T, Lykke M, Hansen M S, et al. 2013. Normative values for the foot posture index between right and left foot: a descriptive study[J]. Gait & posture, 38(4): 843 – 846.

Rosenbaum D, Hautmann S, Gold M, et al. 1994. Effects of walking speed on plantar pressure patterns and hindfoot angular motion[J]. Gait & posture, 2(3): 191 – 197.

Roy J-P R, Stefanyshyn D J. 2006. Shoe midsole longitudinal bending stiffness and running economy, joint energy, and EMG[J]. Medicine and science in sports and exercise, 38(3): 562 – 569.

Ryan M B, Valiant G A, Mcdonald K, et al. 2011. The effect of three different levels of footwear stability on pain outcomes in women runners: a randomised control trial[J]. British journal of sports medicine, 45(9): 715 – 721.

Santos-Concejero J, Tam N, Granados C, et al. 2014. Stride angle as a novel indicator of running economy in well-trained runners[J]. The journal of strength & conditioning research, 28(7): 1889 – 1895.

Saunders P U, Pyne D B, Telford R D, et al. 2004. Factors affecting running economy in trained distance runners[J]. Sports medicine, 34(7): 465 – 485.

Schwellnus M P, Jordaan G, Noakes T D. 1990. Prevention of common overuse injuries by the use of shock absorbing insoles: a prospective study[J]. The American journal of sports medicine, 18 (6): 636 – 641.

Sharma J, Golby J, Greeves J, et al. 2011. Biomechanical and lifestyle risk factors for medial tibia stress syndrome in army recruits: a prospective study[J]. Gait & posture, 33(3): 361 – 365.

Shu Y, Sun D, Hu Q L, et al. 2015. Lower limb kinetics and kinematics during two different jumping methods[J]. Journal of Biomimetics, Biomaterials and Biomedical Engineering, 22: 29 – 35.

Silder A, Besier T, Delp S L. 2015. Running with a load increases leg stiffness[J]. Journal of biomechanics, 48(6): 1003 – 1008.

Sinclair J, Mcgrath R, Brook O, et al. 2016. Influence of footwear designed to boost energy return on running economy in comparison to a conventional running shoe[J]. Journal of sports sciences, 34 (11): 1094 – 1098.

Sinclair J, Taylor P J, Edmundson C J, et al. 2013. The influence of footwear kinetic, kinematic and electromyographical parameters on the energy requirements of steady state running[J]. Movement sport sciences, (2): 39 – 49.

Slawinski J, Billat V L. 2004. Difference in mechanical and energy cost between highly, well, and nontrained runners[J]. Medicine and science in sports and exercise, 36(8): 1440 – 1446.

Smith G, Lake M, Sterzing T, et al. 2016. The influence of sprint spike bending stiffness on sprinting performance and metatarsophalangeal joint function[J]. Footwear Science, 8(2): 109 – 118.

Sommer H M, Vallentyne S W. 1995. Effect of foot posture on the incidence of medial tibial stress syndrome[J]. Medicine and science in sports and exercise, 27(6): 800 – 804.

Stefanyshyn D, Fusco C. 2004. Athletics: increased shoe bending stiffness increases sprint performance [J]. Sports Biomechanics, 3(1): 55 – 66.

Stefanyshyn D J, Nigg B M. 2000. Influence of midsole bending stiffness on joint energy and jump height performance[J]. Medicine and science in sports and exercise, 32(2): 471 – 476.

Stefanyshyn D J, Wannop J W. 2016. The influence of forefoot bending stiffness of footwear on athletic injury and performance[J]. Footwear Science, 8(2): 51 – 63.

Støren Ø, Helgerud J, Hoff J. 2011. Running stride peak forces inversely determine running economy in elite runners[J]. The journal of strength & conditioning research, 25(1): 117 – 123.

Sun D, Gu Y D, Fekete G, et al. 2016. Effects of different soccer boots on biomechanical characteristics of cutting movement on artificial turf[J]. Journal of Biomimetics, Biomaterials and Biomedical Engineering, 27: 24 – 35.

Sun D, Li F L, Zhang Y, et al. 2015. Lower extremity jogging mechanics in young female with mild hallux valgus[J]. Journal of Biomimetics, Biomaterials and Biomedical Engineering, 22: 37 – 47.

Taunton J, Ryan M, Clement D, et al. 2003. A prospective study of running injuries: the vancouver sun run "In Training" clinics[J]. British journal of sports medicine, 37(3): 239 – 244.

Tiberio D. 1987. The effect of excessive subtalar joint pronation on patellofemoral mechanics: a theoretical model[J]. Journal of orthopaedic Sports physical Therapy, 9(4): 160 – 165.

Tinoco N, Bourgit D, Morin J. 2010. Influence of midsole metatarsophalangeal stiffness on jumping and cutting movement abilities[J]. Proceedings of the Institution of Mechanical Engineers, Part P: Journal of Sports Engineering Technology, 224(3): 209 – 217.

Toon D, Williams B, Hopkinson N, et al. 2009. A comparison of barefoot and sprint spike conditions in sprinting[J]. Proceedings of the Institution of Mechanical Engineers, Part P: Journal of Sports Engineering Technology, 223(2): 77 – 87.

Van Gent R, Siem D, Van Middelkoop M, et al. 2007. Incidence and determinants of lower extremity running injuries in long distance runners: a systematic review[J]. British journal of sports medicine, 41(8): 469 – 480.

Van Mechelen W. 1992. Running injuries[J]. Sports medicine, 14(5): 320 – 335.

Vienneau J, Nigg S R, Tomaras E K, et al. 2016. Soccer shoe bending stiffness significantly alters game-specific physiology in a 25-minute continuous field-based protocol[J]. Footwear Science, 8 (2): 83-90.

Wannop J W, Killick A, Madden R, et al. 2017. The influence of gearing footwear on running biomechanics[J]. Footwear Science, 9(2): 111-119.

Warne J P, Gruber A H. 2017. Transitioning to minimal footwear: a systematic review of methods and future clinical recommendations[J]. Sports medicine-open, 3(1): 33.

Weir G, Jewell C, Wyatt H, et al. 2019. The influence of prolonged running and footwear on lower extremity biomechanics[J]. Footwear science, 11(1): 1-11.

Weist R, Eils E, Rosenbaum D. 2004. The influence of muscle fatigue on electromyogram and plantar pressure patterns as an explanation for the incidence of metatarsal stress fractures[J]. The American journal of sports medicine, 32(8): 1893-1898.

Weston A R, Mbambo Z, Myburgh K H. 2000. Running economy of African and Caucasian distance runners[J]. Medicine and science in sports and exercise, 32(6): 1130-1134.

White J, Scurr J, Smith N A. 2009. The effect of breast support on kinetics during overground running performance[J]. Ergonomics, 52(4): 492-498.

Wilk B R, Fisher K L, Gutierrez W. 2000. Defective running shoes as a contributing factor in plantar fasciitis in a triathlete[J]. Journal of orthopaedic & sports physical therapy, 30(1): 21-31.

Willems T M, De Clercq D, Delbaere K, et al. 2006. A prospective study of gait related risk factors for exercise-related lower leg pain[J]. Gait & posture, 23(1): 91-98.

Willems T M, De Ridder R, Roosen P. 2012. The effect of a long-distance run on plantar pressure distribution during running[J]. Gait & posture, 35(3): 405-409.

Williams D S, Mcclay I S. 2000. Measurements used to characterize the foot and the medial longitudinal arch: reliability and validity[J]. Physical therapy, 80(9): 864-871.

Williams D S III, Mcclay I S, Hamill J. 2001. Arch structure and injury patterns in runners[J]. Clinical biomechanics, 16(4): 341-347.

Williams K R, Cavanagh P R. 1987. Relationship between distance running mechanics, running economy, and performance[J]. Journal of applied physiology, 63(3): 1236-1245.

Willwacher S, König M, Braunstein B, et al. 2014. The gearing function of running shoe longitudinal bending stiffness[J]. Gait & Posture, 40(3): 386-390.

Willwacher S, Kurz M, Menne C, et al. 2016. Biomechanical response to altered footwear longitudinal bending stiffness in the early acceleration phase of sprinting[J]. Footwear Science, 8(2): 99-108.

Worobets J, Wannop J W. 2015. Influence of basketball shoe mass, outsole traction, and forefoot bending stiffness on three athletic movements[J]. Sports Biomechanics, 14(3): 351-360.

Worobets J, Wannop J W, Tomaras E, et al. 2014. Softer and more resilient running shoe cushioning properties enhance running economy[J]. Footwear science, 6(3): 147-153.

Wu W L, Chang J J, Wu J H, et al. 2007. EMG and plantar pressure patterns after prolonged running [J]. Biomedical engineering applications basis & communications, 19(6): 383-388.

Xiang L, Mei Q, Fernandez J, et al. 2018. Minimalist shoes running intervention can alter the plantar loading distribution and deformation of hallux valgus: a pilot study[J]. Gait & Posture, 65:

65 - 71.

Yamashita M H, Clinics R. 2005. Evaluation and selection of shoe wear and orthoses for the runner [J]. Physical medicine, 16(3): 801 - 829.

Yu P, Xiang L, Liang M, et al. 2019. Morphology-related foot function analysis: implications for jumping and running[J]. Applied Sciences, 9(16): 3236.

Zhang Y, Awrejcewicz J, Szymanowska O, et al. 2018. Effects of severe hallux valgus on metatarsal stress and the metatarsophalangeal loading during balanced standing: a finite element analysis[J]. Computers in Biology and Medicine, 97: 1 - 7.

Zhang Y, Baker J S, Ren X, et al. 2015. Metatarsal strapping tightness effect to vertical jump performance[J]. Human movement science, 41: 255 - 264.

（孙冬,相亮亮,顾耀东）

第四章

篮球鞋在篮球运动中的生物力学

"疾穿壁垒抛球入,迅转衣衫起臂突",篮球以其独特的魅力在全世界坐拥数以亿计的爱好者。作为三大球之一的篮球,已然成为世界性的体育运动并融入我们的生活。在以 NBA 联赛为代表的篮球竞技中,激烈的身体对抗、快速的攻防变换、激烈的空中拼抢和出神入化的传切配合无不令人拍手叫好,但是这也带来了膝、踝关节不可避免的运动损伤。篮球鞋作为人体与场地表面之间的一种介质,在篮球运动中起着无法替代的作用,在预防运动损伤、增强保护性的同时也需要兼具促进运动表现的功能。因此,篮球鞋的设计和革新不仅要满足消费者对鞋具舒适性的需求,更要遵循人体运动的生物力学原理。一双合适的篮球鞋必须具备稳定性、轻便性、耐久性和缓震性,篮球运动员甚至还需根据打球的习惯选择个性化的鞋具。多学科的交叉融合、以不断革新的技术和精湛的工艺并佐以新型材料才能设计出最为适宜的篮球鞋。

第一节
篮球运动损伤研究进展

根据田麦久教授的竞技体育项群理论,篮球运动属于同场对抗类项群,具有很强的对抗性。高强度对抗也导致从高水平篮球联赛到业余篮球运动,运动员均有较高的损伤风险,其中大部分损伤集中在运动员下肢部分并且大多为非接触性运动损伤。例如,有学者研究表明,篮球运动员每场比赛平均需要跳跃 70 次,而每次跳跃平均承受的 GRF 可达到自身体重的 9 倍,这与下肢的运动损伤有密不可分的联系。Garrick 等研究表明,篮球运动损伤中,下肢运动损伤以膝关节和踝关节损伤为主,其中以膝关节交叉韧带损伤、踝关节内外侧副韧带等损伤概率最高。这些运动损伤给运动员带来了极大生理和心理的创伤,严重限制了运动员在赛场上的发挥,并影响甚至终结运动员的运动生涯。以下将主要对篮球运动中膝关节和踝关节的生物力学损伤特征和流行病学研究进行述评。

一、篮球运动中膝关节运动损伤特征研究

(一) 膝关节运动损伤的病因学研究

膝关节是人体最大、构造最复杂且损伤风险最高的关节,属于屈戍关节,由股骨内、外侧髁和胫骨内、外侧髁及髌骨构成。膝关节的附属结构或者说辅助结构包括半月板、前交叉韧带(anterior cruciate ligament,ACL)、后交叉韧带、内外侧副韧带和髌韧带等。膝关节非接触性运动损伤在竞技体育甚至是业余活动中都是很常见的,尤其是在一些需要快速启停、变向、跳跃着地等动作的运动项目中。在运动相关的膝关节损伤中最普遍的是髌股关节疼痛综合征(图 4 - 1)。在篮球运动员群体中,大约有 25% 的膝关节非接触性运动损伤问题是由髌股关节疼痛综合征导致的,疼痛常位于髌骨前内侧、前外侧或后方。运动过程中髌股关节之间过度挤压力会导致髌股关节疼痛综合征的加剧。例

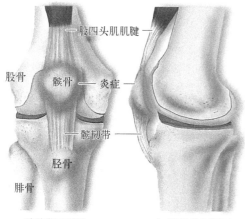

图 4-1
彩图

a.膝关节正视图   b.膝关节侧视图

图 4-1   膝关节髌股关节疼痛综合征

资料来源: https://www.apta.org.

如,跳跃落着动作、快速下蹲动作和快速启动动作等均可导致髌股关节挤压力在短时间内迅速增大从而增加髌股关节疼痛综合征的损伤程度。ACL 损伤相较于其他运动损伤则具有治疗和康复成本高、恢复进程慢等特点。有学者报道,70% ~ 84% 的 ACL 损伤是非接触性运动损伤,ACL 损伤多发生在跑步过程中快速变向和急速制动、侧切动作的制动期、跳跃动作的着地期及绕支撑腿的旋转动作。总体来说,膝关节运动损伤的严重程度和治疗成本相对于其他运动损伤都是较高的。更具体地说,髌股关节疼痛综合征和 ACL 损伤的康复治疗成本和康复过程较长是导致其损伤代价高的主要原因。目前有很多的研究关注膝关节运动损伤的康复技术和康复手段,然而,相较于康复更需要关注的是如何通过主观(如科学合理的训练技术和方法)和客观(如膝关节护具、篮球鞋设计)的手段预防膝关节损伤。Finch 提出了科学研究转化运动损伤实践的模型(translating research into injury prevention practice,TRIPP),该模型包含 6 个阶段:① 运动损伤监测;② 运动损伤的生物力学机制及病因学原理确定;③ 运动损伤预防对策分析;④ 运动损伤生物力学评价;⑤ 运动损伤干预策略的制订;⑥ 运动损伤干预策略的评价。在这里我们重点关注第 2 个阶段,即运动损伤尤其是膝关节损伤的生物力学机制和病因学原理。

(二) 膝关节运动损伤生物力学机制研究

影响膝关节运动损伤的因素还有解剖特征和性别因素,而这两个因素是无法改变的,因此确定导致髌股关节疼痛综合征和 ACL 损伤的可改变的生物力学参数是十分关键的。目前对髌股关节疼痛综合征和 ACL 损伤的生物力学研究从时间划分可以分为 3 类:① 前瞻性研究(健康受试者);② 急性损伤研究(急性损伤受试者);③ 损伤康复与健康组对比研究(损伤后康复阶段受试者与健康受试者对比)。通过对这 3 个不同时间节点损伤的综合生物力学评价,一方面可以对导致膝关节损伤的生物力学因素有更清楚的认识,另一方面也可以指导预防策略的实施。从表 4-1 可以看出,髋关节与膝关节在变向、减速、着地等动作过程中的生物力学参数变化与膝关节运动损伤特征密切相关,而踝关节的生物力学参数似乎对膝关节运动损伤影响较小。从膝关节生物力学参数来看,与篮球运动引起膝关节髌股关节疼痛综合征和 ACL 损伤关系最密切的因素:① 膝关节外展程度增大,外展力矩增大伴随减小的膝关节屈曲角度;② 膝关节外展过程中,内侧副韧带、内侧髌韧带和 ACL 被动拉紧以限制膝关节的过度外展活动,当膝关节外展力矩逐渐作用并增大时,内侧副韧带与 ACL 的拉伸应变也随之增大。有研究猜想,ACL 损伤可能是由多次较大的膝关节外展负荷的累积作用导致,而非一次较大的膝关节外展负荷导致。这种冠状面慢性的、累积的、过高的膝关节外展负荷可能是导致膝关节运动损伤风险增加的潜在因素。有学者研究认为,膝关节运动过程中外展程度过高或者说外展力矩较高可以归因于髋关节过度内收和过度内旋,而髋关节这种不正常的运动状态则是髋关节周围肌群薄弱导致的。总体来看,膝关节外展程度的增大标志着髋关节周围肌群在着地减速过程中缓冲外界冲击力的能力降低。膝关节承受地面冲击力的增大和姿势控制能力降低导致作用在髌股关节和 ACL 的拉力增大,从而导致膝关节运动损伤风险的增大。篮球运动员在进行一些超负荷的动作如着地动作时,膝关节外展力矩的增大可使 ACL 承受更大的牵拉应力。同时,膝关节外展力矩的升高也会破坏髌股关节在矢状面上正常的力学结构,使胫骨横向移动增加,导致膝关节非正常的力学表现,最终使髌股关节疼痛综合征和 ACL 损伤风险增大。

表 4-1　膝关节运动损伤不同阶段的生物力学参数特征

作者(年份)	研究设计	损伤种类	运动生物力学特征		
			髋关节	膝关节	踝关节
Boling 等(2009)	非损伤组研究	PFPS	↑内旋角度	↓屈曲角度/力矩;↑伸膝力量	/
Myer 等(2010)		PFPS	/	↑外展力矩/负荷	/
Hewett 等(2005)		ACL	/	外展角度/力矩	/
Verrelst 等(2014)		PFPS	↑水平面活动度	/	/
Hewett 等(2009)	急性损伤研究	ACL	/	↑外展角度/外翻力矩	/
Kobayashi(2010)		ACL	/		
Boden 等(2000)		ACL	↑屈曲角度	↑外翻角度	↓跖屈角度
Ebstrup 等(2000)		ACL	/	内翻合并股骨外旋,外翻合并股骨内旋	/
Koga 等(2010)		ACL	/	外翻合并胫骨内旋	/
Cochrane(2007)		ACL	/	膝关节屈曲/外翻/内旋角度>30°	/
Olsen 等(2004)		ACL	/	外翻合并外旋	/

续表

作者(年份)	研究设计	损伤种类	运动生物力学特征		
			髋关节	膝关节	踝关节
Wilson 等(2009)	损伤对照研究	PFPS	↓外展/外旋;↑内收/内收力矩	/	/
Souza 等(2009)		PFPS	↑峰值内旋角度	/	/
Wilson 等(2008)		PFPS	↑内收角度/屈曲角度/内收角冲量;内旋角度	/	/

注:↑表示增大,↓表示减小。PFPS 为髌股关节疼痛综合征;ACL 为前交叉韧带。

除此之外,膝关节矢状面和冠状面的运动学特征,如膝关节运动过程中屈曲角度的变化与髌股关节疼痛综合征和 ACL 损伤也是紧密相关的。有一部分篮球动作在膝关节冠状面上有较大的负荷,这种冠状面较大的负荷特征也会影响矢状面的运动,降低膝关节稳定性同时也增加了 ACL 负荷。Nagano 等认为,膝关节运动过程中屈曲角度小于 30°时,由于股四头肌的过度收缩会导致 ACL 应力的显著增加,尤其是在单腿着地支撑动作为维持身体稳定时。股四头肌过度收缩会导致胫骨前移,膝关节内旋和外展活动增加,一项针对 ACL 损伤风险的实验研究显示,着地过程中膝关节较小的屈曲角度可导致膝关节冠状面负荷增加随即增加 ACL 损伤风险,而较小的膝关节屈曲角度和过度内旋也被认为是导致髌股关节疼痛综合征的主要原因之一。着地过程中,膝关节屈肌群(股后群肌)的协同收缩可以作为拮抗肌对抗股四头肌的过度收缩,降低膝关节过度外展活动以增加膝关节稳定性。

从髋关节角度来看,与 ACL 损伤和髌股关节疼痛综合征关系最紧密的是运动过程中增大的髋关节屈曲角度。原因是什么呢? 可以这样解释:股四头肌是横跨髋关节和膝关节的大肌肉群,主要作用是屈髋和伸膝,那么股四头肌的过度激活和收缩,同时伴随股后群肌收缩力量的减弱会导致过度屈髋和过度伸膝,从而进一步增加了 ACL 和髌股关节疼痛综合征损伤风险。另外,在髌股关节疼痛综合征症状出现之后,髋关节屈曲角度会代偿性增大从而吸收更多的负荷来减轻膝关节负荷和膝前疼痛。髋关节的内收和内旋也会导致膝关节中心点的内侧偏移,造成膝关节外翻外展程度增大,这跟髋关节周围肌群力量不足及动作控制能力较差是密切相关的。另外,支撑腿髋关节在单腿着地和侧跨步等动作时过度外展会导致 COM 的侧向移动,随之膝关节外侧 GRF 负荷增大可导致施加在膝关节上的外展力矩增大,因此关节内软组织尤其是 ACL 和内侧副韧带承受了更大的拉伸应力。COM 投影点超过支撑腿的压力中心且伴随膝关节外展会显著增加膝关节外展力矩和损伤风险。髋关节外旋肌群的无力会导致髋关节内旋程度增加和膝关节外展程度增大,从而增加髌股关节外侧的负荷。髋关节内旋程度的增加也会导致髌骨侧向移动增加,膝关节屈曲程度的减小可显著提高髌股关节接触应力,导致髌股关节疼痛综合征加重。从踝关节的角度来看,有研究报道踝关节跖屈程度的减小是膝关节损伤的潜在危险因素之一,推测可能是由于较小的跖屈角度降低了踝关节的缓冲能力,从而导致在一些动作中,膝关节和髋关节的代偿性缓冲承受了更多的冲击力,从而增加了损伤风险。

与膝关节髌股关节疼痛综合征和 ACL 损伤相关的生物力学指标是多样的,但究其内在原因可能是运动员下肢缓冲能力的降低。运动过程中下肢关节尤其是膝关节冠状面负荷的上升和髋关节周围肌群动作控制能力的下降,可导致膝关节内部组织结构承受负荷的增大。有研究显示,赛季前和赛季中对篮球运动员进行下肢肌肉加强训练和动作控制训练可以明显降低膝关节损伤风险。

(三)膝关节运动损伤研究总结建议

从上述篮球运动对膝关节运动损伤风险的实验研究中,我们可以总结得到 ACL 损伤和髌股关节疼痛综合征生物力学因素的整体判断:① ACL 损伤和髌股关节疼痛综合征的危险生物力学指标是相似的;② 与膝关节运动损伤相关的髋关节和膝关节生物力学指标主要体现在矢状面和冠状面。膝关节运动损伤受试者和非损伤受试者在损伤前、损伤过程中和损伤预后康复过程的生物力学对比研究得出膝关节运动损伤生物力学机制的共性特征:① 在膝关节层面,篮球运动中膝关节较大的外展负荷伴随较小的膝关节屈曲角度是导致 ACL 损伤和髌股关节疼痛综合征的主要原因;② 在髋关节层面,髋关节屈曲和内旋程度增大是导致膝关节运动损伤的主要因素。膝关节运动损伤生物力学指标的升高在受伤前和受伤过程中均可发现,髋关节运动损伤生物力学指标的升高则在受伤过程中和伤后发现。通过对健康受试者进行前瞻性的研究结合损伤过程中和损伤后的生物力学指标得出,哪些生物力学指标的升高或者异常是膝关节运动损伤的敏感指标,通过及时调整训练计划、改进运动装备等手段来预防或者避免这些运动损伤的风险和发生概率是十分重要的。

二、篮球运动中踝关节运动损伤生物力学特征

(一)踝关节解剖学特征

踝关节是由胫、腓骨下端的关节面与距骨滑车构成的,是连接小腿与足部的重要关节,踝关节属于屈戌关节,由 3 个重要部分组成,即下胫腓联合关节、距骨小腿

关节和距下关节。踝关节外侧韧带包括距腓前韧带(限制足内翻)、距腓后韧带(限制踝关节过度背伸)及跟腓韧带(限制足内翻),运动时根据足的屈伸位置不同,3组韧带的受累程度亦不相同,如踝关节跖屈时以距腓前韧带损伤为多,背伸时则以距腓后韧带损伤为多而中间位时以跟腓韧带损伤多见。踝关节外侧的3条韧带中,距腓前韧带最薄弱,在受到138.9 N的应力时即可发生断裂损伤,距腓后韧带在受到261.2 N的应力时即可发生断裂损伤,跟腓韧带在受到345.7 N的应力时即可发生断裂损伤。踝关节内侧韧带为较为牢固的三角韧带,三角韧带损伤多由外翻或外翻暴力所致,通常引起内踝和(或)外踝合并骨折和三角韧带断裂(图4-2)。

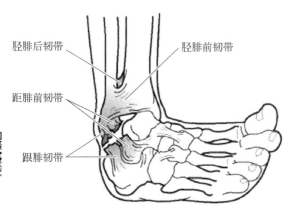

胫腓后韧带　胫腓前韧带
距腓前韧带
跟腓韧带

图4-2　踝关节外翻损伤示意图

资料来源:https://www. researchgate. net/publication/296330557_Acute_ankle_sprain_Conservative_or_surgical_approach.

图4-2
彩图

(二)踝关节运动损伤风险因素分析

有研究报道,踝关节是运动损伤概率仅次于膝关节的第二大运动损伤风险高发关节,在美国大学生篮球联赛中踝关节韧带扭伤也是最普遍的运动损伤。一项针对2 293名篮球运动员的调查研究显示,膝关节运动损伤的发生概率约为40.3%,踝关节运动损伤的发生概率约为22%。另一项针对580名长跑运动员调查显示,膝关节运动损伤概率约为33.9%,踝关节运动损伤概率约为20.9%,由此可见,膝、踝关节运动损伤是最主要、发生率最高的运动损伤。在所有踝关节运动损伤中,踝关节扭伤的概率超过了80%,是最普遍的踝关节运动损伤。同时在踝关节扭伤中,踝关节外侧扭伤的概率约为77%,其中73%伴随着距腓前韧带的断裂或者撕裂。

踝关节扭伤后也会带来很多负面影响,如疼痛、关节不稳定、关节摩擦音、力量减弱、肿胀、关节刚度下降等。踝关节扭伤的风险因素通常情况下可分为内部因素和外部因素。早在1997年,Barker等就对踝关节运动损伤的风险因素进行文献述评,他们发现,与使用高帮篮球鞋相比,使用专门的矫形方法和矫形护具能够降低有踝关节扭伤史运动员二次损伤的风险,他们还发现,篮球运动员在场上不同位置的踝关节损失风险概率没有显著性差异。从内部因素来看,有踝关节扭伤史、足宽/足长比例较大、踝关节内外翻肌群不对称、踝关节跖屈力量较强且跖屈/背屈肌力不对称、左右下肢力量不对称均是导致踝关节运动损伤风险增加的内在因素。

　　2002 年，Beynon 等的一项荟萃研究显示，性别差异、足部形态和踝关节松弛并非踝关节扭伤的风险因素；Morrison 和 Kaminski 认为内翻高足弓、足宽比例增加、跟骨内外翻活动度增加与踝关节扭伤是密切相关的。还有研究发现，有踝关节扭伤史的运动员出现二次踝关节运动损伤的风险是正常运动员的 4.9 倍，习惯着气垫篮球鞋的运动员踝关节运动损伤风险为着正常篮球鞋运动员的 4.3 倍，运动前没有进行热身训练也会使踝关节扭伤的风险提高 2.3 倍。Willems 等对踝关节扭伤风险进行了动态测试发现，支撑期的触底初期，压力中心的外侧偏移可能是导致踝关节内翻损伤的因素之一，同时也是较好的预测指标。他们还同时报道了男性运动员和女性运动员不同的踝关节内翻损伤风险因素：① 男性运动员，较差的心肺耐力运动水平、较低的平衡能力、踝关节背屈肌群力量减弱、踝关节背屈活动度减小、胫骨前肌和小腿三头肌的过快激活；② 女性运动员，踝关节内翻控制能力降低、第 1 跖趾关节过伸、姿势控制协调能力降低。需要注意的是以上这些踝关节扭伤的风险因素并不是踝关节扭伤的直接原因，而是这些因素水平的升高或者改变与踝关节扭伤风险呈现正相关的关系，关于踝关节扭伤的病因学原理，将在下一部分描述。

（三）踝关节内翻损伤（外侧损伤）病因学分析

　　Fuller 等发现，多数的踝关节扭伤是由着地初期距下关节较大的旋后力矩导致的，而着地初期的着地位置和 vGRF 大小是决定距下关节旋后力矩的重要指标。同时，如果着地初期的压力中心与距下关节轴的距离增大，则距下关节力臂随之增大，翻转力矩也增大，从而增加踝关节扭伤风险。Wright 等研究发现，侧切动作着地阶段踝关节跖屈程度增大是导致踝关节扭伤的原因之一，当足部在跖屈状态下着地时，接触地面的部位落在前足区域，此时距下关节 GRF 臂显著增大（图 4-3），导致关节扭转力矩增大从而引起踝关节扭伤风险增加。因此可以认为，足部着地时的位置是踝关节扭伤的病因之一。踝关节周围肌肉贴扎和束紧支撑能够改变踝关节着地位置从而减小扭伤风险也基于这一病因学原理。踝关节扭伤的另一个病因学原理是踝关节外侧腓骨肌群的激活滞后。Ashton 等发现，跳跃着地动作时的踝关节急性扭伤发生在着地后 40 ms，此时的 GRF 也恰好达到第一个峰值。在踝关节外侧部分，腓骨肌包括腓骨长肌和腓骨短肌，其收缩可以对抗踝关节的过度内翻动作，从而降低踝关节的外侧扭伤风险。然而多数研究结果发现，腓骨肌的激活时长平均为 50 ms 甚至更长，有报道对健康受试者进行站立状态踝关节外翻应激测试时发现，腓骨肌的应激时间为 57~58 ms、57~60 ms、58 ms、65~69 ms、67~69 ms 和69 ms。慢性踝关节不稳定运动员的腓骨肌激活时间相对更长，为 82~85 ms。还有研究对正常步态过程踝关节应激外翻腓骨肌应激时长测试结果为 74 ms。

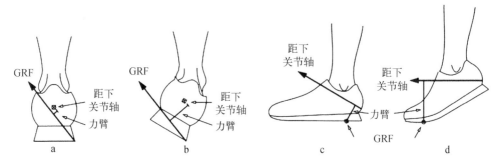

图 4 - 3　a、b 图为足踝在侧切动作着地时刻的后面观;c、d 图为足踝侧切着地动作矢状面上距下关节相对于 GRF 水平分力的力臂长度

a 图表示足着地与地面相平时距下关节的 GRF 力臂长度;b 图表示足着地处于内翻位置时距下关节 GRF 力臂长度;c 图表示后跟着地;d 图表示前足着地

资料来源:Wright I, Neptune R R, van den Bogert A J, et al. 2000. The influence of foot positioning on ankle sprains[J]. Journal of biomechanics, 2000, 33(5):513-519.

(四) 踝关节内翻损伤生物力学机制研究

　　了解踝关节扭伤的生物力学机制对于损伤预防策略的指导和运动装备辅具的开发是十分必要的。踝关节外侧韧带的损伤通常是踝关节过度内翻、足内旋,踝关节跖屈和距下关节内收内翻的共同作用导致。Stormont 等研究发现,踝关节扭伤大多数是反复持续的应力所导致的,而由于关节之间的相互牵制,踝关节在满载负荷状态下的损伤风险反而小于反复应力状态。足部在跖屈状态下,距腓前韧带的损伤概率更高,而足部在背屈状态下,跟腓韧带的损伤概率更高。根据比赛视频研究分析,Andersen 等提出了两种导致踝关节内翻损伤的可能生物力学机制:① 在足着地前或者足着地初期,对方防守运动员给运动员下肢内侧部分一个横向冲击力,导致运动员着地时足部处于更容易损伤的内翻姿势;② 运动员起跳着地过程中踩踏在防守运动员足部,此时踝关节会有快速跖/背屈同时伴随踝关节快速内翻或者外翻,从而导致踝关节韧带损伤;在上述两种情况中,距腓前韧带常常受累,一方面是由于该韧带薄弱,另一方面是该韧带在正常情况下受到的牵张应力也大于其他踝关节韧带。

　　2011 年,挪威体育学院的 Eirik 等在对一名职业女子篮球运动员(身高173 cm,体重63.7 kg,年龄 22 岁)进行侧切变向动作测试时,该名运动员恰好发生了踝关节急性内翻损伤,损伤过程的运动学和动力学数据被完整地记录下来。笔者将损伤侧切动作时踝关节支撑期分为 3 个阶段:① 着地阶段(0~50 ms);② 落地阶段(50~80 ms);③ 蹬地阶段(80~170 ms)。与前面两次非损伤实验对比,损伤组踝关节在着地阶段出现显著内翻(内翻角度 16°、6°和 5°)和内旋(内旋角度 8°、4°和-1°)。着地阶段足底压力中心线向外侧偏移 2 cm,在落地阶段和蹬地阶段压力中心线外侧偏移与前两次对比为 8.3 cm、3.3 cm 和 3.0 cm。在蹬地阶段，从 80 ms 开始，踝关节内翻力矩逐渐增大，到 138 ms 时踝关节内翻力矩达到 79 Nm 的峰值，此时踝关节内翻角度为 23°，对应的内旋角度达到 46°，背屈角度为 22°。峰值内旋力矩出现在峰值内翻力矩之后，在 167 ms 时峰值内旋力矩达到 64 Nm 的峰值。蹬离阶段的损伤组踝关节出现背屈趋势的同时伴随着 GRF 和膝关节屈曲力矩的下降。非损伤对照组在整个支撑期过程中主要表现的是外翻力矩，内外翻的角度变化在 6°以内。损伤组的内翻角速度峰值在 559°/s，而非损伤组的内翻角速度为 166°/s 和 221°/s（图 4-4，图 4-5）。

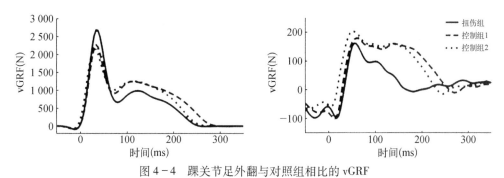

图 4-4 踝关节足外翻与对照组相比的 vGRF

资料来源：Kristianslund E, Bahr R, Krosshaug T. 2011. Kinematics and kinetics of an accidental lateral ankle sprain[J]. Journal of biomechanics, 44(14): 2576-2578.

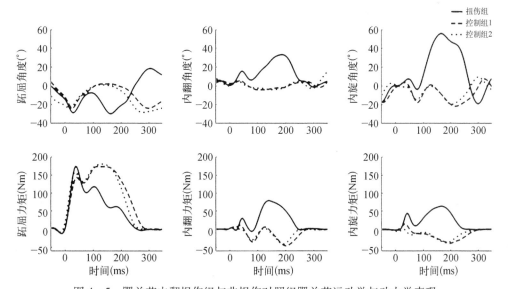

图 4-5 踝关节内翻损伤组与非损伤对照组踝关节运动学与动力学表现

资料来源：Kristianslund E, Bahr R, Krosshaug T. 2011. Kinematics and kinetics of an accidental lateral ankle sprain[J]. Journal of biomechanics, 44(14): 2576-2578.

2004 年,Andersen 等的一项研究显示,踝关节内翻损伤常常伴随着踝关节的跖屈,然而该项研究显示,损伤组踝关节在前 80 ms 即第 1 阶段和第 2 阶段,踝关节的屈曲模式与非损伤组是相似的,然而在 80 ms 之后,踝关节主要表现为背屈;这与 2009 年 Fong 的一项案例研究结果相似,他发现踝关节内翻损伤组支撑足的压力中心线(图 4-6)在第 3、4 跖骨区域出现了不稳定的外偏趋势。以上 2 项研究均发表于运动科学国际权威期刊 *The American Journal of Sports Medicine*、*BCM Sport Science* 和 *Medicine and Rehabilitation*,研究证实踝关节内翻损伤与背屈跖屈没有显著相关关系,因此使用限制踝关节跖屈的手段(如踝关节贴扎等)预防踝关节内翻损伤是没有必要的。以上的几项关于踝关节内翻损伤的案例研究均发现,踝关节内翻角度、内翻角速度和内翻力矩在短时间内的快速增大是导致踝关节内翻损伤的主要生物力学因素,尤其是内翻角速度呈现出非常显著的差异,Fong 等在一项模拟踝关节内翻损伤的生物力学研究中提出把内翻角速度达到 300°/s 作为内翻损伤的危险阈值,类似的结论可以为智能防止踝关节内翻篮球鞋设计提供理论依据和实验数据。

图 4-6
彩图

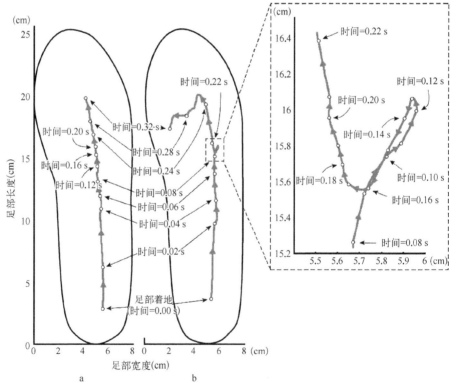

a

b

图 4-6　a 图为对照组足底压力中心线轨迹;b 图为损伤组的轨迹

资料来源:Fong D T, Chan Y-Y, Mok K-M, et al. 2009. Understanding acute ankle ligamentous sprain injury in sports[J]. Sports Med Arthrosc Rehabil Ther Technol, 1(1): 14.

三、篮球运动损伤的流行病学研究

一项针对美国职业篮球联盟(National Basketball Association,NBA)运动损伤发生率的研究对 1 094 名职业篮球运动员[平均每人统计(3.3±2.6)赛季]进行了 17 年的流行病学追踪调查。调查结果显示,被调查运动员总损伤次数为 12 594,其中踝关节内翻损伤(外侧损伤)是发生率最高的运动损伤,损伤次数为 1 658,占比 13.2%;其次是髌股关节疼痛与炎症,损伤次数为 1 493,占比 11.9%;腰椎和腰肌损伤次数为 999,占比 7.9%;腘绳肌拉伤损伤次数为 413,占比 3.3%。职业篮球运动员的运动损伤概率是十分高的,几乎每名运动员都有相应的运动损伤史,其中踝关节内翻损伤和膝关节髌股关节疼痛是最为常见的篮球运动损伤,另外,这些运动损伤的发生概率与运动员的人口学统计资料(包括年龄、身高、体重、NBA 球龄等)无关。一项前瞻性流行病学研究对 14 支欧洲篮球国家队、高水平职业篮球俱乐部和地区职业篮球俱乐部的 81 名男性篮球运动员和 83 名女性篮球运动员,共计 164 名运动员[(23.7±7.0)岁]一个赛季的运动损伤情况进行了统计性研究(如表 4-2)。该项研究对损伤概率的描述方法为每 1 000 h(暴露时长)篮球运动的运动损伤次数。研究结果显示,仅有 32.3%的运动员在整个赛季中没有任何运动损伤,37.2%的运动员受过 1 种以上运动损伤,急性运动损伤共有 139 例,慢性运动损伤有 87 例,整体来看,运动损伤的发生率为 9.8/1 000 h,急性运动损伤的发生率为 6.0/1 000 h。急性运动损伤中踝关节扭伤共有 34 例,其中 52.9%的运动员有过踝关节损伤史;急性膝关节损伤的严重程度最高,运动员平均休战时间为 7~9 周。慢性运动损伤的发生率为 3.8/1 000 h,而在所有慢性损伤中,膝关节慢性损伤概率最高,为 1.5/1 000 h。从篮球运动员不同位置来看,中锋运动员的膝关节慢性运动损伤概率高于前锋运动员。该项研究发现,篮球运动中踝关节急性扭伤和膝关节慢性损伤是最为常见的,总体的损伤概率为 14.8%。该项研究得出的几个结论:① 踝关节扭伤是篮球运动中发生概率最高的急性运动损伤,损伤的病因大多为快速变向动作及起跳下落后踩踏到防守队员足部造成;② 髌股关节疼痛(膝前疼痛)是篮球运动最常见的慢性运动损伤,目前缺乏相应的预防策略;③ 急性膝关节损伤需要的恢复时间是最长的,而且预后较差;④ 同等竞技水平情况下,女性运动员更容易受到运动损伤。McKay 等发表在 *British Journal of Sports Medicine* 上的一项研究累计对 10 393 名业余水平篮球运动员的踝关节运动损伤概率进行场边问卷调查,统计结果显示踝关节运动损伤在业余水平篮球运动员中的发生率为 3.85/1 000 h。其中 45.9%篮球运动中发生踝关节损伤的运动员休息时长在 1 周以上,45%的运动员是在跳跃落地阶段发生的踝关节损伤,56.8%的运动员踝关节损伤后没有进行专业的治疗和康复。

第二节
篮球鞋核心技术的生物力学研究进展

运动鞋科技的每一项进步,都离不开生物力学研究,其结构设计和技术创新都必须遵循人体运动的生物力学原理。足部的结构与力学功能问题,足部与地面、足部与鞋、鞋与地面之间相互作用的力学问题,制鞋材料、鞋体结构与运动功能问题是运动鞋生物力学研究的主题。运动鞋的核心技术主要体现在鞋底科技上,早期的生物力学研究多集中在足部的形态与结构上,继而是运动学和动力学测量与分析,现今高技术和新材料的应用及进展都依赖生物力学测量与分析技术的发展。

一、篮球鞋缓震性能生物力学研究

(一)篮球鞋缓震性能的定义及综述研究

美国材料与试验协会(American Society for Testing and Materials, ASTM)将缓震性能定义为借外力作用时间的增长来降低冲击力峰值的能力。人们最初的假设认为冲击力是有害的,必须限制人体对此力的承受。诸多学者的研究侧重于冲击力施加于特定人体组织时的作用,还有不少侧重于探讨冲击力与损伤发展之间的关系。然而冲击力是否一定能够导致运动损伤如骨关节炎、胫骨骨膜炎等,目前还没有明确的定论。例如,有研究显示,与非跑者相比,跑者并没有出现更高的关节炎发生率;在马拉松前后的膝关节 MRI 检查研究中,也并没有显示长距离跑对膝关节存在不利的影响。相反也有研究表明,相比白色人种女性,中国女性由于走速较慢、足跟着地时间更短,其骨关节炎的发生率也偏低。对于骨组织而言,反复冲击力在人体生理承受的范围内能够对骨小梁的重建产生积极的作用;与主要通过肌肉收缩对骨产生负荷的运动项目相比,能对骨骼造成明显冲击负荷的运动项目如篮球、排球等的青少年运动员的股骨头密度较高;经历过体操专业训练的年轻男性运动员的骨完整性和质量均有较大增加。因此,冲击力与肌肉-骨骼系统损伤的关系还没有明确,而一定范围和一定程度的冲击力事实上对人体是有利的。

跑、跳过程中的被动冲击阶段发生在足部与地面接触后,支撑期的前 10%~20% 阶段,人体下肢在接触地面后的迅速减速导致了冲击力(vGRF 部分)的产生。冲击力峰值发生在着地后的 5~30 ms,跑步时冲击力峰值可达体重的 1.5~4 倍,起跳和着地则通常需要承受 3.5~7 倍于自身体重的地面冲击力。在篮球的三步上篮过程中,这一冲击力甚至可以达到体重的 9 倍以上。其中峰值出现的时间主要由下肢的减速度决定,而冲击力的大小主要依赖身体的有效质量(effective mass, m_e)。Shorten 等的研究已证实,有效质量能够通过外部冲击力和胫骨加速度进行估算,并与身体质量、关节角度存在一定的函数关系。例如,通过采用弯腰屈膝姿态的足部着地方式能够增加关节角度和胫骨加速度从而减少有效质量。其中有效质量(m_e)的计算公式如下:

$$m_e = \frac{1}{\Delta v}\int_{t_1}^{t_2} Fdt \qquad (公式 4-1)$$

式中, $\int Fdt$ 表示冲击力冲量; t_1、t_2 表示一定时间内; Δv 表示速度变化量。

冲击力来源于两个物体的相互碰撞,同时伴随着二者间动量的转变。从力学角度而言,延长碰撞时间能够减少冲击力,因此 20 世纪 70 年代末引入"缓冲"的概念,即通过具有黏弹性的中底材料,如 EVA 泡沫的变形来衰减或吸收被动冲击力。理论上鞋中底额外变形能够减少被冲击系统刚度(硬度)、降低人体与地面碰撞后的迅速减速程度,从而达到削弱冲击力的目的。在被动情况下,柔软的中底结构有利于缓震。就目前而言,运动鞋的缓震主要通过两方面来实现:① 结构缓震方面,如 Nike 的 Air 气垫技术,李宁的李宁弓技术,Reebok 的 Honeycomb 蜂巢技术,安踏的芯技术、A-FORM、A-CORE 系统等。② 材料缓震方面,如 Adidas 的 Boost 发泡材料、Nike 的 Lunar 泡棉材料、安踏的 A-Flash form 材料等。Hung-Ta Chiu 等通过冲击测试对 3 种不同中底硬度的运动鞋进行缓冲性能的比较发现,加了特殊缓震泡沫材料的运动鞋对冲击力的衰减更为明显。Tzur 等利用有限元模型对冲击过程中足跟所受的压力和鞋中底硬度的关系进行研究发现,当 EVA 的厚度减少 50% 时足跟最大压力增加接近 20%,由此推断运动鞋的缓震性能会随着中底变薄而明显下降。Eisenhardt 也指出,鞋中底的结构会对足底压力的大小和分布产生一定的影响。Jahss 等发现人体在运动过程中的缓震主要分为两部分,一部分是被动缓震,另一部分是主动缓震。被动缓震包括鞋底的缓震和人体足部足跟垫的缓震,主动缓震包括了肌肉和关节的在运动中起到的缓震作用。Jorgrnsen 等认为,运动中如果人体被动缓震作用减少,则主动缓震作用就会代偿性地增加,就会增加人体肌肉、关节和韧带的负荷,从而造成运动损伤风险增加。因此,通过穿着缓震性能较好的运动鞋从而达到增加人体被动缓冲的作用显得尤为重要,而着缓震性能较好的运动鞋可有效地预防运动损伤。

(二) 篮球鞋垂直方向缓震性能的生物力学实验研究

李宁运动科学研究中心的 Wing-Kai Lam 等进行了一项针对篮球鞋缓震性能

和跑速对篮球运动员直线跑步冲击负荷和胫骨震动影响的运动学和动力学研究，并发表在 *Peer J* 上，该研究实验场地设计如图 4-7 所示。Lam 认为相比于跑步，篮球运动也会有较高的胫骨疲劳骨折的风险，研究选用 3 双经过 ASTM 批准的 F1976-13 标准化缓震性能机械测试的篮球鞋，测试设备为美国 Exeter 机械冲击测试仪(8.5 kg 小锤从 50 mm 高度垂直落在鞋底足跟区域)，得出 3 双篮球鞋冲击强度分别为 9.8、11.3、12.9，数字越大表示缓震性能越差，因此将 3 双篮球鞋分别命名为强缓震、中等缓震和弱缓震篮球鞋。18 名半职业男子篮球运动员分别着 3 双篮球鞋进行3.0 m/s 和 6.0 m/s 的实验室直线跑步测试，采用三轴加速度传感器来获取胫骨加速度数据，动力学数据采集由三维测力台完成，研究使用胫骨加速度数据表示胫骨震动负荷大小，使用平均垂直负荷增长率(vertical average loading rate，VALR)及瞬时垂直负荷增长率(vertical instantaneous loading rate，VILR)来表示冲击负荷的大小(图 4-8)。研究结果发现，胫骨加速度、VALR 及 VILR 随着跑步速度的提高而有显著提升，然而与预测结果不同的是，胫骨加速度、VALR 和 VILR 并没有随篮球鞋缓震性能的增强而相对减小，运动员着中等缓震篮球鞋反而显示出最低的冲击负荷和胫骨震动负荷，同时从运动学数据发现，18 名篮球运动员跑步均采用足跟着地方式。从上述结论可以做出以下推测：① 篮球鞋缓震性能存在最优值或者最优区间，而并非缓震性能越强就越有利于损伤预防，由此推测鞋具的缓震性能和运动员对鞋具的本体感觉达到了一种较为理想的平衡状态时，损伤的风险会显著降低。② 篮球运动员跑步足部着地方式不会因为鞋具参数变化和跑步

图 4-7
彩图

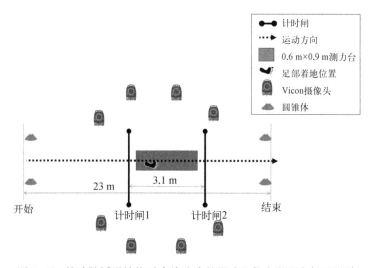

图 4-7 篮球鞋缓震性能对直线跑步的影响生物力学研究场地设计

资料来源: Shorten M, Mientjes M I. 2011. The 'heel impact' force peak during running is neither 'heel' nor 'impact' and does not quantify shoe cushioning effects[J]. *Footwear Science*, 3(1): 41-58.

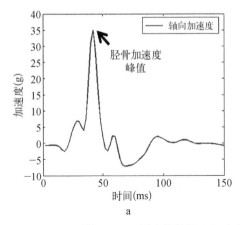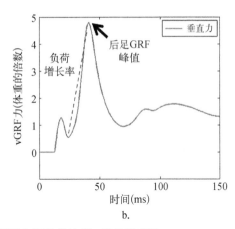

图 4-8 a 图为胫骨轴向加速度示意图；b 图为着地期 vGRF 示意图

资料来源：Shorten M, Mientjes M I. 2011. The 'heel impact' force peak during running is neither 'heel' nor 'impact' and does not quantify shoe cushioning effects[J]. Footwear Science, 3(1): 41-58.

速度的改变而变化，都是以足跟着地的方式跑步。

　　Wing-Kai Lam 等的另一项研究对着不同中底硬度篮球鞋的篮球运动员做 4 项篮球基本动作进行了足底压力测试。与上一项研究不同的是，该研究采用中底硬度来表示篮球鞋缓震性能的强弱，经测试，选取的 2 双不同中底硬度篮球鞋的邵氏 C 硬度指数分别为 60 和 50。选取的 4 个篮球基本动作分别为直线跑、冲刺跑、45°侧切和带球上篮，其中跑步速度限制为 3.3×(1±5%) m/s(图4-9)。

　　从足底压力测试结果来看，4 个基本篮球动作足底各区域的峰值压强和压强-

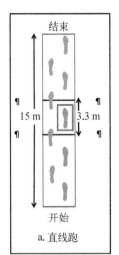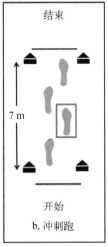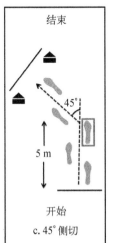

图4-9 彩图

图 4-9 4 种篮球常见动作测试

资料来源：Lam W K, Ng W X, Kong P W. 2017. Influence of shoe midsole hardness on plantar pressure distribution in four basketball-related movements[J]. Research in Sports Medicine, 25(1): 37-47.

时间积分在软底篮球鞋和硬底篮球鞋两种条件下显示出不同的分布特征。与着硬底篮球鞋相比,着软底篮球鞋进行 4 个篮球动作的足底峰值压强显著降低。例如,在右足支撑期,除侧切动作外,其余 3 个动作着软底篮球鞋 MF 区域峰值压强显著降低,LF 区域的峰值压强在直线跑和带球上篮动作中也显著降低;压强-时间积分在 45°侧切和带球上篮动作中也出现类似的变化,即着软底篮球鞋在前足区域出现显著降低趋势。根据以上实验结果做出推测:在篮球鞋的前掌区域使用缓震性能较好的材料有助于降低篮球运动员的足底负荷(图 4 – 10)。

a   b

c

鞋 具	前足区硬度	中足区硬度	后足区硬度
	邵氏 C 硬度指数 均值(标准差)	邵氏 C 硬度指数 均值(标准差)	邵氏 C 硬度指数 均值(标准差)
软 底	50.2(0.7)	50.1(0.3)	50.1(0.4)
硬 底	60.1(0.3)	60.0(0.2)	59.9(0.1)

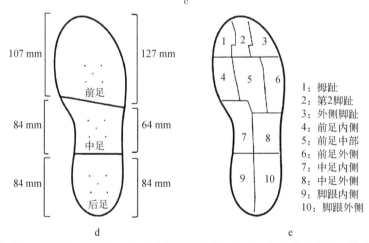

d   e

1:拇趾
2:第2脚趾
3:外侧脚趾
4:前足内侧
5:前足中部
6:前足外侧
7:中足内侧
8:中足外侧
9:脚跟内侧
10:脚跟外侧

图 4 – 10　a 图为研究实验用篮球鞋;b 图为邵氏 C 硬度计;c 图为鞋具中底前掌、中足、
　　　　　足跟部位平均硬度值;d 图为中底硬度测量区域;e 图为足底压力分区

资料来源: Lam W K, Ng W X, Kong P W. 2017. Influence of shoe midsole hardness on plantar pressure distribution in four basketball-related movements[J]. Research in Sports Medicine, 25(1): 37 – 47.

以上两项研究对篮球鞋缓震性能的测试均采用了机械测试的方法,对鞋具本身的机械缓震性能和软硬度性能进行测试。如果将关注点聚焦于足-鞋-地系统,通过生物力学的测量技术和手段获取真实运动状态下的生物力学特征,并使用生物力学参数来表示缓震性能,那么可能会更加贴近于实际运动。例如,动力学指标中可以采用 VALR 和 VILR 来表示冲击负荷的大小从而间接衡量球鞋缓震性能,同样,鞋垫式足底压力测试系统通过对足底分区域的峰值压强、峰值压力、压强-时间积分等参数的获取来反映足底压力分布状况,从而为篮球鞋局部材料的改进提供数据支撑;在运动学指标层面,膝关节着地角度可能与缓震性能相关,研究发现膝关节着地角度的增大是对较大冲击力的代偿,胫骨加速度也被证实是反映着地期胫骨负荷的有效指标,而胫骨负荷也是衡量鞋具缓震性能的敏感指标。还有学者提出,使用着地 100 ms 的冲击衰减指数(shock attenuation index)来表示鞋具的缓震性能,该指数计算公式如下:

$$冲击衰减指数 = \left(1 - \frac{H_{max}}{L_{max}}\right) \times 100 \qquad (公式 4-2)$$

式中,H_{max} 为着地 100 ms 之内的头部加速度峰值;L_{max} 为着地 100 ms 之内胫骨加速度峰值。

新加坡南洋理工大学研究团队发表在 *Journal of Sports Sciences* 上的一项研究对篮球运动员进行常规篮球动作时体重和篮球鞋缓震性能的生物力学参数和主观反馈进行测试。选取的 3 双篮球鞋中底邵氏 C 硬度指数分别为 38、42 和 57;不同体重的运动员 30 名,其中 15 名为较重运动员平均体重为 83 kg,15 名较轻运动员平均体重为 66 kg。选取的 3 个篮球动作分别为上篮动作、盖帽动作和落地动作。生物力学测试选用一块三维测力台,主观反馈测试选用 150 mm VAS 对 5 个指标进行主观感受测试,这 5 个指标分别是前掌缓震性能、足跟缓震性能、前掌稳定性、足跟稳定性和整体舒适性(图 4-11)。研究结果显示:① 体重较重的运动员在上篮动作第一步时的 VLR 较体重较轻运动员明显增大,这提示体重增加可提高导致损伤的风险;② 主观反馈结果显示,体重较轻和较重运动员均倾向于选择鞋底更软的篮球鞋;③ 较软鞋底篮球鞋在盖帽、落地动作着地期的前掌峰值力显著高于中等硬度和较硬鞋底篮球鞋;④ 上篮动作的主观反馈结果显示,3 种不同硬度鞋底的足跟稳定性有差异。以上结果提示,与传统的落地动作、冲刺动作相比,盖帽动作和上篮动作可以作为篮球鞋具生物力学测试的敏感动作而被研究者重点关注。

(三)篮球鞋水平方向缓震性能生物力学实验研究

上述我们提到的篮球鞋缓震性能是指通常意义上的垂直方向上的缓震性能,篮球鞋底由于是三维结构,有生物力学研究还探讨了篮球鞋的水平、横向旋转(或称切向)缓震性能。与上述提到的缓震性能关注垂直方向缓震不同,横向旋转缓震

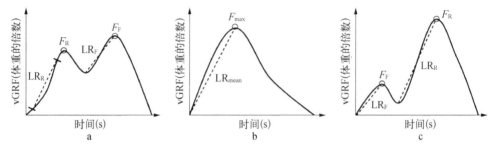

图4-11 a图为上篮动作第一步的vGRF特征;b图为上篮、落地动作的vGRF特征;c图为盖帽、落地
动作的vGRF特征

LR_R为后跟落地的VLR;F_R为后跟着地的峰值力;LR_F为前足着地的VLR;F_F为前掌着地的峰值力;
LR_{mean}为着地到峰值力的VALR;F_{max}为峰值力

资料来源:Nin D Z, Lam W K, Kong P W. 2016. Effect of body mass and midsole hardness on kinetic and
perceptual variables during basketball landing manoeuvres[J]. Journal of Sports Sciences, 34(8): 756 - 765.

性能主要关注篮球鞋对前后方向GRF的缓震效果。

　　有研究显示,前后方向GRF也被认为是运动损伤的危险因素之一,相比于vGRF,前后方向GRF相对于关节/环节中心的力臂更长,因此其力值的增大会导致关节力矩的进一步增大,从而增加关节负荷。基于Benno Nigg 2009年的一项研究结果显示,着地时运动鞋与地面的相对滑动可以减小踝关节负荷。因此有学者提出图4-13所示的足跟部位设置凹槽结构,他认为这种凹槽设计可以使跑步着地时鞋底与地面之间产生相对滑动,可以充当前后方向的缓震器来减小下肢尤其是踝关节负荷,从而降低运动损伤风险。15名男性习惯足跟-前掌跑步运动员着图4-12所示三双鞋具分别以2.5 m/s、3.5 m/s、4.2 m/s的速度跑步,结果显示:① 直线凹槽和斜向凹槽在几种不同速度条件下均表现出切向位移效应(shear shift effects);② 这种切向位移效应降低了到达峰值制动力和第一峰值vGRF的时间,并降低了VLR。基于以上结果,作者认为鞋具横向旋转性能也是很重要的鞋具特性,未来的研究可以更多关注鞋底横向结构的变化对横向缓震性能的影响,从而降低运动损伤风险。

图4-12
彩图

a.传统鞋底

b.直线凹槽

c.斜向凹槽

图4-12 足跟部位不同的凹槽设计

资料来源:Chan M S, Huang S L, Shih Y, et al. 2013. Shear cushions reduce the impact loading rate during
walking and running[J]. Sports biomechanics, 12(4): 334 - 342.

　　李宁运动科学研究中心的 Wing - Kai Lam 等最近开展了一项针对篮球鞋横向旋转缓震系统(shear-cushioning system, SCS)的生物力学研究,该横向旋转缓震系统如图 4 - 13a、4 - 13b 所示。与图 4 - 13c 不同的是,该研究的横向旋转缓震系统设置在鞋前掌部位,呈现出一种横向旋转缓震构型。在所有篮球代表性动作中,侧切动作和横向移动动作的水平方向 GRF 是最高的,而过高的水平方向 GRF 会造成下肢韧带和软组织剪切应力的增大,剪切应力的增大则会导致膝关节 ACL 和踝关节扭伤风险的增加。同时足底重复的剪切应力作用会导致足底硬结、水疱、皮肤角化等软组织问题的出现,而这对于篮球运动表现势必会有负面影响,然而目前对篮球鞋的纵向缓震系统设计研究较多,而对横向旋转缓震系统设计关注较少,相应的理念和生物力学机制还没有得到很好的阐述和挖掘。Wing - Kai Lam 认为上述研究中在鞋具足跟部位设置凹槽来提供横向旋转缓震的方法并不能应用于篮球鞋,原因有以下两个:① 篮球运动中的侧切、变向、往返等动作较多,因此需要考虑扭转、侧向的剪切力缓冲;② 足跟不稳的横向旋转缓震系统只能在部分着地动作中

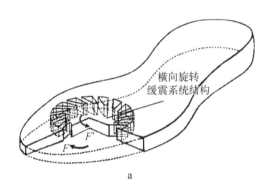

横向旋转
缓震系统结构

a

b

c

图 4 - 13
彩图

图 4 - 13　a 图为横向旋转缓震系统的横截面示意图;b 图为横向旋转缓震系统篮球鞋的扭转刚度机械测试;c 图为对照篮球鞋的扭转刚度机械测试

资料来源: Lam W K, Qu Y, Yang F, et al. 2017, Do rotational shear-cushioning shoes influence horizontal ground reaction forces and perceived comfort during basketball cutting maneuvers? [J]. PeerJ, 5(3): e4086.

发挥效应,而在前掌蹬离时则无法发挥功效。水平方向 GRF 如制动力和推进力的增大有助于提高运动表现,然而一双功能性运动鞋具还需要考虑运动损伤预防,即如何降低制动和推进过程中的剪切应力。图 4-13 显示的横向旋转缓震系统能够在变向和扭转动作时,系统中的材料发生形变和结构发生位移从而提供横向缓冲。研究结果显示:① 横向旋转缓震结构篮球鞋在侧切动作过程中并没有显示出对制动 GRF 的缓冲效果;② 横向旋转缓震结构篮球鞋在侧切动作推进期显示出更大的推进冲量,如图 4-14 所示;③ 运动员着横向旋转缓震结构篮球鞋进行最大能力篮球侧切动作时的主观舒适性反馈较好。以上研究结果反映了横向旋转缓震系统在篮球鞋中除了能够提高舒适性外,还能够提高推进冲量从而提高运动表现,这也提示了水平方向 GRF 这一生物力学指标在评估篮球鞋横向旋转缓震性能的重要性。

图 4-14
彩图

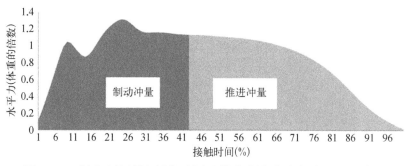

图 4-14 制动冲量(绿色部分面积)和推进冲量(橘色部分面积)示意图

资料来源: Lam W K, Qu Y, Yang F, et al. 2017, Do rotational shear-cushioning shoes influence horizontal ground reaction forces and perceived comfort during basketball cutting maneuvers? [J]. PeerJ, 5(3): e4086.

二、篮球鞋侧向稳定性生物力学研究

篮球运动中踝关节是最易受伤的部位之一,其损伤比例高达 30%~50%,其中以踝关节内翻运动损伤最为常见。因此,早在 20 世纪 70 年代,篮球鞋生产厂商就开始设计高帮篮球鞋试图保护踝关节,从而降低篮球运动中踝关节损伤发生概率。20 世纪 80 年代,Robinson 和 Shapiro 等提出,高帮篮球鞋通过改变踝关节活动度来对抗踝关节内翻,以减少踝关节损伤的潜在危险。但从流行病学角度看,部分研究者并不赞同这一观点,他们发现与低帮篮球鞋相比,高帮篮球鞋对真正预防踝关节损伤并没有起到类似的积极作用。到目前为止,学术界对高帮篮球鞋对踝关节扭伤的防护效果并未达成共识。高帮篮球鞋是否能影响踝关节活动度,与运动损伤又存在怎样的联系呢?我们选取了 1995~2018 年的有关于运动鞋(篮球鞋)鞋帮高度的 5 项生物力学研究,并将在下文逐一介绍。

（一）篮球鞋鞋底、鞋垫构造及鞋帮高度对踝关节侧向稳定性影响研究

1995 年，苏黎世联邦理工学院的 Alex Stacoff 等就鞋具因素对侧切动作过程中的侧向稳定性进行了生物力学研究，他们认为篮球运动中侧切动作是最普遍的动作之一，也是最容易发生踝关节运动损伤的动作。该研究选取了 5 双鞋帮高度、鞋底设计、鞋垫设计不同的运动鞋，具体参数如下表 4-2 所示。

表 4-2　研究选用的 5 双鞋具设计参数

鞋具	硬度指数	鞋底厚度（cm）	结构	类型	扭转刚度（2 Nm 力矩）（Nm/rad）
1	53	2.9	高帮	篮球鞋	4
2	83	1.8	低帮	手球鞋	15
3	85	2.7	低帮	综训鞋	3
4	85	2.7	低帮、中底镂空	原型鞋	11
5	74	3.1	低帮、双层鞋垫	原型鞋	9

资料来源：Stacoff A, Steger J, Stüssi E, et al. 1996. Lateral stability in sideward cutting movements[J]. Journal of Biomechanics, 28(3): 350-358.

12 名受试者分别裸足及着表 4-2 所示的 5 双鞋具进行侧切动作，重点采集侧切动作冠状面的运动学数据，选取的评价踝关节损伤风险的运动学参数有踝关节内外翻活动度、踝关节内外翻峰值角度和角速度。得出的主要研究结论：① 与着鞋侧切动作相比，裸足进行侧切动作的侧向稳定性反而更好，其原因是裸足侧切动作距下关节轴相对于 GRF 作用点的力臂缩短；② 高帮鞋具（鞋 1）和低帮、中底镂空鞋具（鞋 4）的侧向稳定性与其他鞋具相比表现更优异，如图 4-15 所示，而足与低帮、双层鞋垫鞋具（鞋 5）中鞋垫的相对滑动则不利于侧向稳定；③ 侧切动作中，鞋底若能够在内侧发生形变，即形成一个侧向的斜坡结构，则有利于提高侧向稳定性，因此篮球鞋设计可以考虑在鞋底内外侧使用不同的材料来增强侧向稳定性；④ 着鞋侧切动作从足着地开始到 40 ms（踝关节损伤的危险期）腓骨肌等踝关节周围肌群没有激活，因此鞋具如果能够在前 40 ms 提高侧向稳定性，可以显著降低踝关节损伤风险。

（二）篮球鞋踝关节加强支撑对障碍跑和纵跳动作表现及缓震性能的影响

Brizuela 等于 1997 年发表于 *Journal of Sports Sciences* 的一项研究分别对高帮与低帮篮球鞋在跑步和纵跳过程中的缓震性能和运动表现进行生物力学测试。鞋具的具体情况如图 4-16 所示，左侧的高帮篮球鞋有后跟杯和鞋帮处的鞋带设计以加强帮面包裹。缓震性能测试指标主要包括：① 从三维测力台获取的 vGRF 及相应的着地时间等；② 从贴在头部、胫骨部位的加速度传感器获取的头部及胫骨加速度指标；③ 踝关节在整个着地过程中的跖/背屈角度和内外翻角度。运动表

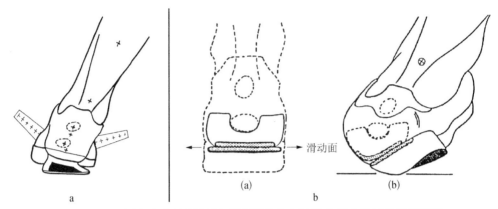

图4-15 a图为受试者着低帮且足跟部位中空鞋具;b图为受试者穿着低帮
且具有双层鞋垫鞋具,且双层鞋垫之间可以相对滑动

资料来源:Stacoff A, Steger J, Stüssi E, et al. 1996. Lateral stability in sideward cutting movements[J]. Journal of Biomechanics, 28(3): 350-358.

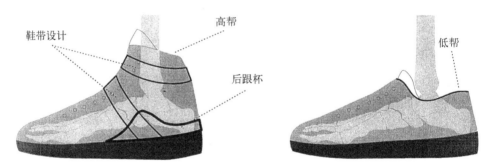

图4-16 研究所用的高帮和低帮篮球鞋设计原型

资料来源:Brizuela G, Llana S, Ferrandis R, et al. 1997. The influence of basketball shoes with increased ankle support on shock attenuation and performance in running and jumping[J]. Journal of Sports Sciences, 15 (5): 505-515.

现的衡量主要使用障碍跑时间和纵跳高度两个指标。

该研究用于反映两双篮球鞋不同缓震性能的指标,主要采用胫骨、头部的加速度指标与GRF指标的比值来表示身体对冲击力的响应程度,这个比值称为震动/冲击传导比例(shock transmission ratio),该研究选取的5个反映纵跳动作两种篮球鞋缓震性能的指标如下:

(1) AT1/FZ1:AT1表示胫骨加速度第一峰值;FZ1表示vGRF第一峰值;该比值表示纵跳前足着地冲击对胫骨的冲击传导比例。

(2) AT2/FZ2:AT2表示胫骨加速度第二峰值;FZ2表示vGRF第二峰值;该比值表示纵跳足跟着地冲击对胫骨的冲击传导比例。

(3) MAT/MFZ:MAT表示峰值胫骨加速度;MFZ表示峰值vGRF;该比值表示

纵跳峰值冲击力对胫骨的冲击传导比例。

（4）FA／MFZ：FA 表示头部峰值加速度；MFZ 表示峰值 vGRF；该比值表示纵跳峰值冲击力对头部的冲击传导比例。

（5）FA／MAT：FA 表示头部峰值加速度；MAT 表示峰值胫骨加速度；该比值表示纵跳下肢冲击力向上肢及头部的传导比例。

研究结果显示：① 高帮篮球鞋纵跳着地前掌冲击力更大，峰值冲击力对头部的冲击传导比例（FA／MFZ）更大，而峰值冲击力对胫骨的冲击传导比例（MAT／MFZ）更小；② 高帮篮球鞋降低了纵跳着地踝关节内外翻活动度；③ 高帮篮球鞋相对于低帮篮球鞋的纵跳高度更低，障碍跑的时间延长，总体表现出运动表现水平的下降（图 4 - 17）。以上结果表明，高帮篮球鞋限制了踝关节内外翻活动，增加了冲击力的传导并降低了跳跃和障碍跑的运动表现；踝关节内外翻活动度的限制对于踝关节扭伤是一种保护机制，而冲击力传导的增加及运动表现的降低很大程度上是由踝关节跖／背屈活动度在高帮篮球鞋条件下降低导致的。

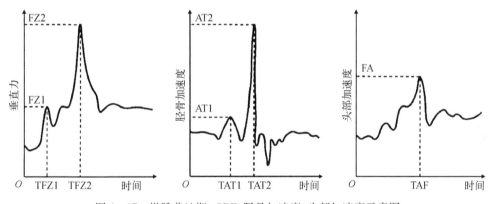

图 4 - 17　纵跳着地期 vGRF、胫骨加速度、头部加速度示意图

资料来源：Brizuela G, Llana S, Ferrandis R, et al. 1997. The influence of basketball shoes with increased ankle support on shock attenuation and performance in running and jumping[J]. Journal of Sports Sciences, 15(5)：505 - 515.

（三）高帮与低帮篮球鞋分别进行快速侧切动作的动态 X 线影像观察

Nike 运动科学研究中心的 Jennifer 等 2014 年发表于 *Footwear Science* 的一项研究认为，以往测量高帮篮球鞋与低帮篮球鞋踝关节内外翻运动学的方法是不准确的，由于以往的测量方法一种是将标记追踪点直接黏附在鞋具表面，这种方法测量出来的踝关节内外翻运动实际上是运动鞋的内外翻，而并不是包裹在运动鞋内的踝关节或者足部的内外翻活动；另外一种方法如同第三章第二节——跖趾关节功能与鞋具抗弯刚度的研究中提到的通过在运动鞋表面开孔，将标记追踪点黏附于足部皮肤表面进行运动学数据采集，但是这种方法的弊端在于破坏了鞋具的完整结构。因此,Jennifer 等使用动态 X 线影像采集设备配合高速摄像机同步采集受试者分别穿着高帮和低帮篮球鞋侧切动作过程中的足部内翻和鞋具内翻程度,运用 X 线的穿透特点比较二者内翻程度的差异(图 4-18)。

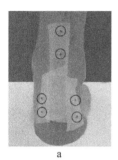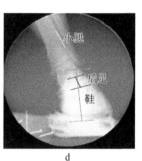

图 4-18 a、b、c 图分别表示黏附在足跟部位、低帮篮球鞋、高帮篮球鞋的
影像学测试追踪点;d 图表示动态 X 线角度测量示意图

资料来源: Bishop J L, Nurse M A, Bey M J. 2014. Do high-top shoes reduce ankle inversion? A dynamic X-ray analysis of aggressive cutting in a high-top and low-top shoe[J]. Footwear Science, 6(1): 21-26.

研究结果发现,运动鞋在侧切动作中的内翻程度与踝关节在运动鞋内的内翻程度有显著差异,运动鞋内翻程度显著高于踝关节;其中受试者穿着高帮篮球鞋时鞋具内翻与踝关节内翻的角度差达到 17°,受试者穿着低帮篮球鞋时鞋具内翻与踝关节内翻的角度差达到 25°。因此这项研究认为运动鞋的内外翻状况并不能模拟踝关节在鞋腔内的运动模式,而该项研究也存在不足与局限性。例如,测试由于辐射限制(radiation exposure),受试者人数较少,并且采集的图像仅是二维的,但作为一种较好的尝试,随着影像学技术及动作捕捉的不断提升,足部在鞋腔内的运动学变化测量将成为运动鞋生物力学研究的主流趋势。

(四) 篮球鞋领口高度对全力未知方向侧切动作过程的踝关节运动学和动力学表现的影响

李宁运动科学研究中心的 Wing-Kai Lam 等 2015 年发表在 *Journal of Sports Sciences* 的一项研究针对篮球运动员分别着不同领口高度篮球鞋进行未知方向全力侧切动作过程中的踝关节运动学和动力学进行系统测试分析,研究选取的不同领口高度篮球鞋如图 4-19 所示。

该研究的方案为选取 17 名中国大学生篮球联赛(China University Basketball Association,CUBA)水平男性篮球运动员分别着高帮和低帮篮球鞋进行未知方向的直线跑和侧切动作[速度为(5.0±0.5)m/s],采用随机信号灯来指示跑动方向,重复采集 7 次成功的侧切动作用于运动学和动力学分析,其中侧切动作第一步支撑腿和第二步支撑腿的踝关节生物力学参数、GRF 参数及运动表现参数均被采集,如图 4-20

图4-19　研究选用的两双不同领口高度的篮球鞋

资料来源：Lam G W K, Park E J, Lee K K, et al. 2015. Shoe collar height effect on athletic performance, ankle joint kinematics and kinetics during unanticipated maximum-effort side-cutting performance[J]. Journal of sports sciences, 33(16): 1738-1749.

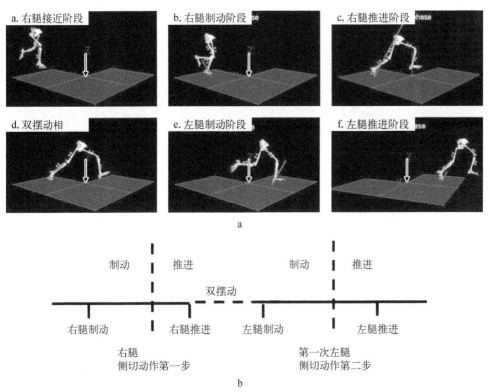

图4-20
彩图

图4-20　侧切动作第一步和第二步的图解(a)与示意图(b)

箭头表示 GRF 合力方向

资料来源：Lam G W K, Park E J, Lee K K, et al. 2015. Shoe collar height effect on athletic performance, ankle joint kinematics and kinetics during unanticipated maximum-effort side-cutting performance[J]. Journal of sports sciences, 33(16): 1738-1749.

所示。研究结果显示：① 侧切动作第一步，着高帮篮球鞋支撑腿在着地初期的踝关节内翻角度和外旋角度均显著小于着低帮篮球鞋的受试者；② 侧切动作第一步和第二步，着高帮篮球鞋支撑腿在整个支撑期内踝关节矢状面和水平面的关节活动度均小于着低帮篮球鞋；③ 篮球鞋领口高度对侧切动作运动表现参数没有显著影响，这些运动表现参数包括踝关节力矩值、侧切动作时间、支撑期时间、推进力及推进冲量。

由上述研究结果可得出：① 篮球鞋领口高度的提高可以降低踝关节活动度并且可以在侧切动作着地期调整踝关节位置，表现出较小的外翻角度和外旋角度，有利于降低踝关节扭伤的风险；② 篮球鞋领口高度的提高并没有发现对侧切动作运动表现有不利影响。

（五）篮球鞋领口高度和足跟杯硬度对踝关节侧向稳定性和运动表现的影响

北京体育大学刘卉等 2017 年发表在 *Research in Sports Medicine* 上的一项研究探讨了领口高度和足跟杯硬度这两个指标对篮球侧切动作踝关节稳定性及运动表现的影响（图 4 - 21）。研究选取了 15 名半职业篮球运动员作为受试者，其中评价踝关节稳定性选取侧切动作，评价运动表现则选取纵跳高度和灵敏测试时间。研究结果显示：① 高帮篮球鞋和足跟杯硬度较高的篮球鞋在侧切动作支撑期过程中，从着地即刻到踝关节最大内翻角度的时间缩短；② 着高帮篮球鞋做侧切动作时的踝关节峰值内翻角度、内翻角速度和内翻活动度均小于着低帮篮球鞋时；③ 篮球鞋领口高度和足跟杯硬度对该研究中纵跳和灵敏测试表现无显著影响。

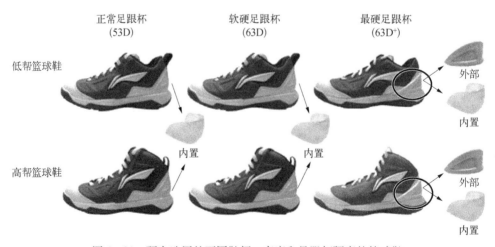

图 4 - 21　研究选用的不同鞋领口高度和足跟杯硬度的篮球鞋

资料来源：Liu H, Wu Z, Lam W K. 2017. Collar height and heel counter-stiffness for ankle stability and athletic performance in basketball[J]. Research in Sports Medicine, 25(2): 209 - 218.

从以上研究结果可以推测出以下结论：① 侧切动作中，篮球鞋的领口高度因素在防止踝关节过度内翻和预防踝关节运动损伤的效果要大于足跟杯硬度因素，领口高度在预防踝关节内翻损伤中占主要因素；② 篮球鞋领口高度和足跟杯硬度并不会影响运动表现，因此合适的篮球鞋领口高度和足跟杯硬度一方面可以限制踝关节过度内翻从而降低运动损伤风险，另一方面也不会造成运动员运动表现的下降。

三、不同位置篮球运动员的
鞋具性能需求研究

根据国际篮球联合会（Fédération Internationale de Basketball, FIBA）2015 年的数据显示，世界范围内的活跃篮球运动员，包括职业和业余运动员超过 5 亿人，篮球运动为仅次于足球运动的世界第二大运动。职业篮球运动员通常体重大且身高也较高，据统计 NBA 男子篮球运动员平均身高为 200 cm（175 ~ 229 cm），平均体重为 100.2 kg（73 ~ 147 kg）。除此之外，篮球运动员场上的不同位置即前锋（forward）、中锋（center）和后卫（guard）决定了身高、体重、体能、技术、战术等因素的差异，因此不同位置的篮球运动员对于篮球鞋性能的需求应该是存在差异的。

后卫运动员通常体型相对较小，反应敏捷迅速；前锋运动员体型相对中等，要求技术全面；中锋运动员体型最大，力量素质最好。职业成年男子后卫篮球运动员的平均身高为 186 cm，平均体重为 78.1 kg，而中锋篮球运动员的平均身高为204 cm，体重为 97.1 kg。因此，不同位置篮球运动员在篮球比赛中的动作特征也应该是不同的，相关的生物力学研究也证实了这一观点。平均来看，19 周岁以下的职业男子篮球运动员一场篮球比赛中的动作次数为（997±183）次，成年男子职业篮球运动员这一数字为 1 050±51，这些动作包含走路、跑动、跳跃、变向等。从动作方向的角度区分，大约有 400 次前向或后向动作、190 次侧向动作，一名篮球运动员在一场比赛中的平均移动距离大约为 3 km。有调查统计显示，一场 48 min 的篮球比赛中，职业 NBA 男子运动员需要跳跃 70 次，其中 25%是全力跳跃，德国职业男子和女子篮球运动员的一场比赛平均跳跃次数为（31±15）次，其中在 40 min 比赛中最高跳跃次数可达 93 次。从生物力学角度来看，大量的起跳、着地、急停、侧切等篮球动作对篮球鞋性能提出了很高要求。例如，起跳蹬离期，GRF 可达到体重的 3 倍，而在起跳着地期可达到体重的 7 倍之多。侧切动作时，水平方向 GRF 峰值也可以达到体重的 2 倍左右。篮球鞋特征中，鞋底材料与结构、鞋面领口高度被认为是 2 个重要的设计因素，关于篮球鞋的领口高度对踝关节及侧向稳定性的问题，在本章节"篮球鞋侧向稳定性生物力学

研究"部分进行了探讨,目前的结果可以说并不十分一致,有学者认为篮球鞋
领口高度的增加不仅没有对踝关节起到保护作用,反而会降低运动表现;相反
有学者则认为篮球鞋领口高度的适当增加对踝关节损伤风险的控制是十分有
利的,并且不会对运动表现造成不利影响,增加篮球鞋领口高度有利于增加在
起跳及侧切过程中的踝关节稳定性。因此基于篮球运动员身体测量学要素、
技术特征、场上位置、穿着习惯等因素对篮球鞋进行针对性的改良和设计是十
分关键的。

　　一项发表在 Footwear Science 的研究就针对篮球运动员场上不同位置特点
的篮球鞋特征进行问卷调查统计。该研究累计 154 名德国职业篮球运动员的
现场问卷调查访谈,访谈内容分为 3 个部分: ① 第 1 部分为运动员个人资料,
包括身体测量参数、场上位置、训练/比赛场地条件、过去 5 年的下肢运动损伤
情况、篮球鞋偏好情况、是否使用踝关节护具等。② 第 2 部分为对不同位置
篮球运动员运动能力的主观反馈,可供运动员选取的指标包括纵跳能力、绝对力
量、启动速度、冲刺能力、变向速度、灵敏程度等,将这些运动能力指标分为 1、
2、3 等级,其中 1 级最重要,3 级最不重要。③ 第 3 部分为运动员对不同位置
篮球运动员鞋具特性需求的主观反馈,供选择的鞋具特征有侧向稳定性、包裹
保护性、抓地力、柔软灵敏性、鞋具质量、缓震性、舒适性、透气性和耐久性,运
动员被要求在 1~6 级进行选择,其中 1 级表示最重要,6 级表示最不重要(图
4-22,图 4-23)。

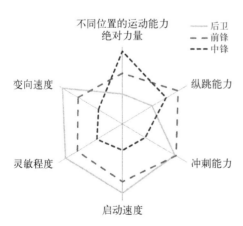

图 4-22　篮球前锋、中锋、后卫运动员
运动能力表现

资料来源: Brauner T, Zwinzscher M, Sterzing
T. 2012. Basketball footwear requirements are
dependent on playing position[J]. Footwear Science,
4(3): 191-198.

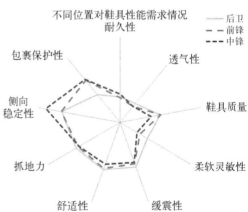

图 4-23　篮球前锋、中锋、后卫运动员对篮球鞋
不同性能的需求情况

资料来源: Brauner T, Zwinzscher M, Sterzing T.
2012. Basketball footwear requirements are dependent on
playing position[J]. Footwear Science, 4(3): 191-198.

该研究问卷统计结果显示：① 篮球运动员不同位置所需要的运动能力或运动素质有很多不同之处,后卫运动员更侧重于速度和敏捷能力,中锋运动员更强调力量和负重跳跃能力,前锋运动员则需要兼具速度、力量和敏捷等特征;② 保护和稳定踝关节是篮球鞋最重要的性能,同时大多数运动员更偏爱中帮设计篮球鞋;③ 在篮球鞋性能要求方面,后卫运动员强调鞋具质量轻便和易扭转性能,中锋运动员强调鞋具的稳定性和保护性,中锋运动员更偏向于高帮篮球鞋。上述发现也揭示了以下 2 个结论：① 后卫运动员和体型相对较小的前锋运动员更偏向于较灵活的低帮和中帮篮球鞋,要求篮球鞋具有较强的抓地性能及在快速启动和侧切动作时鞋具的稳定性能;② 体型相对较大的前锋运动员和中锋运动员更偏向于支撑性和稳定性较好的中帮和高帮篮球鞋,踝关节护具可以作为篮球鞋稳定性的额外补充。

四、篮球鞋重量特征的生物力学研究

运动鞋质量被认为和运动表现存在显著相关性,每双鞋具质量每增加 100 g,长跑耗氧量就提升 1%,从而造成 RE 下降。篮球运动属于大运动量、高强度对抗性运动,职业运动员在一场篮球比赛中需要完成跳跃、冲刺、变向等大强度动作多达 300 次,如果凭借主观经验判断,每完成一次篮球动作,运动员都需要为额外的鞋具质量做功,因此篮球鞋质量的增加势必会导致耗能的增加和运动表现的下降,穿着轻便的篮球鞋应该会有更好的运动表现水平,然而事实情况是否如此呢? 2015 年,卡尔加里大学生物力学实验室的 Wannop 等对 3 双单只质量分别为 331 g、414 g 和 497 g 的篮球鞋分别进行 10 m 冲刺跑、垂直纵跳和障碍跑运动表现测试,其中受试者对鞋具质量不知情,为单盲实验,结果显示,受试者着 3 双不同鞋具质量的篮球鞋运动表现水平无显著性差异,如图 4-24 所示。

2016 年,卡尔加里大学的 Benno Nigg 等同样针对篮球鞋质量这一因素进行运动表现生物力学研究,实验场地设计和篮球鞋具体情况如图 4-25 所示。他将受试者分为两组,一组为单盲组,该组对篮球鞋质量不知情;另一组为已知组,该组对篮球鞋质量知情。研究选用的鞋具为 Adidas Adizero Crazy Light 2 篮球鞋,添加质量均在此篮球鞋上进行,篮球鞋后的绑带内分别装塑料小球、塑料和金属小球混合物、金属小球用于打造 3 双由轻到重的篮球鞋,绑带的体积一致,受试者通过外观无法分辨质量大小。

3 双篮球鞋重量分别为 352 g/只(最轻)、510 g/只(中等)、637 g/只(最重)。研究结果显示：① 从知情组的情况来看,知情组受试者着最轻篮球鞋与着最重篮球鞋相比的平均运动表现提升了 2%(纵跳提高 2%,侧向移动提

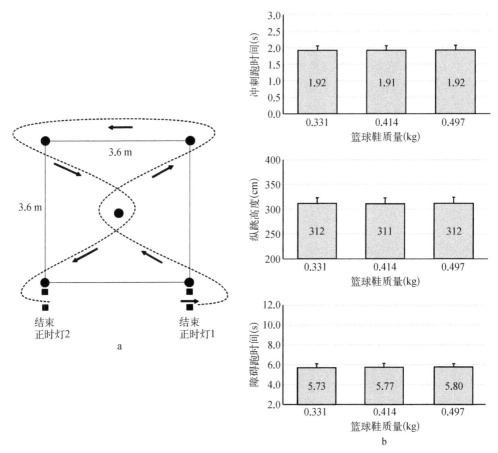

图 4 - 24　a 图为障碍跑的场地设计,b 图为篮球鞋质量因素
对冲刺跑时间、纵跳高度和障碍跑时间对比

资料来源: Worobets J, Wannop J W. 2015. Influence of basketball shoe mass, outsole traction, and forefoot bending stiffness on three athletic movements[J]. Sports Biomech, 14(3): 351 - 360.

高 2.1%)。② 单盲组受试者首先从主观上无法区分 3 双篮球鞋的质量大小,根据对该组受试者的主观感知测试发现,受试者反而认为中等质量鞋具是最轻的;其次该组受试者的纵跳和侧向移动表现均无显著性差异(图 4 - 26)。

　　根据以上研究结果可以得出如下结论:知情组受试者在着不同质量的篮球鞋时的运动表现差异可能主要来自心理暗示作用;篮球鞋的质量只要在合理范围内变化就对运动表现没有影响,这也允许篮球鞋生产厂商在合理质量范围内增加鞋具的保护性而不必过度强调篮球鞋的轻便性能。当受试者未知鞋具质量时,较轻的篮球鞋质量有利于提高跳跃及侧切时的运动表现。

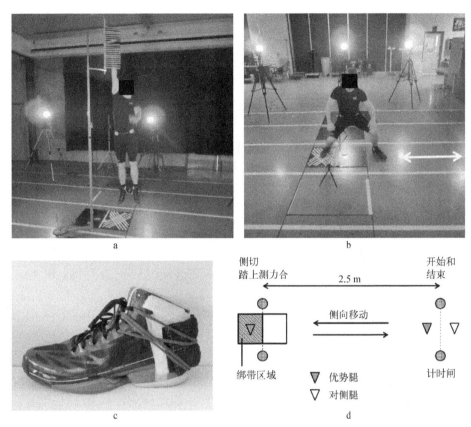

图 4-25 a 图为反向跳摸高;b 图为侧向移动;c 图为添加额外重量的
测试用篮球鞋;d 图为侧向移动示意图

资料来源: Mohr M, Trudeau M B, Nigg S R, et al. 2016. Increased athletic performance in lighter basketball shoes: shoe or psychology effect? [J]. International journal of sports physiology performance, 11(1): 74-79.

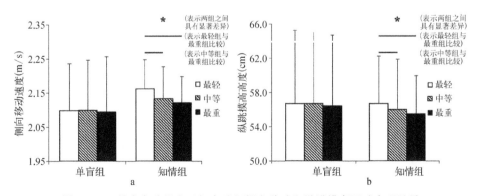

图 4-26 单盲实验组和已知实验组侧向移动和纵跳摸高运动表现差异

资料来源: Mohr M, Trudeau M B, Nigg S R, et al. 2016. Increased athletic performance in lighter basketball shoes: shoe or psychology effect? [J]. International journal of sports physiology performance, 11(1): 74-79.

五、篮球鞋舒适性和合脚性研究

舒适性和合脚性是鞋具的两个重要的参数,舒适性和合脚性将直接影响运动表现、疲劳进程及运动损伤风险。在鞋具设计环节,舒适性和合脚性也是首先要考虑的前提条件,有研究报道鞋具较好的舒适性和合脚性能够减少能量消耗而提高运动表现。运动鞋的合脚性可以定义为鞋具的几何结构与足部的解剖特征相契合,合脚性这项指标可以使用功能性生物力学测试加以界定,同样也可以采用主观感受测量。鞋具的合脚性是舒适性的基础,鞋具合脚性不佳而导致的过紧或过松均会使人主观感受不舒适。需要注意的是,运动项目特点不同对鞋具合脚性也有不同的要求,而且合脚性这一指标也没有统一的标准,因此目前大多采用主观调查的方法。鞋具舒适性可以通过一些生物力学指标间接表示,如冲击力和足底压力特征。然而由于运动经历、体重、年龄等的差异,鞋具舒适性也是一个主观性极强的指标,因此主观反馈测试可以认为是反映鞋具舒适性的有效手段。主观 VAS 通常被用于鞋具的主观舒适性测试,而鞋具的合脚性则常常使用利克特量表进行测试,从而对鞋具合脚的程度进行分级。目前运动鞋的主观舒适性和合脚性研究选取的动作大多是走、跑等简单动作,并且对篮球鞋、足球鞋等功能性鞋具的主观舒适性和合脚性主观评价研究较少,篮球鞋的舒适性对于篮球运动员来说是尤为重要的。篮球动作由于具有多样化和复杂性的特点,因此建议针对篮球鞋的合脚性和舒适性测试在篮球场地进行。

一项发表在 *Footwear Science* 的研究对篮球鞋舒适性和合脚性测试进行了可靠性验证,该研究的主观测试在标准篮球场地进行,并且根据篮球动作多样性的特点针对设计了若干组连续动作,包括侧向移动、向后跑、带球上篮、全力跳等动作(图 4 - 27)。受试者被要求以最快速度从第 1 标志桶到第 7 标志桶,随后以自选速度从第 7 标志桶到第 11 标志桶,整个测试过程大约持续 35 s。该项舒适性评价选取了 6 双质量、外底长宽、外底厚度、鞋面材质、帮面衬垫均不同的篮球鞋,采集受试者在不同的 2 天对鞋具舒适性和合脚性的主观反馈,这两天的时间间隔在 2 周左右。舒适性和合脚性测试分别选用 VAS 和利克特量表(图 4 - 28)。以双因素重复测量方差分析和组内相关系数(intra-class correlation coefficients,ICC)来表示不同时间和鞋具因素对鞋具舒适性和合脚性评级的重复性。

对篮球鞋的舒适性研究主要选取 7 个指标: ① 足弓高度舒适性,主要评价鞋垫内侧高度;② 鞋具足跟缓震性能,评价足跟软硬度;③ 鞋具前掌缓震性能,评价前掌区域软硬度;④ 鞋具足跟区域舒适性,评价鞋具足跟松紧程度包括足跟杯软硬度和贴合度;⑤ 鞋帮舒适性,评价鞋帮区域的软硬度和贴合度;⑥ 侧向稳定性,评价足部在鞋腔内左右方向的稳定性;⑦ 整体舒适性,评价鞋具整体穿着及运动感受。鞋具

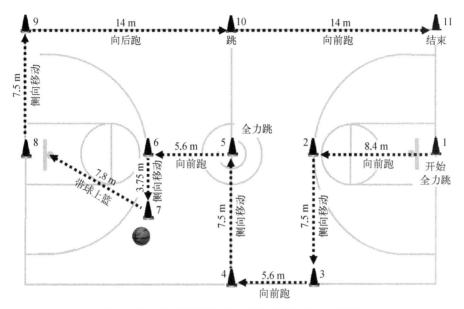

图 4-27　篮球鞋舒适性和合脚性的测试场地示意图

资料来源: Lam W K, Sterzing T, Cheung J T M. 2011. Reliability of a basketball specific testing protocol for footwear fit and comfort perception[J]. Footwear Science, 3(3): 151-158.

图 4-28　a 图为运动鞋舒适性视觉模拟量表;b 图为运动鞋合脚性的利克特量表

资料来源: Lam W K, Sterzing T, Cheung J T M. 2011. Reliability of a basketball specific testing protocol for footwear fit and comfort perception[J]. Footwear Science, 3(3): 151-158.

合脚性主要选取以下 4 个指标:① 鞋具长度合脚性;② 足跟区域合脚性,评价鞋腔足跟空间;③ 前掌区域合脚性,评价鞋腔前掌空间;④ 鞋帮合脚性,评价鞋帮的高度和宽度。研究结果显示:① 鞋具特征是影响舒适性和合脚性主观评价差异的主要因素,而不同时间评价对这两个指标的主观差异无影响;② 舒适性主观评价的 ICC 为 0.61~0.8,相关性较好;而合脚性主观评价的 ICC 为 0.41~0.6,相关性较差。该研究结果支持使用图 4-27 所示的篮球场地测试方法评价篮球鞋舒适性。

六、篮球鞋抗弯刚度生物力学研究

在第三章第二节——跖趾关节功能与鞋具抗弯刚度的研究中,我们对运动鞋抗弯刚度的定义、生物力学测试、影响因素及各功能性鞋具的抗弯刚度做了系统总结和描述,根据足部的绞盘机制、杠杆比例及大量的文献研究基础,提出非线性抗弯刚度鞋底概念;并提出将临界抗弯刚度指标(跖趾关节角度-力矩曲线中,最大角度对应的力矩与角度的比值)作为鞋具抗弯刚度的临界值。

图 4-29 所示的研究为受试者分别穿着抗弯刚度为 0.22 Nm/°、0.28 Nm/° 和 0.33 Nm/° 的 3 种篮球鞋在图 4-29(d) 所示的篮球场 10 m 冲刺跑、纵跳和障碍跑的运动成绩比较,研究结果显示受试者着抗弯刚度较高的 0.33 Nm/° 的篮球鞋时运动表现较好。

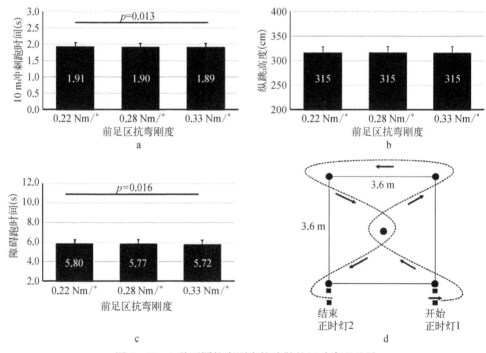

图 4-29　3 种不同抗弯刚度篮球鞋的运动表现差异

目前运动鞋抗弯刚度的生物力学测试手段还没有统一的标准,不同功能性鞋具的抗弯刚度范围也没有明确的界线。但目前学界的普遍观点是鞋具抗弯刚度的优化首先是能够提升运动表现水平,其生物力学机制是降低跖趾关节处的能量损失,并且通过蹬地过程中对动力臂和阻力臂的重新调整,增加推进力以提高运动表现;其次是能够减小运动损伤风险,其生物力学机制是通过抗弯刚度的优化限制跖趾关节过度屈曲避免第1跖趾关节损伤等;再次是能够调整足底压力在跖骨区域的过度分布,降低跖骨区域负荷,降低跖骨应力性骨折风险。在篮球运动中,鞋具的前足区抗弯刚度增加有利于提升跳跃、加速跑及侧切时的运动表现。

本章参考文献

Andersen T E, Floerenes T W, Arnason A, et al. 2004. Video analysis of the mechanisms for ankle injuries in football[J]. The American journal of sports medicine, 32(1_suppl): 69−79.

Ashton-Miller J A, Ottaviani R A, Hutchinson C, et al. 1996. What best protects the inverted weightbearing ankle against further inversion? Evertor muscle strength compares favorably with shoe height, athletic tape, and three orthoses[J]. The American journal of sports medicine, 24(6): 800−809.

Attarian D E, Mccrackin H J, Devito D P, et al. 1985. Biomechanical characteristics of human ankle ligaments[J]. Foot Ankle, 6(2): 54−58.

Beynnon B D, Murphy D F, Alosa D M. 2002. Predictive factors for lateral ankle sprains: a literature review[J]. Journal of Athletic Training, 37(4): 376−380.

Bishop J L, Nurse M A, Bey M J. 2014. Do high-top shoes reduce ankle inversion? A dynamic X-ray analysis of aggressive cutting in a high-top and low-top shoe[J]. Footwear Science, 6(1): 21−26.

Boden B P, DEAN G S, Feagin J a, et al. 2000. Mechanisms of anterior cruciate ligament injury[J]. Orthopedics, 23(6): 573−578.

Boden B P, Sheehan F T, Torg J S, et al. 2010. Non-contact ACL injuries: mechanisms and risk factors[J]. The Journal of the American Academy of Orthopaedic Surgeons, 18(9): 520−527.

Brauner T, Zwinzscher M, Sterzing T. 2012. Basketball footwear requirements are dependent on playing position[J]. Footwear Science, 4(3): 191−198.

Brizuela G, Llana S, Ferrandis R, et al. 1997. The influence of basketball shoes with increased ankle support on shock attenuation and performance in running and jumping[J]. Journal of Sports Sciences, 15(5): 505−515.

Chan M S, Huang S L, Shih Y, et al. 2013. Shear cushions reduce the impact loading rate during walking and running[J]. Sports biomechanics, 12(4): 334−342.

Chen W L, O'connor J J, Radin E L. 2003. A comparison of the gaits of Chinese and Caucasian women with particular reference to their heelstrike transients[J]. Clinical Biomechanics, 18(3): 207−213.

Colby S, Francisco A, Bing Y, et al. 2000. Electromyographic and kinematic analysis of cutting maneuvers: implications for anterior cruciate ligament injury[J]. The American journal of sports medicine, 28(2): 234−240.

Devereaux M D, Lachmann S M. 1984. Patello-femoral arthralgia in athletes attending a sports injury clinic[J]. Br J Sports Med, 18(1): 18−21.

Dye S F. 2005. The pathophysiology of patellofemoral pain: a tissue homeostasis perspective[J]. Clinical Orthopaedics Related Research®, 436: 100−110.

Finch C. 2006. A new framework for research leading to sports injury prevention[J]. Journal of science medicine in sport, 9(1−2): 3−9.

Fong D T, Chan Y Y, Mok K M, et al. 2009. Understanding acute ankle ligamentous sprain injury in sports[J]. Sports Med Arthrosc Rehabil Ther Technol , 1(1): 14.

Fuller E A. 1999. Center of pressure and its theoretical relationship to foot pathology[J]. Journal of the American Podiatric Medical Association, 89(6): 278−291.

Gage B E, Mcilvain N M, Collins C L, et al. 2012. Epidemiology of 6.6 million knee injuries presenting to United States emergency departments from 1999 through 2008 [J]. Academic emergency medicine, 19(4): 378−385.

Garrick J G. 1977. The frequency of injury, mechanism of injury, and epidemiology of ankle sprains [J]. American Journal of Sports Medicine, 5(6): 241−242.

Heinonen A, Kannus P, Sievänen H, et al. 1996. Randomised controlled trial of effect of high-impact exercise on selected risk factors for osteoporotic fractures [J]. The Lancet, 348 (9038): 1343−1347.

Hertel J. 2000. Functional instability following lateral ankle sprain[J]. Sports medicine, 29(5): 361−371.

Hewett E T. 2005. Biomechanical measures of neuromuscular control and valgus loading of the knee predict anterior cruciate ligament injury risk in female athletes: a prospective study[J]. American Journal of Sports Medicine, 33(4): 492−501.

Hewett T E, Ford K R, Myer G D. 2006. Anterior cruciate ligament injuries in female athletes: Part 2, a meta-analysis of neuromuscular interventions aimed at injury prevention[J]. The American journal of sports medicine, 34(3): 490−498

Hohmann E, Wörtler K, Imhoff A B. 2004. MR imaging of the hip and knee before and after marathon running[J]. The American Journal of Sports Medicine, 32(1): 55−59.

Hopper D, Allison G, Fernandes N, et al. 1998. Reliability of the peroneal latency in normal ankles [J]. Clinical orthopaedics related research, (350): 159−165.

Kristianslund E, Bahr R, Krosshaug T. 2011. Kinematics and kinetics of an accidental lateral ankle sprain[J]. Journal of biomechanics, 44(14): 2576−2578.

Lam G W K, Park E J, Lee K K, et al. 2015. Shoe collar height effect on athletic performance, ankle joint kinematics and kinetics during unanticipated maximum-effort side-cutting performance[J]. Journal of sports sciences, 33(16): 1738−1749.

Lam W K, Kan W H, Chia J S, et al. 2019. Effect of shoe modifications on biomechanical changes in basketball: a systematic review[J]. Sports Biomechanics, 3: 1−27.

Lam W K, Ng W X, Kong P W. 2017. Influence of shoe midsole hardness on plantar pressure distribution in four basketball-related movements[J]. Research in Sports Medicine, 25(1): 37−47.

Lam W K, Qu Y, Yang F, et al. 2017. Do rotational shear-cushioning shoes influence horizontal ground reaction forces and perceived comfort during basketball cutting maneuvers? [J] PeerJ, 5 (3): e4086.

Lam W K, Sterzing T, Cheung J T M. 2011. Reliability of a basketball specific testing protocol for footwear fit and comfort perception[J]. Footwear Science, 3(3): 151−158.

Lin F, Gu Y D, Mei Q C, et al. 2018. A kinematics analysis of the lower limb during running with different sports shoes[J]. Proceedings of the Institution of Mechanical Engineers Part P Journal of

Sports Engineering & Technology, 5: 1 - 7.

Liu H, Wu Z, Lam W K. 2017. Collar height and heel counter-stiffness for ankle stability and athletic performance in basketball[J]. Research in Sports Medicine, 25(2): 209 - 218.

Markolf K L, Burchfield D M, Shapiro M M, et al. 1995. Combined knee loading states that generate high anterior cruciate ligament forces[J]. Journal of Orthopaedic Research, 13(6): 930 - 935.

Mcclay I S, Robinson J R, Andriacchi T P, et al. 1994. A profile of ground reaction forces in professional basketball[J]. Journal of Applied Biomechanics, 10(3): 222 - 236.

Mckay G D, Goldie P A, Payne W R, et al. 2001. Ankle injuries in basketball: injury rate and risk factors[J]. British Journal of Sports Medicine, 35(2): 103 - 108.

Mclellan C P, Lovell D I, Gass G C. 2011. The role of rate of force development on vertical jump performance[J]. Journal of Strength & Conditioning Research, 25(2): 379 - 385.

Mei Q C, Gu Y D, Fu F Q, et al. 2017. A biomechanical investigation of right-forward lunging step among badminton players[J]. Journal of Sports Sciences, 35(5): 457 - 462.

Mei Q, Gu Y, Xiang L, et al. 2019. Foot pronation contributes to altered lower extremity loading after long distance running[J]. Front Physiol, 10: 573.

Mohr M, Trudeau M B, Nigg S R, et al. 2016. Increased athletic performance in lighter basketball shoes: shoe or psychology effect? [J] International journal of sports physiology performance, 11 (1): 74 - 79.

Morrison K E, Kaminski T W. 2007. Foot characteristics in association with inversion ankle injury[J]. Journal of athletic training, 42(1): 135 - 142.

Myer G D, Ford K R, Di Stasi S L, et al. 2015. High knee abduction moments are common risk factors for patellofemoral pain (PFP) and anterior cruciate ligament (ACL) injury in girls: is PFP itself a predictor for subsequent ACL injury? [J] British journal of sports medicine, 49(2): 118 - 122.

Myer G D, Ford K R, Foss K D B, et al. 2010. The incidence and potential pathomechanics of patellofemoral pain in female athletes[J]. Clinical biomechanics, 25(7): 700 - 707.

Myer G D, Ford K R, Khoury J, et al. 2011. Biomechanics laboratory-based prediction algorithm to identify female athletes with high knee loads that increase risk of ACL injury[J]. British journal of sports medicine, 45(4): 245 - 252.

Nagano Y, Ida H, Akai M, et al. 2007. Gender differences in knee kinematics and muscle activity during single limb drop landing[J]. The Knee, 14(3): 218 - 223.

Nin D Z, Lam W K, Kong P W. 2016. Effect of body mass and midsole hardness on kinetic and perceptual variables during basketball landing manoeuvres[J]. Journal of Sports Sciences, 34 (8): 756 - 765.

Paterno M V, Schmitt L C, Ford K R, et al. 2010. Biomechanical measures during landing and postural stability predict second anterior cruciate ligament injury after anterior cruciate ligament reconstruction and return to sport[J]. The American journal of sports medicine, 38 (10): 1968 - 1978.

Powers C M, Therapy S P. 2010. The influence of abnormal hip mechanics on knee injury: a biomechanical perspective[J]. journal of orthopaedic sports physical therapy, 40(2): 42 - 51.

Rozzi S L, Lephart S M, Fu F H. 1999. Effects of muscular fatigue on knee joint laxity and neuromuscular characteristics of male and female athletes[J]. Journal of Athletic Training, 34

（2）：106-114.

Shimokochi Y, Shultz S J. 2008. Mechanisms of noncontact anterior cruciate ligament injury[J]. Journal of athletic training, 43(4)：396-408.

Shorten M, Mientjes M I. 2011. The 'heel impact' force peak during running is neither 'heel' nor 'impact' and does not quantify shoe cushioning effects[J]. Footwear Science, 3(1)：41-58.

Shu Y, Sun D, Hu Q L, et al. 2015. Lower limb kinetics and kinematics during two different jumping methods[J]. Journal of Biomimetics Biomaterials & Biomedical Engineering, 22：29-35.

Souza R B, Powers C M. 2009. Differences in hip kinematics, muscle strength, and muscle activation between subjects with and without patellofemoral pain[J]. Journal of orthopaedic sports physical therapy, 2009, 39(1)：12-19.

Stacoff A, Steger J, Stüssi E, et al. 1996. Lateral stability in sideward cutting movements[J]. Journal of Biomechanics, 28(3)：350-358.

Stormont D M, Morrey B F, An K N, et al. 1985. Stability of the loaded ankle：relation between articular restraint and primary and secondary static restraints[J]. The American journal of sports medicine, 13(5)：295-300.

Sun D, Gu Y D, Fekete G, et al. 2016. Effects of different soccer boots on biomechanical characteristics of cutting movement on artificial turf[J]. Journal of Biomimetics Biomaterials & Biomedical Engineering, 27：24-35.

Tiberio D. 1987. The effect of excessive subtalar joint pronation on patellofemoral mechanics：a theoretical model[J]. Journal of Orthopaedic & Sports Physical Therapy, 9(4)：160-165.

VAN Mechelen W, Hlobil H, KEMPER H C. 1992. Incidence, severity, aetiology and prevention of sports injuries[J]. Sports Medicine, 14(2)：82-99.

Willems T M, Witvrouw E, Delbaere K, et al. 2005. Intrinsic risk factors for inversion ankle sprains in male subjects：a prospective study[J]. The American journal of sports medicine, 33(3)：415-423.

Willems T, Witvrouw E, Delbaere K, et al. 2005. Relationship between gait biomechanics and inversion sprains：a prospective study of risk factors[J]. Gait & Posture, 21(4)：379-387.

Worobets J, Wannop J W. 2015. Influence of basketball shoe mass, outsole traction, and forefoot bending stiffness on three athletic movements[J]. Sports Biomech, 14(3)：351-360.

Wright I, Neptune R R, van den Bogert A J, et al. 2000. The influence of foot positioning on ankle sprains[J]. Journal of biomechanics, 33(5)：513-519.

Yeh P C, Starkey C, Lombardo S, et al. 2011. Epidemiology of isolated meniscal injury and its effect on performance in athletes from the national basketball association[J]. American Journal of Sports Medicine, 40(3)：589-594.

Yin L, Sun D, Mei Q C, et al. 2015. The kinematics and kinetics analysis of the lower extremity in the landing phase of a stop-jump task[J]. The Open Biomedical Engineering Journal, 9：103-107.

Zhang S, Clowers K, Kohstall C, et al. 2005. Effects of various midsole densities of basketball shoes on impact attenuation during landing activities[J]. Journal of applied biomechanics, 21(1)：3-17.

（傅维杰，顾耀东）

第五章

功能性鞋垫的运动生物力学

早在唐宋年间,鞋垫就因制作精美细腻、穿着舒适养生、具一定保健功能而为当时的地方统治者所用。由此可见,鞋垫无论是作为馈赠佳品,还是作为日用产品都十分合适,但因其附属品属性过于明显,曾一度忽略了其功用。随科技发展和社会的进步,鞋垫被赋予了更加丰富的内容。随着鞋垫商品属性的增强,鞋垫的新功能愈加丰富,运动鞋垫、矫形鞋垫、缓震鞋垫和个性化鞋垫等功能性鞋垫层出不穷,并逐步走入消费者的日常生活。其中,各类鞋垫对运动损伤的防治和运动功能的矫正最受相关领域学者瞩目。市场调研机构数据显示,鞋垫市场呈现出增长趋势,这也意味着消费者慢慢将自身健康理念融入鞋垫的使用中。另外,企业应将3D打印、芯片植入等新技术灵活应用于功能性鞋垫制作之中,结合运动生物力学原理,给鞋垫行业注入全新的活力。

第一节
功能性鞋垫防治下肢运动功能
障碍的生物力学机制

一、下肢运动功能障碍的概述

下肢运动功能障碍在临床上表现为下肢畸形和异常步态两方面,其原因包括中枢神经系统疾病或损伤(脑血管疾病、脑外伤、脊髓损伤、脑性瘫痪等)、周围神经系统疾病或损伤(坐骨神经总干损伤、胫神经损伤、腓总神经损伤、糖尿病周围神经病等)、骨关节疾病或损伤(骨关节畸形、骨折、关节退行性改变等)、肌肉病变或损伤及神经肌肉接头处病变等。临床上常见的下肢畸形包括下肢不等长,髋关节、膝关节、踝关节和足部的畸形。髋关节和膝关节畸形包括髋内翻、髋外翻、膝内翻、膝外翻等;足部畸形则包括前足足内翻、足外翻、足内收、足外展,中足扁平足,高弓足,足跟内翻、外翻,马蹄足内翻和尖足等。临床上常涉及康复介入的异常步态包括中枢神经系统病理步态,如偏瘫步态、剪刀步态、摇摆步态、慌张步态等。另外,还有周围神经损伤所导致的臀大肌步态、臀中肌步态、股四头肌步态、胫骨前肌步态及腓肠肌步态和比目鱼肌无力步态等。下肢运动功能障碍的治疗主要包括药物、手术、运动疗法、作业疗法、理疗等。临床上应有针对性地对患者进行具体的个体化的分析并进行有针对性的康复治疗。目前,矫形器/矫形鞋垫在改善运动功能障碍中的作用越来越明显。

二、足弓支撑鞋垫在扁平足康复中的
应用及其生物力学机制

(一)足弓支撑鞋垫在扁平足康复中的应用现状

足弓支撑鞋垫被广泛应用于扁平足的康复治疗,扁平足是一种以足弓低平或消失、足部疼痛为特征的足部畸形,发病早期仅在负重情况下才出现足弓下陷,长时间行走和站立会出现疼痛或疲劳感,但休息后症状消失,而病程较长者可发展为痉挛性平足或强直性平足,从而导致步行困难。足弓支撑鞋垫一般采用仿足弓的高贴合设计或足弓处与足跟处的整垫设计,其目的均为支撑塌陷的足弓。王瑞霞采用不同类型的足弓支撑鞋垫对扁平足的106例患者进行治疗,同时配合足部肌肉锻炼,随访1个月~8年,该研究表明足弓支撑鞋垫可抬高足弓改善足部受力,矫正足部变形,代偿足弓的缓震缓冲作用,缓解疼痛,足弓与足跟处整垫设计的足弓支撑鞋垫可通过保持距下关节中立位来提高足内侧纵弓高度。Tochigi的研究发现,内侧纵弓足弓支撑鞋垫可减轻由距跟骨间韧带和距腓前韧带损伤引起的踝关节异常内旋,增加距下关节的稳定性,改善双下肢运动功能。Kogler等的研究则对比了5种足矫形器的纵弓垫对足底筋膜张力的影响,结果发现,纵弓垫可明显降低足底筋膜张力,对治疗足底筋膜炎有显著疗效。谭维义等的研究也发现足弓支撑鞋垫配合中药熏洗对足底筋膜炎有显著疗效。另外,足弓的位置主要靠韧带和肌肉来维持(尤其是胫骨前肌及腓骨长肌等外在肌),因此在早期柔软性平足的治疗中,应当配合足部的肌肉锻炼预防足部结构性改变。

(二)案例分析

1. 定制3D打印足弓支撑鞋垫对足弓塌陷人群步态参数的影响研究

Kim等选取15名正常足弓人群[年龄(22.73±4.18)岁,身高(168.33±7.18)cm,体重(66.86±6.38)kg],15名足弓塌陷人群[年龄(22.87±2.61)岁,身高(169.20±8.48)cm,体重(63.92±7.17)kg]。足弓塌陷的判定标准为足舟骨下沉实验(navicular drop test),与正常相比下沉10 mm及以上即判定为足弓塌陷人群。如图5-1所示,采用手持式的足部形态扫描仪在受试者非承重情况下扫描足部形态。3D扫描stl文件使用SculptGL软件进行平滑、降噪等预处理,随后使用导出的stl 3d格式文件进行3D打印。打印材料为热塑型聚酰亚胺树脂(thermoplastic polyimide,TPI),打印层厚为2 μm,填充率为15%。随后足弓塌陷受试者自然正常站立,将足完整贴合于鞋垫上方,测量受试者距下关节冠状面的角度,通过在鞋垫底部粘贴垫片(规格为2°、4°、6°倾斜)的方式进一步调整受试者距下关节角度,使受试者正常站立时距下关节角度接近正常位置。随后将鞋垫置入普通实验用鞋,在实验室环境下进行自选速度步行和跑步,同步采集运动学与动力学参数,研究分为3组,第1组为着对照鞋具鞋垫的正常足弓人群,第2组为着对照鞋具鞋垫的足弓塌陷人群,第3组为穿定制足弓支撑鞋垫的足弓塌陷人群。研究结果发现,定制足弓支撑鞋垫能够有效改善足弓塌陷人群的过度外翻状态,受试者在行走及跑步过程中着足弓支撑鞋垫时的压力中心线向外侧移动,表明定制足弓支撑鞋垫能够有效改善足弓塌陷人群的过度外翻状态。

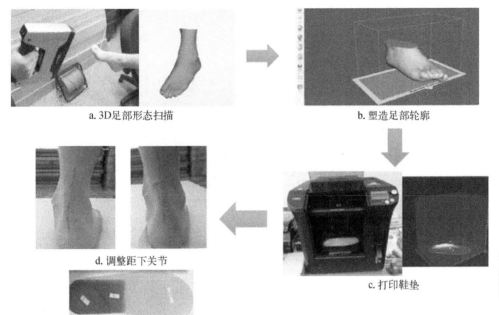

a. 3D足部形态扫描　　　　　　　　　b. 塑造足部轮廓

d. 调整距下关节

c. 打印鞋垫

图5-1
彩图

图5-1　定制3D打印足弓支撑鞋垫的制作流程

资料来源：Landorf K, Keenan A. 2007. In evidence-based sports medicine [C]. Malden: Blackwell.

2. 足弓支撑鞋垫对过度足外翻人群下肢足部生物力学影响的研究

Kosonen 等对过度足外翻人群使用足弓支撑鞋垫的下肢及足部运动学和动力学特征的影响进行了研究。选用了图5-2所示的牛津足模型,该模型为足部小关节模型,目的是得到足部的运动学及动力学参数。11 名过度足外翻男性在实验室环境下分别着足弓支撑鞋垫及对照鞋垫进行自选速度步行[(1.72±0.20)m/s 与(1.70±0.19)m/s]和自选速度跑步[(4.04±0.17)m/s 与(4.10±0.13)m/s],同步采集运动学与动力学数据。运动学数据显示,足弓支撑鞋垫的使用降低了过度足外翻人群在步行及跑步时的足前掌外翻程度,而后足的内外翻程度则并没有因为鞋垫的干预而改变,Wahmkow 等发表在 *PloS One* 上的一个研究同样也佐证了足弓支撑鞋垫无法影响足内外翻状态的观点,这也从侧面说明足弓支撑鞋垫的使用无法改善步行或跑步时的足朝向角。从动力学数据的角度来看,足弓支撑鞋垫的使用仅对跑步时的动力学参数产生影响。例如,跑步时,足弓支撑鞋垫组支撑期踝关节外翻力矩降低,膝关节与髋关节的内翻力矩增大,同时测力台得到的跑步时鞋底压力中心线趋向于正常人群(图5-3),以上研究结果证实了足弓支撑鞋垫对过度足外翻人群的矫正及改良效果。

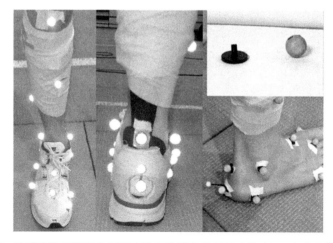

图 5-2　选用牛津足模型将标记追踪点贴附在鞋具及皮肤表面(选取在鞋具表面挖洞的方式),为避免标志点粘贴位置变化,更换鞋垫而不移动基座

资料来源：Kosonen J, Kulmala J P, Müller E, et al. 2017. Effects of medially posted insoles on foot and lower limb mechanics across walking and running in overpronating men[J]. Journal of biomechanics, 54：58-63.

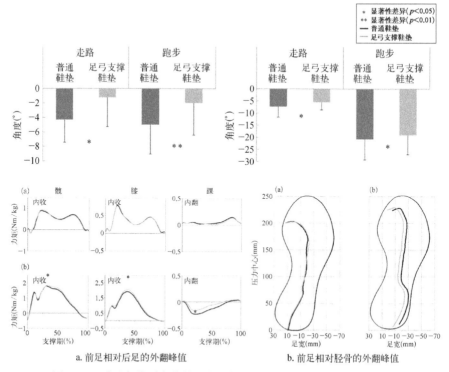

图 5-3　受试者分别穿着普通鞋垫与足弓支撑鞋垫时的足部运动学、动力学及鞋底压力中心线的轨迹变化

资料来源：Kosonen J, Kulmala J P, Müller E, et al. 2017. Effects of medially posted insoles on foot and lower limb mechanics across walking and running in overpronating men[J]. Journal of biomechanics, 54：58-63.

三、楔形鞋垫防治膝关节骨性关节炎的
生物力学机制及应用

(一) 楔形鞋垫防治膝关节骨性关节炎的概述

膝关节骨性关节炎(knee osteoarthritis,KOA)是一种以膝关节软骨变性、破坏和骨质增生为主要病理改变的疾病,其主要临床症状为膝关节红肿、疼痛、活动受限及行走困难,严重时可影响日常生活活动能力。Rafiaee 等指出,着外侧楔形鞋垫可以缓解膝关节骨性关节炎患者的疼痛,提高其生命质量。还有学者认为,膝关节内侧关节间隙变窄是由下肢机械轴60%~75%的负荷通过膝关节内侧所致,使用楔形鞋垫可保持跟骨与胫骨对齐,从而纠正膝关节的力线,减少不良负荷,缓解膝关节骨性关节炎的症状。Alshawabka 等的研究也发现,着外侧楔形鞋垫可减少上楼及下楼过程中的膝关节内侧负重。Skou 等的研究发现,中至重度老年膝关节骨性关节炎患者在着定制外侧楔形矫形鞋垫后膝关节的疼痛、运动功能及生命质量均显著改善。Malvankar 等的研究表明,外侧楔形鞋垫对早期病变且体重指数较高的膝关节骨性关节炎患者的疗效显著优于膝关节退行性病变程度重、体重指数较低的膝关节骨性关节炎患者。目前,着楔形鞋垫的最佳持续时间、鞋垫厚度及其疗效与膝关节骨性关节炎严重程度之间的关系还有待进一步研究。有学者比较了外侧楔形鞋垫与其他矫形器的疗效,Arazpour 等的研究发现,外侧楔形鞋垫及减重膝矫形器均可缓解内侧膝关节骨性关节炎患者的疼痛、增加膝关节活动度,但外侧楔形鞋垫的疗效更佳。Jones 等的研究也发现,外侧楔形鞋垫及膝外翻吊带均可明显提高步行速度,增加膝关节内收角度,但外侧楔形鞋垫的疗效更为显著,患者也更容易接受。但也有不少学者持相反观点。Campos 等研究发现,外侧楔形鞋垫对改善膝关节骨性关节炎无明显效果。

(二) 楔形鞋垫对膝关节骨性关节炎人群的步态影响综述及 Meta 分析

Shaw 等 2017 年发表在 *British Journal of Sports Medicine* 的一项综述和荟萃研究选取了 27 篇使用楔形鞋垫对膝关节骨性关节炎人群步态生物力学影响的研究进行汇总综述。27 项研究中的大部分讨论了外侧楔形鞋垫的使用对膝关节骨性关节炎患者的生物力学影响,小部分研究探讨外侧楔形设计与足弓内侧支撑设计鞋垫对膝关节骨性关节炎患者步态的生物力学影响。选取的生物力学指标主要包括膝关节与踝关节冠状面的运动学与动力学参数,包括膝关节内翻力矩、膝关节内翻角动量、GRF 相对于膝关节的力臂长度、踝关节/距下关节外翻角度、踝关节/距下关节外翻力矩。如图 5-4~图 5-6 所示,图 5-4 为外侧楔形鞋垫设计对膝关

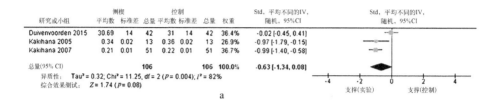

研究或小组	侧楔 平均数	标准差	总量	控制 平均数	标准差	总量	权重	Std, 平均不同的IV, 随机, 95%CI
Duvenvoorden 2015	30.69	14	42	31	14	42	36.4%	-0.02 [-0.45, 0.41]
Kakihana 2005	0.34	0.02	13	0.36	0.02	13	26.9%	-0.97 [-1.79, -0.15]
Kakihana 2007	0.21	0.01	51	0.22	0.01	51	36.7%	-0.99 [-1.40, -0.58]
总量(95% CI)			106			106	100.0%	-0.63 [-1.34, 0.08]

异质性：Tau² = 0.32; Chi² = 11.25, df = 2 (P = 0.004); I² = 82%
综合效果测试：Z = 1.74 (P = 0.08)

支撑(实验)　　支撑(控制)

a

研究或小组	侧楔 平均数	标准差	总量	控制 平均数	标准差	总量	权重	Std, 平均不同的IV, 随机, 95%CI
Butler 2007	0.24	0.07	20	0.25	0.08	20	9.4%	-0.13 [-0.75, 0.49]
Hinman 2008a	1.7	0.76	13	1.98	0.82	13	6.0%	-0.34 [-1.12, 0.43]
Hinman 2008b	2.63	0.84	40	2.89	0.83	40	18.7%	-0.31 [-0.75, 0.13]
Hinman 2009	2.32	0.84	20	2.45	0.78	20	9.4%	-0.16 [-0.78, 0.46]
Hsu 2015	4.53	0.67	10	5.16	0.71	10	4.2%	-0.87 [-1.80, 0.05]
Jones 2015	0.3	0.13	70	0.33	0.14	70	32.9%	-0.22 [-0.55, 0.11]
Kerrigan 2002	0.31	0.08	15	0.34	0.08	15	7.0%	-0.36 [-1.09, 0.36]
Moyer 2013	2.78	1.01	16	2.99	0.81	16	7.5%	-0.22 [-0.92, 0.47]
Pagani 2012	0.35	0.16	10	0.38	0.16	10	4.7%	-0.18 [-1.06, 0.70]
总量(95% CI)			214			214	100.0%	-0.27 [-0.46, -0.08]

异质性：Tau² = 0.00; Chi² = 2.22, df = 8 (P = 0.97); I² = 0%
综合效果测试：Z = 2.73 (P = 0.006)

支撑(实验)　　支撑(控制)

b

研究或小组	侧楔 平均数	标准差	总量	控制 平均数	标准差	总量	权重	Std, 平均不同的IV, 随机, 95%CI
Butler 2007	0.35	0.12	20	0.38	0.13	20	7.1%	-0.24 [-0.86, 0.39]
Hinman 2008a	3.17	0.61	13	3.6	0.9	13	4.4%	-0.54 [-1.33, 0.24]
Hinman 2008b	3.82	1	40	4.04	1.05	40	14.1%	-0.21 [-0.65, 0.23]
Hinman 2009	3.62	0.59	20	3.82	0.62	20	7.0%	-0.32 [-0.95, 0.30]
Hsu 2015	4.71	0.67	10	5.41	0.71	10	3.1%	-0.97 [-1.91, -0.03]
Jones 2013	0.357	0.14	51	0.383	0.15	51	18.0%	-0.18 [-0.57, 0.21]
Jones 2015	0.37	0.15	70	0.39	0.36	70	24.9%	-0.07 [-0.40, 0.26]
Kerrigan 2002	0.36	0.08	15	0.4	0.08	15	5.2%	-0.49 [-1.21, 0.24]
Moyer 2013	2.98	1.05	16	3.08	1.09	16	5.7%	-0.09 [-0.79, 0.60]
Pagani 2012	0.38	0.13	10	0.41	0.14	10	3.5%	-0.20 [-1.08, 0.67]
Resende 2016	-0.1	0.49	20	0.04	0.5	20	7.0%	-0.28 [-0.90, 0.35]
总量(95% CI)			285			285	100.0%	-0.23 [-0.40, -0.07]

异质性：Tau² = 0.00; Chi² = 4.69, df = 10 (P = 0.91); I² = 0%
综合效果测试：Z = 2.73 (P = 0.006)

支撑(实验)　　支撑(控制)

c

研究或小组	侧楔 平均数	标准差	总量	控制 平均数	标准差	总量	权重	Std, 平均不同的IV, 随机, 95%CI
Butler 2009	0.34	0.13	20	0.37	0.13	20	6.7%	-0.23 [-0.85, 0.40]
Duvenvoorden 2015	48.96	10	42	51	18	42	14.1%	-0.14 [-0.57, 0.29]
Hatfield 2016	0.39	0.16	26	0.43	0.15	26	8.7%	-0.25 [-0.80, 0.29]
Hinman 2012	3.6	0.75	73	3.82	0.78	73	24.3%	-0.29 [-0.61, 0.04]
Jones 2015	0.37	0.15	70	0.39	0.16	70	23.5%	-0.13 [-0.46, 0.20]
Kuroyanagi 2007	3.9	1.5	21	4.2	1.8	21	7.0%	-0.18 [-0.78, 0.43]
Leitch 2011	3	0.48	12	3.1	0.4	12	4.0%	-0.22 [-1.02, 0.58]
Maly 2002	0.47	0.11	12	0.48	0.13	12	4.0%	-0.08 [-0.88, 0.72]
Shimada 2006	0.86	0.19	23	0.9	0.2	23	7.7%	-0.20 [-0.78, 0.38]
总量(95% CI)			299			299	100.0%	-0.20 [-0.36, -0.04]

异质性：Tau² = 0.00; Chi² = 0.66, df = 8 (P = 1.00); I² = 0%
综合效果测试：Z = 2.39 (P = 0.02)

支撑(实验)　　支撑(控制)

d

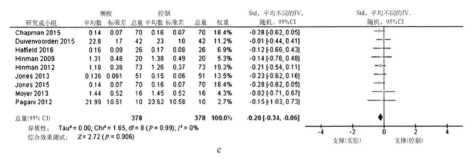

图 5 - 4　彩图

图 5 - 4　外侧楔形鞋垫设计对膝关节动力学参数影响的 Meta 分析森林图

该研究根据结果分为 5 个亚组,组 a(图 a)为平均膝关节内翻力矩;组 b(图 b)为支撑末期峰值膝关节内翻力矩;组 c(图 c)为支撑早期膝关节峰值内翻力矩;组 d(图 d)为支撑期膝关节峰值内翻力矩;组 e(图 e)为膝关节内翻角动量

资料来源:Shaw K E, Charlton J M, Perry C K, et al. 2018. The effects of shoe-worn insoles on gait biomechanics in people with knee osteoarthritis: a systematic review and meta-analysis[J]. British journal of sports medicine, 52(4): 238-253.

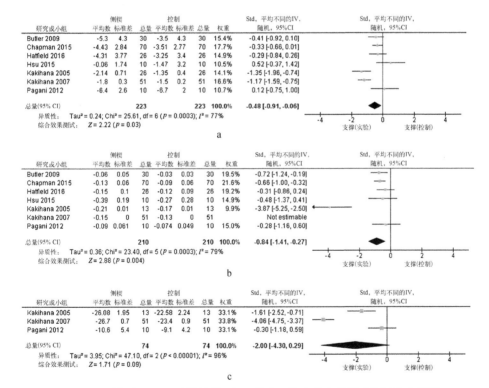

图 5 - 5　彩图

图 5 - 5　外侧楔形鞋垫对踝关节/距下关节生物力学参数影响的汇总森林图

该研究根据结果分为 3 个亚组,组 a(图 a)为踝关节/距下关节外翻角度;组 b(图 b)为踝关节/距下关节外翻力矩;组 c(图 c)为冠状面上 GRF 相对于膝关节的力臂长度

资料来源:Shaw K E, Charlton J M, Perry C K, et al. 2018. The effects of shoe-worn insoles on gait biomechanics in people with knee osteoarthritis: a systematic review and meta-analysis[J]. British journal of sports medicine, 52(4): 238-253.

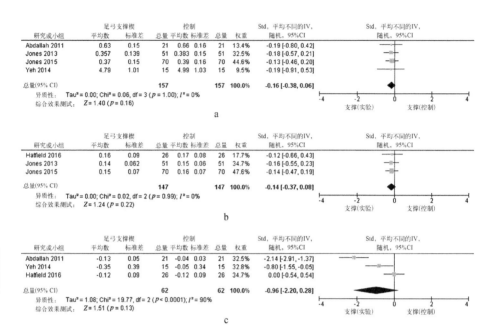

图 5-6
彩图

图 5-6　外侧楔形和足弓支撑鞋垫设计对膝踝关节动力学参数的影响汇总森林图

　　该研究根据结果分为 3 个亚组：组 a(图 a)为膝关节支撑早期内翻峰值力矩；组 b(图 b)为膝关节内翻角动量；组 c(图 c)为踝关节/距下关节外翻力矩

　　资料来源：Shaw K E, Charlton J M, Perry C K, et al. 2018. The effects of shoe-worn insoles on gait biomechanics in people with knee osteoarthritis: a systematic review and meta-analysis[J]. British journal of sports medicine, 52(4): 238-253.

节动力学参数影响的 Meta 分析森林图,该研究根据结果分为 5 个亚组：组 a 为平均膝关节内翻力矩；组 b 为支撑末期峰值膝关节内翻力矩；组 c 为支撑早期膝关节峰值内翻力矩；组 d 为支撑期膝关节峰值内翻力矩；组 e 为膝关节内翻角动量。图 5-5 所示的森林图是外侧楔形鞋垫对踝关节/距下关节生物力学参数影响的汇总,该研究根据结果分为 3 个亚组：组 a 为踝关节/距下关节外翻角度；组 b 为踝关节/距下关节外翻力矩；组 c 为冠状面上 GRF 相对于膝关节的力臂长度。图 5-6 对外侧楔形和足弓支撑鞋垫设计对膝踝关节动力学参数的影响汇总,该研究根据结果分为 3 个亚组：组 a 为膝关节支撑早期内翻峰值力矩；组 b 为膝关节内翻角动量；组 c 为踝关节/距下关节外翻力矩。从以上 Meta 分析的结果可以得出以下 5 条结论。

　　(1) 外侧楔形鞋垫的使用可以显著降低膝关节内翻力矩,而膝关节内翻力矩的增大是导致膝关节骨性关节炎的敏感生物力学指标。

　　(2) 外侧楔形鞋垫同样可以改变踝关节及足部的生物力学特征,如可以增大踝关节的外翻程度。

　　(3) 鞋垫的外侧楔形设计搭配足弓支撑设计可以有效控制足踝的运动学参数,使足踝部的运动学参数正常化,然而这种鞋垫设计对膝关节内翻力矩的减小程度低于单纯的外侧楔形设计。

（4）外侧楔形鞋垫的设计在减小膝关节内翻力矩的同时增大了踝关节的外翻程度及外翻力矩，可能导致过度外翻损伤，然而现有的研究并未对外侧楔形鞋垫对踝关节影响的长期效果进行追踪性研究。

（5）未来的研究应关注矫形鞋垫对整个下肢运动链的影响，应通过不断调试鞋垫参数达到下肢运动链的平衡，为矫形鞋垫的处方设计提供指导。

（三）楔形鞋垫设计对下肢生物力学影响机制的研究

加拿大卡尔加里大学的 Lewinson 等 2015 年发表在 *PloS One* 的一项研究名为"利用楔形鞋垫改变髌股关节疼痛跑者的膝关节外展角冲量：一项 6 周的随机对照试验（Altering Knee Abduction Angular Impulse Using Wedged Insoles for Treatment of Patellofemoral Pain in Runners: A Six-Week Randomized Controlled Trial）"，该研究是一项为期 6 周的追踪性研究，探讨楔形鞋垫设计对跑者髌骨关节疼痛的治疗效果，并重点关注楔形鞋垫设计对膝关节外翻角动量这一指标的影响。实验设计为 6 周的随机对照试验，经过筛选参与研究的受试者有 36 人，将他们随机分配为内侧楔形鞋垫干预组与外侧楔形鞋垫干预组。选用的鞋具为无任何支撑功能的 Adidas Adizero 鞋具。研究选取的鞋垫分别为 3 mm 倾斜度的外侧楔形鞋垫和 6 mm 倾斜度的内侧楔形鞋垫（图 5-7）。

a. 3 mm倾斜度的外侧楔形鞋垫　　b. 6 mm倾斜度的内侧楔形鞋垫　　c. 实验室测试　　图 5-7 彩图

图 5-7　研究选取的楔形鞋垫及实验室测试环节

两组受试者的膝关节外翻角动量在实验室环境下测试并通过逆向动力学计算获得，受试者在 6 周干预前和干预后分别进行 VAS 测试来评价鞋垫对膝关节髌股关节疼痛综合征的缓解效果。从 6 周干预测试结果部分来看，两组受试者着内侧楔形和外侧楔形鞋垫髌股关节疼痛的下降程度一致，均为 33% 左右且无显著性差异（$p=0.697$）。同时，逆向动力学计算结果显示，膝关节外翻角动量的改变程度在内侧楔形鞋垫组和外侧楔形鞋垫组并无显著性差异。研究同时发现,膝关节外翻角动量的降低与髌股关节疼痛的降低存在显著的相关性($r^2 = 0.21$;$p = 0.030$)。

Hinman 等 2012 年发表在 *Clinical Biomechanics* 的一项研究关注使用外侧楔形鞋垫对膝关节骨性关节炎人群的下肢冠状面生物力学参数影响。研究选取了 73名膝关节骨性关节炎患者,在实验室条件下分别着对照鞋垫与 5°倾斜角的外侧楔形鞋垫进行步态生物力学测试(图 5 − 8)。测试髋关节、膝关节与踝关节冠状面的生物力学参数,测试指标包括膝关节峰值内翻力矩、膝关节内翻角动量、压力中心轨迹、GRF 及 GRF 相对于膝关节力臂长度。外侧楔形鞋垫的使用显著降低了膝关节的峰值内翻力矩(−5.8%)和膝关节峰值内翻角动量(−6.3%)。膝关节峰值内翻力矩降低的同时还伴随着压力中心线的外侧偏移,GRF 相对于膝关节冠状面的力臂长度减小,髋关节内收程度降低。如图 5 − 8 所示,外侧楔形鞋垫组膝关节冠状面相对于 GRF 的力臂长度降低可能是膝关节内翻力矩降低的主要原因。

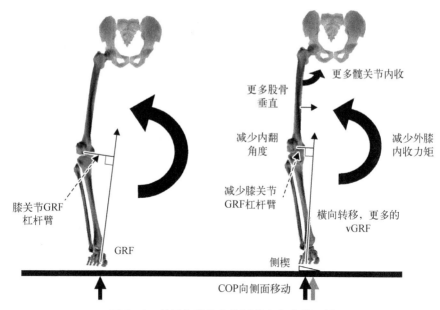

图 5 − 8　外侧楔形鞋垫作用的生物力学机制

资料来源:Hinman R S, Bowles K A, Metcalf B B, et al. 2012. Lateral wedge insoles for medial knee osteoarthritis:effects on lower limb frontal plane biomechanics[J]. Clinical biomechanics, 27(1):27 − 33.

香港科技大学 Zhang Ming 等运用有限元分析的方法构建膝关节、踝关节和足部的三维有限元模型,探讨外部施加外侧楔形鞋垫干预对膝关节内部应力特征的影响。采用 MRI 扫描一位正常男性受试者右侧下肢的影像学数据,受试者下肢无载荷中立位,扫描层厚为 2 mm。根据采集的影像学数据,使用 Mimics 14.0 软件重建下肢骨骼及软组织的外形,得到初步的几何学外形。随后在逆向工程学软件 Rapid Form 中转化为实体模型,随后将实体模型导入 ABAQUS 6.11 版本有限元分析软件进行后处理分析。同时,在实验室条件下采集受试者分别在 0°、5°与 10°倾斜角的楔形鞋垫(EVA材质,邵氏硬度指数为 65)条件下进行自选速度步行的生物力学参数,测量参数包括运动学、动力学与足底压力参数。图 5-9 所示的下肢膝踝关节有限元模型包括股骨、髌骨、胫骨、腓骨及 26 块足部骨骼及相应的软骨、韧带、半月板、肌肉等组织构成。定义股骨与胫骨、腓骨之间的软骨杨氏模量为 12 MPa,泊松比为 0.45,定义半月板的杨氏模量为 59 MPa,泊松比为 0.49。足踝有限元骨骼模型嵌入密封的足部软组织中,将图 5-9 中鞋垫底部与地面之间的摩擦系数定义为 0.6。有限元模拟结果如图 5-10 所示,在 5°和 10°外侧楔形鞋垫条件下,胫股平台内侧软骨的应力

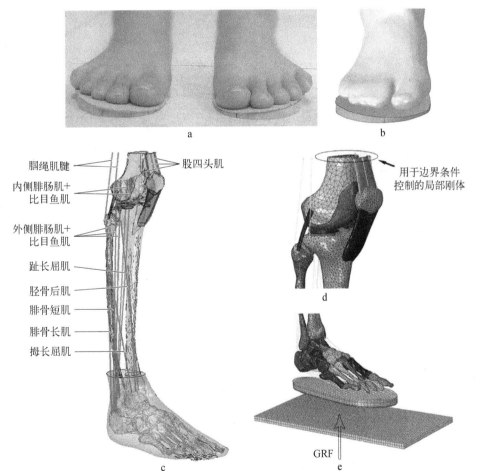

图 5-9　膝关节、踝关节及足部三维有限元模型构建

图 5-9
彩图

资料来源: Liu X, Zhang M. 2013. Redistribution of knee stress using laterally wedged insole intervention: finite element analysis of knee-ankle-foot complex[J]. Clinical biomechanics, 28(1): 61-67.

及内侧半月板的米泽斯应力(Mises stress)均小于 0°鞋垫条件,膝关节内侧应力的减小也证实了楔形鞋垫在降低膝关节内侧负荷和预防膝关节骨性关节炎中的积极作用。

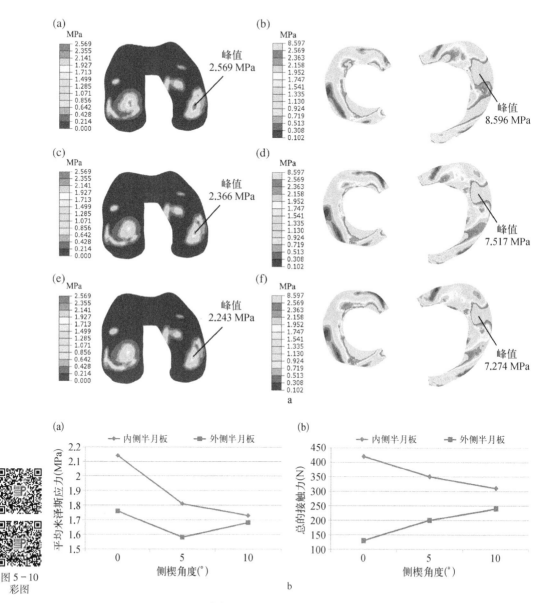

图 5 - 10　胫骨平台软骨和半月板分别在 0°鞋垫、5°外侧楔形鞋垫和
10°外侧楔形鞋垫下的米泽斯应力情况

图 5 - 10
彩图

资料来源:Liu X,Zhang M. 2013. Redistribution of knee stress using laterally wedged insole intervention: finite element analysis of knee-ankle-foot complex[J]. Clinical biomechanics,28(1):61 -67.

四、运动感觉刺激鞋垫的应用及其生物力学机制

感觉运动性鞋垫(sensorimotor insoles,SMI)由德国人 Jarhling 首先提出,最初设计该鞋垫的目的是改善儿童异常的痉挛性步态,目前该鞋垫主要用于治疗非僵硬性(柔软性)足部畸形,特别适用于合并有下肢功能性疼痛的患者(图 5 - 11)。研究表明,负重感受器传入信息的方式有 2 种,一种为伸肌的本体感受性的传入,另一种通过感受外界机械性刺激的足部皮肤传入。SMI 就是通过找到足底本体感受刺激点的位置来实现调整下肢肌肉肌张力,从而矫正下肢、脊柱畸形,改善躯体平衡控制能力和纠正异常步态。SMI 是由 EVA 泡沫材料制作而成,包括 1 个法兰绒材质的基础鞋垫和 5 个刺激元素组件,5 个刺激元素组件及其作用:① 四趾垫,具有助伸趾、调整前足内旋的作用;② 跖骨垫,具有刺激足底内在肌,降低足跖屈肌和小腿三头肌肌张力的作用;③ 足跟外侧垫,可调整腓骨肌及拇收肌活性;④ 足跟内侧垫,与足跟外侧垫协同维持足跟处于正常位置,刺激调整胫骨肌群活性;⑤ 终末垫,为楔形垫,可根据病情需要垫于足垫背面内侧或外侧,具有矫正足内翻或外翻的作用。SMI 可根据刺激元素组件中四趾垫、趾骨垫的不同分为 2 种版型,一种四趾垫、趾骨垫呈外高内低状,即杯状型(cup-shaped version),用于纠正下肢内旋;另一种四趾垫、趾骨垫呈内高外低状,即平面型(flat version),用于纠正下肢外旋。5 个组件有白色和橙色两种颜色,代表不同硬度,白色组件的邵氏 C 硬度指数约为 30,橙色组件的邵氏 C 硬度指数为 45,不同硬度可提供不同刺激强度。临床工作中为保证 SMI 的治疗效果,应根据疾病特点,结合特殊的手法和专门的仪器检查来确定刺激点的正确位置、组件的最佳硬度和高度,并根据病情的需要调整各组件的类型及位置,以达最佳治疗效果。SMI 的适应证包括单侧或双侧的下肢内旋或外旋、尖足步态、肌张力过高或过低、足位置不正、有残留功能的轻瘫、胫骨应

SMI 运动鞋垫

SMI 儿童鞋垫

SMI 神经鞋垫

SMI 疼痛鞋垫

图 5 - 11　部分 SMI 设计

图 5 - 11
彩图

力低通气综合征、轻微的足旋转畸形、足内侧纵弓塌陷及下肢功能性疼痛步态等。Mabuchi 运用三维步态分析系统对 SMI 影响儿童拇内翻步态的生物力学机制进行研究,研究对象为 6 名先天性足畸形的患儿和 4 名特发性拇内翻畸形的患儿,研究发现,所有先天性足畸形的患儿均表现出跖骨内收,特发性拇内翻步态的患儿则表现出股骨前倾角和(或)胫骨内扭转的增加,而 SMI 可显著减少摆动相末期及支撑期的股骨近端内旋角度,显著减少站立相中期及末期的胫骨内旋角度,并改善患者的步速和步长。Aminian 将 12 只柔软性扁平足纳入研究,研究发现,不同结构的 SMI 鞋垫对足底压力的分布有着不同的影响,与着预制鞋垫(prefabricated insoles, PI)和只着鞋不着鞋垫相比,SMI 可降低 MM 区域的压力。因此,SMI 鞋垫可能是通过改变了足底表面的感觉反馈,可导致柔软性扁平足足底压力参数的改变。

五、跖骨垫在跖痛症患者中的应用及其机制

跖痛症是由于先天或后天因素破坏了足部生物力学的稳定性,加重了前足负荷所致。常表现为前足疼痛、不适,严重者会出现趾关节脱位。目前临床上治疗趾痛症常以骨科手术为主,部分轻度跖痛症患者可选择保守治疗,其中跖骨垫是一种简单、有效、经济的治疗方法。趾骨垫是否能减少跖骨头处的压力取决于的趾骨垫厚度及正确的放置位置(图 5 - 12)。Kang 等对 13 例(18 只足)跖痛症患者进行了研究,结果发现,跖骨垫放置于跖骨头的近端时,患者的足底压力可重新分布,将跖骨头下的压力转移到毗邻位置。降低第 2 跖骨头处的最大峰值压力及压力-时间积分,且与目测类比法评分具有显著相关性。

图 5 - 12
彩图

前足疼痛——
如何适应趾骨穹窿

图 5 - 12　跖骨垫及跖骨鞋垫设计

Chen 等 2015 年在 *Journal of Biomechanics* 发表的研究论文"足底跖骨头区压力缓解——基于足部 3D 有限元分析的治疗鞋垫设计(Plantar pressure relief under the metatarsal heads — Therapeutic insole design using three-dimensional finite element model of the foot)",对跖骨垫的使用对跖骨区域的受力特点进行三维有限元分析。该研究构建的足部三维有限元模型如图 5 - 13 所示,该有限元模型包括籽骨在内一共 30 块骨骼,整个足部模型共包含 400 000 个单元和 1 300 000 个自由度,关节间的软骨厚度根据文献定义为 1.0~1.5 mm,足部韧带有 134 条,包括一条扇形的足

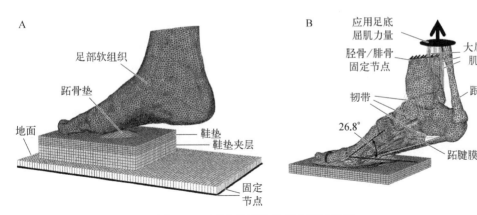

A

足部软组织

跖骨垫

地面

鞋垫
鞋垫夹层

固定
节点

B

应用足底
屈肌力量

胫骨/腓骨
固定节点

韧带

26.8°

大屈肌
肌腱

跟腱

跖腱膜

图 5-13
彩图

图 5-13　研究使用的足部有限元模型

资料来源：Chen W M, Lee S J, Lee P V S. 2015. Plantar pressure relief under the metatarsal heads-therapeutic insole design using three-dimensional finite element model of the foot［J］. Journal of biomechanics, 48 (4)：659-665.

底筋膜。韧带定义为弹簧元件且不能压缩。足底软组织的材料性质定义为超弹性体,韧带和软骨定义为各向同性的线性弹性材料。

　　模型中的跖骨垫如图 5-14 所示,该跖骨垫的长度为 76 mm,宽度为 55 mm,最高处的高度为 9 mm。图 5-14 所示的中底厚度为 12.7 mm。该研究中选取不同厚度的鞋垫,厚度值分别为 2.5 mm、5.1 mm、7.6 mm、10.2 mm 和 12.7 mm。该研究根据有无跖骨垫及跖骨垫的位置分为 4 组,即无跖骨垫组、远端摆放位置组(P1 组)、中间摆放位置组(P2 组)和近端摆放位置组(P3 组)。划分远、近端摆放位置组的依据为跖骨垫距顶端的位置。研究模拟选取的时间点为前足着地时的峰值 GRF 值时刻,也就是支撑期 GRF 的第二峰值时刻。研究结果显示,跖骨区域的峰值压强随着鞋垫厚度的增加而降低,同时中足区域的接触面积也随之增大,如图 5-14 所示。无跖骨垫组的峰值压强下降最大程度约为 26.4%;而不同的跖骨垫摆放位置,情况则各不相同,其中 P2 组显示出较好的生物力学参数。使用 P2 组的位置的跖骨垫整个足底的压力压强分布更加均匀,并且跖骨头区域的峰值压强下降程度达到 33.6%。而与之相反,P1 组跖骨垫增加了跖骨头区域的峰值压强,增加程度为 17.7%,P3 组跖骨垫则对跖骨头区域的峰值压强无显著影响。鞋垫厚度的改变及跖骨垫的摆放位置同样对足底软组织的应力特征产生一定影响,有限元模拟结果显示,总体上较厚的鞋垫能够降低跖骨头区域的软组织压缩应力。跖骨垫摆放位置的改变同样对跖骨头区域足底软组织的压缩应力产生不一样的效果,P2 组的跖骨垫主要作用在跖骨体部位,蹬地受压时跖骨垫与跖骨体处的软组织产生大致相同程度的压缩形变,因此跖骨头处软组织的压缩载荷降低,降低程度达到33.1%。而 P1 组的跖骨垫的使用则使得跖骨头处软组织的压缩载荷增加了 10.4%。

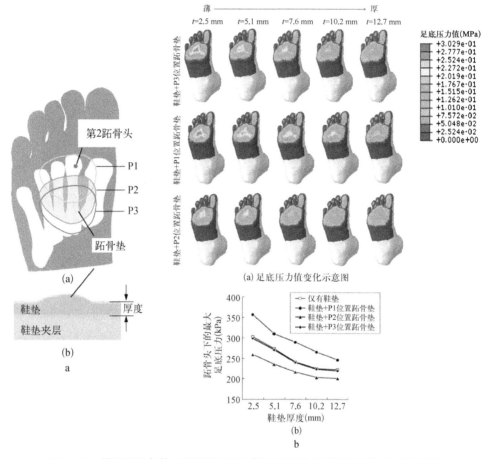

图 5-14
彩图

图 5-14　模拟鞋具条件及跖骨垫相对于第 2 跖骨头的不同摆放位置;鞋垫厚度
及不同摆放位置跖骨垫的使用对足底压力分布特征的影响

资料来源: Chen W M, Lee S J, Lee P V S. 2015. Plantar pressure relief under the metatarsal heads-therapeutic insole design using three-dimensional finite element model of the foot[J]. Journal of biomechanics, 48 (4): 659-665.

六、个性化定制鞋垫与预制鞋垫的
运动功效对比研究

Lucas 等 2014 年发表在 *Journal of Sports Sciences* 的一项研究对定制鞋垫 (custom made insoles,CMI) 与预制鞋垫对跑步疲劳前后的足底负荷参数进行研究。该研究选取了 40 位业余跑者,选取的鞋垫分别为根据受试者足部形态定制的鞋垫、根据受试者鞋码购买的预制鞋垫及鞋具原装的普通鞋垫。受试者分别在疲劳干预前后随机着 3 双鞋垫进行实验室条件下的足底负荷测试。测试指标包括着地时间、步频及足底载荷参数。研究结果发现,鞋垫条件与疲劳并未显示出对着地时间与步频的影响。疲劳后人体的动作控制能力降低,因此疲劳后的足底负荷参数可以较好地反映损伤情况和特征。研究结果显示,着定制鞋垫和预制鞋垫可以降低跑步疲劳后 H 区、MM 区及 LM 区的峰值压强。与预制鞋垫相比,着定制鞋垫能够降低足跟内侧31%的压强、足跟外侧54%的压强。如果每一步的足底载荷都能够降低一部分,那么在长距离跑步中就能有效降低足部局部区域的载荷累积,从而减小足底过度负荷累积导致的运动损伤(图5-15)。

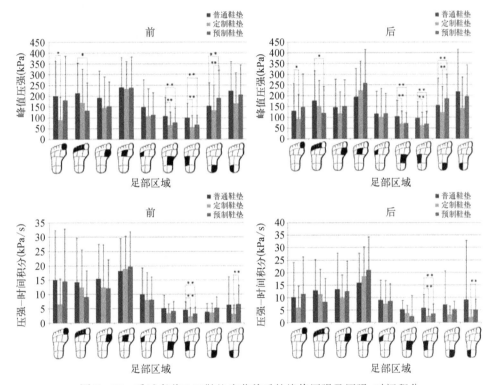

图5-15　受试者着3双鞋垫疲劳前后的峰值压强及压强-时间积分

资料来源: Esterman A, Pilotto L. 2005. Foot shape and its effect on functioning in Royal Australian Air Force recruits. Part 2: pilot, randomized, controlled trial of orthotics in recruits with flat feet[J]. Military medicine, 170(7): 629-633.

　　Lucas 等 2017 年发表在 *PloS One* 的一项研究对定制鞋垫和预制鞋垫在长跑前后的影响效果进行评估。Lucas 等认为,肌肉骨骼系统疲劳程度的增大可能会导致缓震能力的降低,从而增加运动损伤风险。该研究选取了 38 名业余跑者,分别着图 5-16 所示的预制鞋垫、定制鞋垫和普通对照鞋垫在标准跑台条件下以 3.33 m/s 的配速跑步 15 min,使用三轴加速度传感器测量头部与胫骨峰值加速度、冲击峰值、加速度变化率等评价缓震性能的有效指标。研究发现,在 15 min 跑步后,与普通对照鞋垫相比,预制鞋垫和定制鞋垫在缓震的关键指标方面并无显著性差异,笔者推测,预制鞋垫或者定制鞋垫急性干预的运动功效并不大,可能需要一段时间的持续干预才能够显示出其运动功效。

预制鞋垫	定制鞋垫
·前足加邵氏A硬度指数为15~25的强聚氨酯泡沫 ·后足加邵氏A硬度指数为15~25的强聚氨酯泡沫 ·内侧弓下的额外支撑	·顶层:Podiamic 160聚乙烯+EVA,2.5 mm厚度,邵氏A硬度指数为30 ·鞋底加固(白色):1 mm厚聚酯树脂Transflux® ·前足插入:合成2.5 mm厚度Viscotene®,邵氏A硬度指数为30 ·后足插入:9 mm厚度的Podiaflex®树脂 ·后足加固:1 mm厚度的Transflex®聚酯树脂

图 5-16　研究选取的定制鞋垫和预制鞋垫详细参数

资料来源: Lucas-Cuevas A G, Camacho-García A, Llinares R, et al. 2017. Influence of custom-made and prefabricated insoles before and after an intense run[J]. PloS one, 12(2): e0173179.

第二节
功能性鞋垫对运动损伤的预防效果研究

一、功能性鞋垫对运动损伤的研究现状

近年来,随着运动热潮的兴起,伴随的运动损伤的发生率一直居高不下。据统计,至少有一种运动损伤的长跑爱好者比例占79%。最常见的运动损伤包括胫骨内侧压力综合征、跟腱炎、足底筋膜炎及髌股关节疼痛综合征。运动损伤降低了损伤人群的身体活动能力,增加了治疗及恢复成本。对专业运动员来说,严重的运动损伤可能会导致运动员运动生涯的提前终止;对于大众运动爱好者来说,运动损伤的出现也会影响参与运动的热情并导致身体出现一系列其他问题。运动科学、运动医学等领域的专家学者针对运动损伤的防治提出了许多预防措施,然而这些措施却并没有降低运动损伤发生率。从运动装备的角度入手,通过功能性运动鞋、功能性运动鞋垫等的改良设计来预防运动损伤可能是一种有效途径。目前,足部矫形器、矫形鞋垫和缓震鞋垫已经被广泛应用在下肢肌骨系统损伤预防方面。矫形鞋垫通常具有不平整波状外形,这种外形特点也往往是根据足部形态特点设计的,其目的是改良足部功能。目前,矫形鞋垫改善下肢及足部功能的具体神经生物学机制还不是很清晰,从生物力学角度看,矫形鞋垫能够使足底压力重新分布,提升感觉反馈传输,从而调节下肢在走、跑等活动中的肌肉活动度及运动学表现。相较于矫形鞋垫,缓震鞋垫外形通常较平整,由较软材料制成且主要功能是吸收过高的冲击力以降低冲击损伤发生率。研究矫形鞋垫及缓震鞋垫作用的生物力学机制能够揭示鞋垫影响足部功能的工作原理,同时对患者着鞋垫前后的长时间追踪性临床研究能够为鞋垫的设计改良提供依据。有研究证实,矫形鞋垫能够降低运动员在对抗性训练过程中的下肢应力性骨折及胫骨前疼痛发生率,但并未发现矫形鞋垫对下肢软组织损伤及慢性下腰痛的益处。对于缓震鞋垫的生物力学研究及综述研究也并未发现缓震鞋垫对下肢损伤发生率的改良影响。目前学术界对个性化定制鞋垫、矫形鞋垫、运动鞋垫的生物力学研究观

点不一,有学者认为定制鞋垫能够帮助使用者建立正确合理的下肢发力方式和运动模式,从而能够降低膝骨关节炎、髌骨痛、踝关节扭伤等下肢损伤风险,同时还可能起到纠正使用者脊柱力线的作用,帮助其恢复正确运动姿态;同时持反对意见的学者认为增加了足弓支撑、足跟承托等改变的运动鞋垫可能会对使用者足部本身的功能造成损害,不利于运动功能的持续提高,同时也没有大样本量和长时间的跟踪性流行病学调查研究来佐证这种运动鞋垫的具体效果。目前,国际上发表的有关矫形鞋垫与运动缓震鞋垫对运动损伤预防的综述研究存在以下问题:① 未使用Meta分析方法对现有研究的数据和结果进行整合;② 未厘清矫形鞋垫和缓震鞋垫的概念,将矫形鞋垫干预与缓震鞋垫干预混为一谈。运动科学专家、足部形态矫正师和使用者都需要对矫形鞋垫对损伤的预防和治疗效果有一个准确、具体的认识和估计,为矫形鞋垫的设计提供指导。本部分内容的目的在于对现有文献进行筛选、收集、汇总并对研究结果进行 Meta 分析,揭示矫形鞋垫及缓震鞋垫对肌肉骨骼系统损伤预防的影响。

二、功能性鞋垫与运动损伤研究检索

(一) 文献检索策略

本章节选择检索的数据库包含 Cochrane Library、CINAHL、EMBASE、MEDLINE和 SPORTDiscus,检索时间为 1990 年 1 月 1 日~2018 年 10 月 31 日发表的相关文献。从数据库检索出来的文章标题及摘要均导入 Mendeley 文献管理软件,剔除重复标题文献。依据剔除标准选取规范的随机对照的实验研究计入本章(图 5-17)。

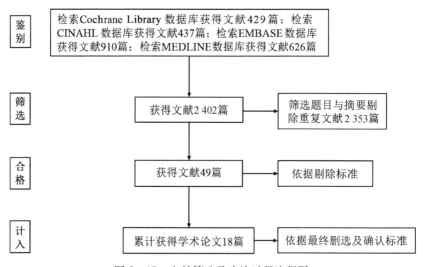

图 5-17　文献筛选及确认过程流程图

（二）文献最终筛选确认标准

检索文献的主题应为矫形鞋垫或缓震鞋垫对肌骨系统预防的相关研究,实验设计为随机对照实验。剔除会议论文、摘要等只保留经过严格同行评议的全文。研究结果应包含实验鞋垫与对照鞋垫前后的损伤发生部位、损伤率等对比数据。选取的文献应对矫形鞋垫做出明确的定义,即矫形鞋垫是一种鞋插入物,用来矫正和调节步态,保持人体躯干及下肢正常受力的特制鞋垫。例如,通过对足底生物力学机制、足部病变对人体生物力线改变的影响因素长期研究后,设计研制出来带有足弓支撑作用的矫形鞋垫。采用改善足底功能、缓解足底压力的手段达到矫正足部畸形、缓解足部疼痛、保持人体躯干及下肢合理受力的目的。根据矫形鞋垫的定制化程度,可以将矫形鞋垫分为定制矫形鞋垫和预制矫形鞋垫。预制矫形鞋垫根据不同的足部下肢功能障碍或损伤分类,预先制作出适合某种对应症状的鞋垫,预制矫形鞋垫和标准鞋码是对应的,如适合足弓塌陷人群的足弓支撑鞋垫、适合膝关节骨性关节炎人群的足跟楔形鞋垫等;矫形鞋垫依据以上的功能可分为多种类型,并且由各种不同的材料制成。其在形式上也有部分式、半足式、全足式的区分。这种预制矫形鞋垫一般为成品和半成品的组合式鞋垫。专业定制矫形鞋垫需要采用石膏取型、泡沫盒踩压取型、足底三维扫描等方法,根据患者足部畸形的特征,因人而异地进行模型修整或三维数字模型设计而制作矫形鞋垫。定制矫形鞋垫可以很好地贴合个人的足部形态,根据足部畸形的个人状况,最大限度地矫正畸形,并达到改善全身骨骼动力学的目的。目前很多医院和机构销售的矫形鞋垫,一般都是通过足底二维扫描技术,分析足底受力情况,采用的是批量化成品鞋垫或者修改数字化系列模型作为加工模板,具有成本低、交付快捷、易于推广的优点,但不属于定制矫形鞋垫。足踝外科的医生、康复医师、矫形器制作师等人员在推荐患者使用矫形鞋垫的时候,应该根据患者的足踝伤病情或畸形状况选择合适的矫形鞋垫产品。设计制作专业定制的矫形鞋垫,需要配置足部矫形师和具有相关的足踝矫形医学的知识和应用工作经验的人员。缓震鞋垫在外形方面有别于矫形鞋垫的不规则结构,制作缓震鞋垫的材料多为软性材料,如黏弹性聚合物(viscoelastic polymers)、氯丁橡胶(neoprene)、聚氨酯(polyurethane)等。但是不将材料密度和硬度作为鉴别缓震鞋垫的标准。

（三）数据分析

数据的来源有两个方面,一方面从最终选取的文献中挑选出需要的数据,另一方面与文献通信作者邮件联系,希望能获取原始数据。本章节除了选用系统综述的方法对相关实验数据进行筛选综合外,还选用 Meta 分析的统计学方法描述这些综合结果。本章选取的 18 篇研究论文均有对照组,是严格的随机对照实验。本章节定义的运动损伤特指下肢及背部肌肉骨骼系统损伤,急性运动损伤如踝关节急性扭伤等不纳入损伤率统计范围。在本章节的 Meta 分析中,分析结果以森林图的形式表示,其中 Meta 分析的数据列表部分遵从以下 6 条原则:① 展示纳入分析的原始研究,研究排列应遵从一定顺序,如发表年代、权重大小或作者首字母;② 给出各原始研究的结局事件数;③ 给出各组的样本量;④ 给出各原始研究贡献的权重;⑤ 报告各原始研究效应值及其 95% 置信区间(95%CI);⑥ 列表最底部报告数据的合计值及异质性统计量(I^2)。Meta 分析的图形部分有以下 3 条原则:① 用方形表示各原始研究效应值,用水平线表示置信区间;② 用方形的大小表示权重的大小,方形越大,权重越大;③ 在最底部用菱形表示合并的效应值,菱形的左右顶点表示置信区间的上下界(图 5 - 18)。

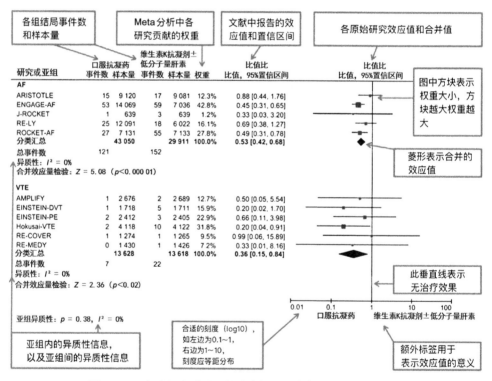

图 5 - 18 实验组和对照组的致命性出血事件的发生率森林图

(四) 检索结果

从累计选取的 2 402 篇研究文献中,依据筛选及剔除标准最终纳入 18 篇文献。其中 11 篇文献聚焦于矫形鞋垫对运动损伤预防的影响,7 篇聚焦于缓震鞋垫对运动损伤预防的影响。选取文献的具体信息如研究方法和矫形鞋垫及缓震鞋垫对运动损伤预防影响的研究具体见表 5 - 1 与表 5 - 2。上述选取的 18 篇研究中,有 11

表 5-1 矫形鞋垫对运动损伤预防影响的研究

作者(年份)	受试者信息	实验干预细节	实验干预	实验结果
Esterman (2005)	47名扁平足澳大利亚空军士兵	(1) 3/4足长的热塑型预制矫形鞋垫(实验组,25人) (2) 无矫形鞋垫组(对照组,22人)	10周基础训练课程	实验组与对照组的下肢运动损伤发生率无显著差异
Finestone (1999)	404名以色列陆军步兵士兵(最终有效人数为197人)	(1) 半刚性聚丙烯定制矫形鞋垫(顶层和底层邵氏A硬度指数为80,中间层邵氏A硬度60,实验组132人) (2) 软性聚丙烯定制矫形鞋垫(顶层和底层邵氏A硬度指数为80,中间层邵氏A硬度60,实验组128人) (3) 全长足弓支撑预制矫形鞋垫(3 mm厚的聚烯烃泡沫表面覆盖细布内衬,对照组126人) (4) 无矫形鞋垫组(对照组18人)	14周基础训练	14周干预后,实验组(1)半刚性与实验组(2)软性定制矫形鞋垫的应力性骨折发生率分别为15.7%和10.7%;对照组(3)与对照组(4)的应力性骨折发生率分别为24.5%和33.3%。实验组的运动损伤风险显著降低
Finestone (2004)	874名以色列军步兵士兵	(1) 软性聚丙烯定制矫形鞋垫(密度1.3 g/cm³的顶层和底层,密度1.125 g/cm³的中间层) (2) 软性聚丙烯预制矫形鞋垫(密度1.3 g/cm³的顶层和底层,密度1.125 g/cm³的中间层) (3) 半刚性定制矫形鞋垫(丙烯酸材质足跟垫) (4) 半刚性预制矫形鞋垫(丙烯酸材质足跟垫)	14周基础训练	4组不同刚度及定制和预制矫形鞋垫干预运动损伤发生率并未出现显著差异
Franklyn-Miller (2011)	400名足部形态或功能存在问题的英国皇家海军士官(运动损伤发生风险较高人群)	(1) 在预制矫形鞋垫基础上根据每位受试者足部形态特点再次定制(实验组,200人) (2) 无矫形鞋垫组(对照组,200人)	7周系统性的军事训练	7周训练后,实验组的综合运动损伤发生率为10.5%,对照组运动损伤发生率为30.5%;矫形鞋垫显著改善运动损伤风险
Hesarikia (2014)	610名伊朗男性陆军士兵	(1) 半刚性预制矫形鞋垫(实验组300人,有效人数255人) (2) 无矫形鞋垫组(对照组310人,有效人数301人)	2个月的军事化训练干预	2个月训练干预后,与对照组相比,实验组足跟、跗骨、足底筋膜等部位的疼痛发生率显著低于对照组;实验组综合运动损伤发生率为32.2%,对照组综合运动损伤发生率为55.8%,实验组运动损伤发生率显著降低

续表

作者（年份）	受试者信息	实验干预细节	实验干预	实验结果
Larsen（2002）	146 名丹麦应征入伍士兵	(1) 热塑型聚乙烯预制矫形鞋垫（实验组，77 人） (2) 无矫形鞋垫组（对照组，69 人）	3 个月初始军事训练	3 个月初始军事训练后，实验组下肢及背部运动损伤综合发生率（40%）与对照组（56%）无显著差异；然而，实验组胫骨前疼痛发生率显著低于对照组
Mattila（2011a）	220 名芬兰男性应征入伍士兵	(1) 3/4 长度的刚性热塑型聚乙烯预制矫形鞋垫（实验组，73 人） (2) 无矫形鞋垫组（对照组，147 人）	6 个月军事化训练	6 个月军事化训练后，实验组与对照组下肢运动损伤发生率分别为 46.6% 和 38.1%；实验组平均缺练天数为 2.4±2.0，对照组平均缺练天数为 1.8±2.0，无显著差异
Mattila（2011b）	220 名芬兰男性应征入伍士兵	(1) 3/4 长度的刚性热塑型聚乙烯预制矫形鞋垫（实验组，73 人） (2) 无矫形鞋垫组（对照组，147 人）	6 个月军事化训练	6 个月军事化训练后，实验组 27% 的受试者与对照组 33% 的受试者因为下腰痛至少缺练 1 d，无统计学显著差异；实验组与对照组的平均缺练天数无显著差异；实验组与对照组下腰痛损伤风险无显著差异
Milgrom（1985）	295 名以色列男性陆军士兵	(1) 预制军事专用矫形鞋垫，3.5 mm 聚稀烃泡沫材质，鞋垫足跟部位有 3° 倾斜角度（实验组，143 人） (2) 无矫形鞋垫组（对照组，152 人）	14 周基础军事训练	14 周基础军事训练后实验组与对照组总体实验组总体上股骨、胫骨、距骨的骨折发生率为 29.2%，对照组为 46%；实验组股骨骨折发生率为 10%，显著低于对照组 18%；实验组与对照组胫骨和胫脑骨折的发生率无显著差异
Milgrom（2005）	381 名以色列陆军士兵	(1) 实验组半刚性的聚丙烯定制矫形鞋垫，其中足跟部位垫高且无左右左右倾斜角度 (2) 实验组软性全长聚氨酯定制矫形鞋垫（顶层和底层部肖氏 A 硬度指数为 80，中间层肖氏 A 硬度指数为 60） (3) 对照组足弓支撑预制矫形鞋垫，由 3 mm 厚度的聚稀烃泡沫制成	14 周基础军事训练	14 周基础军事训练后，实验组（1）半刚性定制矫形组后背疼痛发生率为 12.4%；实验组（2）软性全长聚氨酯定制矫形组后背疼痛发生率为 13.5%；对照组（3）足弓支撑预制矫形鞋垫后背疼痛发生率为 14.3%；3 组对比无显著差异
Simkin（1989）	295 名以色列陆军士兵（其中 30 名中途退出）	(1) 军事专用预制矫形鞋垫，3.5 mm 聚稀烃泡沫材质，鞋垫足跟部位有 3° 倾斜（实验组，143 人） (2) 无矫形鞋垫组（对照组，152 人）	14 周基础军事训练	14 周基础军事训练后，实验组股骨骨折的发生率为 5.5%，对照组股骨骨折发生率为 15.5%；实验组距骨骨折发生率为 0.5%，对照组距骨骨折发生率为 3.2%

表 5－2　缓震鞋垫对运动损伤预防影响的研究

作者（年份）	受试者信息	实验干预细节	实验干预	实验结果
Andrish (1974)	2 777 名美国海军舰艇新兵	(1) 正常训练无干预措施（对照组，1 453 人）(2) 足跟 13 mm 橡胶缓震鞋垫组（实验组，300 人）(3) 踝关节背屈拉伸组（实验组，463 人）(4) 拉伸配合缓震鞋垫组（实验组，217 人）(5) 跑步训练组（实验组，）	整个夏季训练，时长约 3 个月	训练后，各组之间胫骨疼痛的发生率无显著差异；对照组（1）的胫骨疼痛发生率为 2.96%；对照组（2）胫骨疼痛发生率为 4.36%；对照组（3）胫骨疼痛发生率为 4.00%；对照组（4）胫骨疼痛发生率为 3.03%；对照组（5）胫骨疼痛发生率为 6%
Fauno (1993)	91 名丹麦足球运动员	(1) 8 mm 厚度缓震鞋垫组（实验组，48 人）(2) 无鞋垫组（对照组，43 人）	5 d 的足球比赛	对实验组与对照组在 5 d 比赛周期内每天的酸痛情况调查汇总发现：实验组与对照组比例第 1 天的酸痛比例为 46%：65%，第 2 天的酸痛比例为 63%：88%，第 3 天的酸痛比例为 63%：93%，第 4 天的酸痛比例为 44%：88%，第 5 天的酸痛比例为 63%：93%；实验组的跟腱、腓肠肌和后背的酸痛发生率显著低于对照组
Gardner (1988)	3 025 名美国海军陆战队新兵	(1) 聚氨酯缓震鞋垫组（实验组，1 557 人）(2) 普通鞋垫组（对照组，1 468 人）	12 周军事化训练	12 周军事化训练后，实验组与对照组相比，应力性骨折损伤的发生率无显著差异，其中实验组的损伤的发生率为 1.35%，对照组则为 1.13%
Schwellnus (1990)	1 388 名南非陆军新兵	(1) 弹力尼龙用作衬里，氯丁橡胶材质的缓震鞋垫（实验组，237 人）(2) 普通军用鞋具组（对照组，1 151 人）	9 周军事化训练	9 周军事化训练后，与对照组相比，实验组的过度运动损伤发生率较低，并存在统计学上的显著性差异：实验组整体运动损伤发生率为 22.8%，对照组则为 31.9%
Sherman (1996)	1132 名美国陆军士兵	(1) 标准缓震鞋垫（实验组，517 人）(2) 无缓震鞋垫干预组（对照组，397 人）(3) 使用自备缓震鞋垫组（实验组，218 人）	6 周基础训练	军事化训练后，3 组的运动损伤发生率无显著差异，其中实验组（1）为 38%，对照组（2）为 29%，实验组（3）为 38%
Smith (1985)	90 名美国海岸警卫队士兵（有效统计人数为 68 人）	(1) 3.175 mm 厚度的多孔聚氨酯缓震鞋垫（实验组，23 人）(2) 3.175 mm 厚度的氯丁橡胶聚合物缓震鞋垫（实验组，21 人）(3) 无鞋垫组（对照组，24 人）	8 周新兵训练	8 周新兵训练后，实验组（1）和实验组（2）的综合运动损伤的发生率（均为 8.7%）显著低于对照组（3）的运动损伤发生率（29.2%）
Withnall (2006)	1 205 名英国皇家空军新兵	(1) 3 mm 聚氨酯缓震鞋垫，其中前掌与足跟部分增加 1 mm 厚度的弹性高分子聚合物（实验组，421 人）(2) 高密度聚氨酯缓震鞋垫（实验组，383 人）(3) 标准无缓震功能编织鞋垫（对照组，401 人）	9 周军事训练	9 周军事训练后，3 组的整体休运动损伤的发生率无显著差异，其中实验组（1）为 17.3%，实验组（2）为 19.8%，对照组（3）为 18.0%

篇文献随机研究对军事人员着矫形鞋垫与对比鞋垫系统训练后的运动损伤发生率进行统计。11篇文献中的8篇文献对比研究了一种矫形鞋垫与无鞋垫,3篇文献对比研究了不同结构或材质的矫形鞋垫与无鞋垫或对照鞋垫。以上11篇研究文献中使用的矫形鞋垫种类大多不相同。2项研究评估定制矫形鞋垫的影响,8项研究评估预制矫形鞋垫的影响,1项研究综合评估定制和预制矫形鞋垫的影响。上述研究中矫形鞋垫的材料有软性材质如聚乙烯泡沫,有半刚性材料如聚丙烯。有9项研究选用的控制组为无鞋垫对照。Milgrom等的研究选用平坦鞋垫作对照,Finestone等的研究则无对照组,4组实验组分别为定制矫形鞋垫、预制矫形鞋垫、软性矫形鞋垫和刚性矫形鞋垫。Finestone等的研究被纳入系统综述,然而由于该研究无对照组,因此没有纳入Meta分析。

三、定制矫形鞋垫与预制矫形鞋垫合并干预

图5-18介绍了森林图的构成及主要指标的含义。森林图用一种非常形象的图形方式简单直观地展示了Meta分析的统计汇总结果。森林图从定义上一般是在平面直角坐标系中,以一条垂直于x轴的无效直线(通常坐标为$x=1$或0)为中心,用若干条平行于x轴的线段来表示每个研究的效应量大小及其95%置信区间,并用一个菱形来表示多个研究合并的效应量及置信区间,这也是Meta分析中最常用的结果综合表达形式。本章节分别就矫形鞋垫与缓震鞋垫在总体运动损伤概率、应力性骨折损伤概率和软组织运动损伤概率方面进行Meta分析。图5-19中,风险比率(risk ritio,RR)为相对危险度,是表示研究因素效应量大小的指标;95%置信区间数据在原始研究中给出;I^2表示异质性统计量。图5-19合并了对矫形鞋垫(包括定制和预制)的10项结果,其中4项研究结果支持矫形鞋垫对预防运动损伤有利。没有研究支持对照组对预防损伤有利的观点。从图5-19a的合并数据可以看出,足部矫形鞋垫对总体运动损伤发生率的降低是有帮助的,其中相对危险度值为0.72,95%置信区间为0.55~0.94,然而各项实验研究的异质性较高($I^2=75\%$)。就应力性骨折损伤风险来看(图5-19b),4项研究支持矫形鞋垫能够预防应力性骨折损伤风险的观点,其中相对危险度的值为0.59,95%置信区间为0.45~0.76,这4项研究异质性低($I^2=0$)。图5-19c中7项实验研究的结果发现矫形鞋垫对预防软组织运动损伤并无实际效果,其中相对危险度的值为0.79,95%置信区间为0.55~1.14,7项研究的异质性程度较高($I^2=82\%$)。与软组织相反,矫形鞋垫显示出对应力性骨折损伤风险较好的预防作用,根据合并的研究结果显示,矫形鞋垫对预防距骨应力性骨折(RR=0.25,95%置信区间为0.09~0.69),胫骨应力性骨折(RR=0.65,95%置信区间为0.43~0.96),股骨应力性骨折(RR=0.53,95%置信区间为0.35~0.80)和胫骨前疼痛(RR=0.27,95%置信区间为0.08~

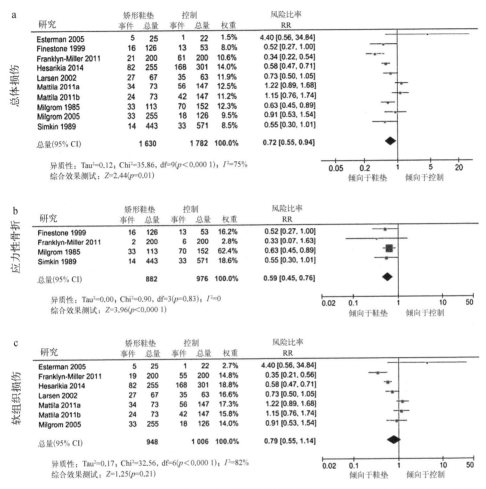

图 5-19　矫形鞋垫干预的总体损伤(a 图)、应力性骨折(b 图)及软组织损伤(c 图)的 Meta 分析

0.90)均显示出良好的效果。然而,合并数据显示矫形鞋垫对预防跟腱疼痛(RR = 0.44,95% 置信区间为 0.18~1.04),膝关节疼痛(RR = 0.94,95% 置信区间为 0.56~ 1.55)和下背部疼痛(RR = 1.04,95% 置信区间为 0.76~1.42)均无效果。

四、定制矫形鞋垫

有 2 项研究对比了定制矫形鞋垫与对照鞋垫对运动损伤的预防作用,其中一项研究支持定制矫形鞋垫对预防运动损伤有益处。合并数据显示定制矫形鞋垫对总体运动损伤发生率的预防并无帮助,其中 RR = 0.71,95% 置信区间为 0.41~1.22, I^2 = 41%。从应力性骨折损伤风险这一指标来看,一项研究发现定制矫形鞋垫对预防下肢应力性骨折有帮助,其中 RR = 0.52,95% 置信区间为 0.27~1.00。另一项研究发现定制矫形鞋垫对预防软组织损伤风险无帮助,其中 RR=0.91,95%置信区间为 0.53~1.54。考虑单一部位的运动损伤风险时,发现定制矫形鞋垫对预防胫骨应力性骨折有较好效果,其中 RR=0.46,95%置信区间为 0.22~0.93。然而,研究数据显示,定制矫形鞋垫对预防跖骨应力性骨折(RR=0.14,95%置信区间为 0.01~3.42)、股骨应力性骨折(RR=0.63,95%置信区间为 0.24~1.68)以及下背部痛(RR=0.91,95%置信区间为 0.53~1.54)均无帮助。

五、预制矫形鞋垫

本部分对选取的 8 项预制矫形鞋垫研究数据进行合并归纳,3 项研究支持预制矫形鞋垫对运动损伤的预防作用。合并数据显示,预制矫形鞋垫对预防整体运动损伤有益处,其中 RR=0.72,95%置信区间为 0.53~0.98,$I^2=80\%$。从应力性骨折这一损伤风险考虑,3 项研究结果发现预制矫形鞋垫对预防下肢应力性骨折有明显帮助,RR=0.60,95%置信区间为 0.45~0.80,异质性程度较低($I^2=0\%$)。与之相反,6 项研究发现预制矫形鞋垫对预防软组织运动损伤无帮助,其中 RR=0.78,95%置信区间为 0.52~1.18,$I^2=84\%$。从对单一运动损伤预防的角度来看,合并数据显示预制矫形鞋垫与跖骨应力性骨折(RR=0.27,95%置信区间为0.09~0.78)、股骨应力性骨折(RR=0.51,95%置信区间为 0.33~0.80)及胫骨前疼痛(RR=0.27,95%置信区间为 0.08~0.90)有较好的预防效果。然而合并数据并未显示预制矫形鞋垫对预防胫骨应力性骨折(RR=0.76,95%置信区间为 0.47~1.22)、跟腱疼痛(RR=0.44,95%置信区间 0.18~1.04)的益处。

六、缓 震 鞋 垫

关于缓震对运动损伤风险的预防作用,本部分选取了 7 项随机研究。其中 5 项研究对象为部队新兵,接受对抗性的新兵军事训练;1 项研究对象为足球裁判,进行为期 5 d 的比赛;1 项研究对象为海岸警卫队成员,接受新兵训练。5 项研究对一种缓震鞋垫进行对比研究,2 项研究对不同缓震鞋垫及对照鞋垫进行对比研究。这些研究选用的缓震鞋垫区别于矫形鞋垫的独特外形,其外形大多平坦,选用的缓震鞋垫均是预制鞋垫或者市面常见的工业生产缓震鞋垫。选取鞋垫的材质通常为软性材质,如聚乙烯泡沫和氯丁橡胶泡沫。7 项缓震鞋垫研究中的 5 项选取了全长的缓震鞋垫,2 项选取的是足跟缓震鞋垫。对以上的 7 项研究数据进行合并分析发现,7 项研究均不支持缓震鞋垫能够降低运动损伤发生率的观点。其中 1 项研究甚至发现对照鞋垫预防损伤效果高于缓震鞋垫。图5-20a 所示的 Meta 分析森林图结果显示,缓震鞋垫的使用对总体损伤发生率降低并无帮助,其中 RR=

0.92,95%置信区间为0.73～1.16,$I^2=81\%$。单独考虑应力性骨折损伤风险时,3项研究(图5-20b)结果显示缓震鞋垫对应力性骨折的损伤风险预防并无帮助,其中RR=1.15,95%置信区间为0.57～2.32,$I^2=14\%$。同样的,7项研究(图5-20c)的合并数据也并未显示出缓震鞋垫对软组织运动损伤的益处,其中RR=0.92,95%置信区间为0.74～1.15,$I^2=80\%$。从以上7项研究的合并数据也可发现,缓震鞋垫对预防某种特定运动损伤并无帮助,这些特定运动损伤包括足部软组织疼痛(包括足底筋膜组织、跟腱等)、小腿三头肌疼痛、胫骨前疼痛及膝关节疼痛等。

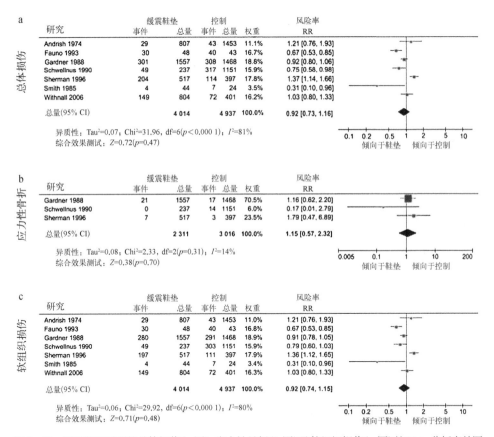

图5-20 缓震鞋垫干预的总体损伤(a图),应力性骨折(b图)及软组织损伤(c图)的Meta分析森林图

七、功能性鞋垫对运动损伤预防效果的总结建议

本章目的是总结矫形鞋垫与缓震鞋垫对运动损伤预防效果的影响,并对选取的研究进行Meta分析得到量化结论。有研究结果发现,矫形鞋垫的使用可以使运

动损伤的总体发生率下降 28%,下肢应力性骨折的发生率下降 41%,然而并未发现矫形鞋垫对软组织运动损伤预防效果的益处,且发现缓震鞋垫对总体运动损伤发生率及单一运动损伤的预防效果。尽管矫形鞋垫的使用对总体运动损伤的发生率有一定的预防作用,但其对某一种运动损伤的预防作用可能是我们更关心的部分,如对长跑运动员胫骨前疼痛的预防作用。总结以上数据发现,矫形鞋垫可以降低 73% 的胫骨疼痛风险、35% 的胫骨应力性骨折风险、47% 的股骨应力性骨折风险及 75% 的跖骨应力性骨折风险。然而,矫形鞋垫对预防跟腱疼痛、膝关节疼痛和下背部疼痛等特定部位肌骨系统损伤无帮助。因此,使用矫形鞋垫的主要益处体现在对胫骨前疼痛及下肢应力性骨折的预防效果的影响方面,而对肌肉骨骼系统等软组织运动损伤预防效果较差。缓震鞋垫则对总体运动损伤,如软组织、肌肉骨骼系统的运动损伤发生率均无显著影响。通过运用相对危险度即 RR 指标来计算上述 11 项研究需要使用矫形鞋垫的人群发现,10 名受试者需要使用矫形鞋垫预防一种下肢及背部运动损伤,20 名受试者需要使用矫形鞋垫预防下肢应力性骨折的损伤风险。这些量化的信息对于临床足部形态矫形师、患者、运动队的矫形鞋垫选取及定制具有重要意义。

综述发现,矫形鞋垫对某些运动损伤有较好的预防作用。然而需要注意的是,Meta 分析中矫形鞋垫对整体运动损伤发生率和软组织运动损伤发生率影响的异质性程度较高,异质性程度高反映了实验研究方案研究结果的不一致程度较高。异质性较高可能受到以下因素的影响:受试者选取、鞋具条件、矫形鞋垫/缓震鞋垫、训练方案、对运动损伤的定义。与之相反,矫形鞋垫对应力性骨折损伤风险的异质性程度较低,这也反映了矫形鞋垫对应力性骨折的损伤风险预防效果具有较高的可信度。对于矫形器或者矫形鞋垫的研究,需要注意的几个方面问题是该设备是否经过评估,受试者对设备的主观接受程度如何及临床反馈怎么样。本章节包含的几项实验研究对定制矫形鞋垫的制作将受试者的三维足部形态信息考虑在内,然而定制矫形鞋垫的一些特征仍然是根据处方来确定的,如选取的材料类型甚至包括材料的厚度因素,因此并不是完全的个性化定制矫形鞋垫,可以称为半定制矫形鞋垫。矫形鞋垫的完全个性化定制需要基于受试者个体化的生物力学特征及身体形态参数特征,这种特征既包括静态的足部形态扫描参数,又包括动态参数。本章选取的 11 篇矫形鞋垫研究中,只有 1 篇关于定制矫形鞋垫的研究试图根据受试者的体重来改变材料的厚度。另一项研究中矫形鞋垫的材料密度和足弓处特征是基于受试者的足底压力参数来确定的。11 项矫形鞋垫相关研究中,只有 2 项研究对矫形鞋垫组和非矫形鞋垫组的分组情况进行了定义,其中一项研究根据受试者足弓情况定义为平足组和非平足组,另一项研究根据受试者的 Novel 足底压力平板测试从而定义高损伤风险人群和一般损伤风险人群,从而对不同人群施加不同的矫形鞋垫干预。研究对象大多是刚入伍的新兵,因此大部分研究的前提条件认为新兵的高强度训练会导致损伤风险的升高,矫形鞋垫的使用有可能可以降低运动损伤的发生风险。评判矫形鞋垫或者缓震鞋垫的预防作用对运动损伤发生率的影响时,要谨慎使用生物力学指标如冲击力、足部形态足底压力等。本章选取的研究除了需要控制矫形鞋垫或缓震鞋垫的实验组之外,还需要注意对照组的控制及影响。例如,在探究矫形鞋垫对运动损伤风险的影响时,有实验研究选取的对照组为空白对照即鞋具条件一致,但对照组无鞋垫,而有的研究对照组则为普通无矫形效果的鞋垫。从实验设计的角度来看,无鞋垫对照组可能更加能反映矫形鞋垫的损伤预防效果,然而受试者的心理因素也需要考虑进去,对照鞋垫扮演了安慰剂的角色,这样测试得到的数据可能偏倚程度较小,较为可靠。

　　本章的综述还存在一些不足之处,首先是选取的研究由于方法学的问题,如未严格随机分组、不能严格执行临床研究的双盲设计原则、没有遵循意向性治疗(intention-to-treat)原则等问题,导致研究结果跟实际情况相比可能存在一定偏差。其次是选取的研究大部分受试者为军人士兵,军人在鞋具使用习惯、生活起居、活动方式等与正常人群有较大差别,因此研究结论能否推广到普通人还需要验证。再次是每项研究对运动损伤的定义可能有差别,因此也会影响总体的运动损伤发生率结论。以后针对矫形鞋垫和缓震鞋垫对运动损伤风险的实验研究需要注意以下几个问题：① 受试者的选取范围要广,最好不要局限在某一类人群；② 对运动损伤的定义要清晰,实验方案的控制应尽可能严谨,遵循临床学、流行病学的实验研究范式,从而尽可能得到可靠的研究结果。

　　结果发现,足矫形鞋垫整体上对预防运动损伤是有帮助的。例如,矫形鞋垫对于胫骨疼痛综合征,股骨、胫骨及跖骨的应力性骨折预防都有较好的效果。缓震鞋垫并未显示出对整体运动损伤、应力性骨折及软组织损伤有任何的预防效果。但由于选取实验研究的方法学严谨性问题,该结论需要谨慎使用。

第三节
功能性鞋垫的定制平台及快速制造

Mandolini 等 2017 年在信息工程领域期刊 *Advanced Engineering Informatics* 上发表了研究论文"基于定制鞋垫设计的协同网络平台（A collaborative web-based platform for the prescription of Custom-Made Insoles）"，同时于 2018 年在国际工程设计大会（International Conference on Engineering Design）上发表了会议论文"一个设计定制鞋垫的知识型多用户平台（A knowledge-based and multi-user platform for prescribing custom-made insoles）"。针对目前的鞋垫个性化定制处方大多凭借足病医生或者运动医学医生的个人经验，鞋垫的个性化定制领域还没有形成一个大数据、多用户的共享定制平台，这两篇研究均围绕同一个研究主题，即探究一个大数据鞋垫个性化定制网络共享平台，该平台的名称为智能处方平台（smart prescription platform，SPP）（图 5 - 21）。该平台覆盖了鞋垫定制的整个过程，从最开始的足部问题及运动需求诊断到最终的鞋垫生产成型，该平台需要 4 类人群的共同参与，分别是处方定制者、患者、鞋垫定制商及平台管理者（图 5 - 22）。该平台整合了足部形态扫描技术，包括 3D 的静态足部形态扫描及 4D 的动态足部形态扫描、鞋具虚拟试穿系统、足底压力模拟技术、三维计算机辅助设计技术。基于该平台的定制文件均为标准通用文件格式，包括 stl 格式，bmp 格式和 xml 格式。该 SPP 的主要模块之一为处方系统（prescription system，PS）。该 PS 的目的是基于用户不同的足部问题或者足部形态特征，由处方定制者结合 PS 的大数据库给出较为准确可靠的鞋垫个性化定制处方，PS 导出的文件格式统一为 xml 格式。

上述研究提出了一个基于网络和大数据的鞋垫定制化平台，该平台包含了处方定制者、患者、鞋垫制造商及平台管理者。该平台的核心模块为智能 PS，该系统包含了足部形态测量模块、足底压力测量模块、三维鞋垫建模模块、快速制造打印模块。该系统的目的是更好地指导鞋垫处方定制者提供最佳的鞋垫定制处方和定制方案，同时用户也可以参与到定制过程中去，平台管理者可以监控处方定制者的整个

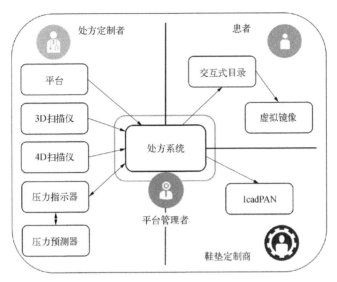

图 5 - 21 SPP

资料来源：Mandolini M，Brunzini A，Germani M. 2017. A collaborative web-based platform for the prescription of custom-made insoles[J]. Advanced Engineering Informatics，33：360 - 373.

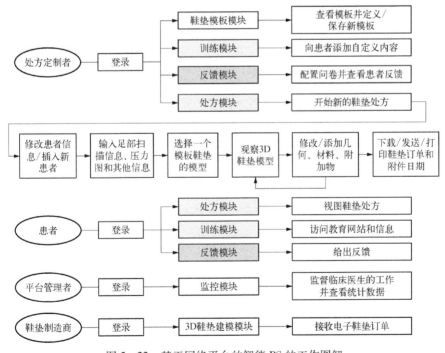

图 5 - 22 基于网络平台的智能 PS 的工作图解

资料来源：Mandolini M，Brunzini A，Germani M. 2017. A collaborative web-based platform for the prescription of custom-made insoles[J]. Advanced Engineering Informatics，33：360 - 373.

定制过程,定制成功后,鞋垫制造商将从该系统获取到电子版的三维鞋垫模型文件(图 5 - 23)。通过该平台的实施和推广可以实现目前以手工为主的鞋垫定制过程向自动、智能化过程的转移。笔者同时对该智能 PS 进行有效性和可靠性的验证,验证选取 20 名患者及 6 名处方定制者,该系统根据关键词索引将大部分的矫形鞋垫模板都囊括在系统中,同时还包括针对每个矫形鞋垫模板的对应症状,因此该系统对经验较少的处方制定者具有较高的学习和帮助价值,能够避免产生失误。

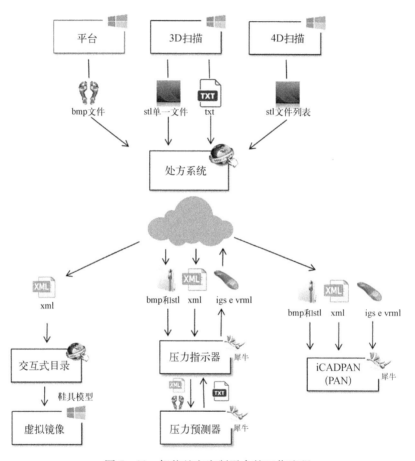

图 5 - 23　智能处方定制平台的工作流程

资料来源: Mandolini M, Brunzini A, Germani M. 2017. A collaborative web-based platform for the prescription of custom-made insoles[J]. Advanced Engineering Informatics, 33: 360 - 373.

　　该研究提出的基于网络平台的个性化鞋垫定制平台将鞋垫的个性化定制过程系统化、正规化,在鞋垫的不断定制化过程中,系统的数据容量逐渐增大,随着大数据的更新学习,处方制定者能根据系统给出更适宜的鞋垫定制处方。同时,该平台应用了一系列先进的外部设备,如足部形态扫描设备、足底压力测试设备及虚拟现实设备等。该平台中的鞋垫模型文件传输为标准数据格式(xml),通过这种文件格式的使用确保定制过程中文件的损坏并节省了定制时间。另外,软件工具操作简单,对处方定制者的界面友好,根据系统内含的大量模板和处方定制规则,能够实现鞋垫处方的精准快速定制。

本章参考文献

李建设,顾耀东.2006.有限元法在运动生物力学研究中的应用进展[J].体育科学,26(7):60-62.

李建设,顾耀东,陆毅琛.2006.运动鞋的生物力学研究[C].成都:第十一届全国运动生物力学学术交流大会论文汇编(摘要),50-61.

李建设,顾耀东,陆毅琛,等.2009.运动鞋核心技术的生物力学研究[J].体育科学,29(5):42-51,77.

谭维义,傅浩,孙民焱.2008.足弓垫配合中药熏洗治疗足底筋膜炎118例[J].实用心脑肺血管病杂志,16(6):75-75.

Alshawabka A Z, Liu A, Tyson S F, et al. 2014. The use of a lateral wedge insole to reduce knee loading when ascending and descending stairs in medial knee osteoarthritis patients[J]. Clinical biomechanics, 29(6): 650-656.

Aminian G, Safaeepour Z, Farhoodi M, et al. 2013. The effect of prefabricated and proprioceptive foot orthoses on plantar pressure distribution in patients with flexible flatfoot during walking[J]. Prosthetics orthotics international, 37(3): 227-232.

Andrish J T, Bergfeld J A, Walheim J. 1974. A prospective study on the management of shin splints [J]. JBJS, 56(8): 1697-1700.

Arazpour M, Bani M A, Maleki M, et al. 2013. Comparison of the efficacy of laterally wedged insoles and bespoke unloader knee orthoses in treating medial compartment knee osteoarthritis[J]. Prosthetics orthotics international, 37(1): 50-57.

Bonanno D R, Landorf K B, Menz H B. 2011. Pressure-relieving properties of various shoe inserts in older people with plantar heel pain[J]. Gait & posture, 33(3): 385-389.

Chen W M, Lee S J, Lee P V S. 2015. Plantar pressure relief under the metatarsal heads — therapeutic insole design using three-dimensional finite element model of the foot[J]. Journal of biomechanics, 48(4): 659-665.

Chuter V, Spink M, Searle A, et al. 2014. The effectiveness of shoe insoles for the prevention and treatment of low back pain: a systematic review and meta-analysis of randomised controlled trials [J]. BMC musculoskeletal disorders, 15(1): 140-146.

Collins N, Bisset L, Mcpoil T, et al. 2007. Foot orthoses in lower limb overuse conditions: a systematic review and meta-analysis[J]. Foot & ankle international, 28(3): 396-412.

D E Campos G C, Rezende M U, Pasqualin T, et al. 2015. Lateral wedge insole for knee osteoarthritis: randomized clinical trial[J]. Sao paulo medical journal, 133(1): 13-19.

Dietz V, Duysens J. 2000. Significance of load receptor input during locomotion: a review[J]. Gait & posture, 11(2): 102-110.

Esterman A, Pilotto L. 2005. Foot shape and its effect on functioning in Royal Australian Air Force recruits. Part 2: pilot, randomized, controlled trial of orthotics in recruits with flat feet[J]. Military medicine, 170(7): 629 – 633.

Faunø P, Kålund S, Andreasen I, et al. 1993. Soreness in lower extremities and back is reduced by use of shock absorbing heel inserts[J]. International journal of sports medicine, 14 (5): 288 – 290.

Finestone A, Giladi M, Elad H, et al. 1999. Prevention of stress fractures using custom biomechanical shoe orthoses[J]. Clinical Orthopaedics Related Research, 3(360): 182 – 190.

Finestone A, Novack V, Farfel A, et al. 2004. A prospective study of the effect of foot orthoses composition and fabrication on comfort and the incidence of overuse injuries[J]. Foot & ankle international, 25(7): 462 – 466.

Franklyn-Miller A, Wilson C, Bilzon J, et al. 2011. Foot orthoses in the prevention of injury in initial military training: a randomized controlled trial[J]. The American journal of sports medicine, 39 (1): 30 – 37.

Fu W, Fang Y, Gu Y, et al. Shoe cushioning reduces impact and muscle activation during landings from unexpected, but not self-initiated, drops[J]. 2017. Journal of science and medicine in sport, 20(10): 915 – 920.

Gardner Jr L I, Dziados J E, Jones B H, et al. 1988. Prevention of lower extremity stress fractures: a controlled trial of a shock absorbent insole[J]. American journal of public health, 78 (12): 1563 – 1567.

Hawke F, Burns J, Radford J A, et al. 2008. Custom-made foot orthoses for the treatment of foot pain [J]. Cochrane database of systematic reviews, 7(3): Cd006801.

Hinman R S, Bowles K A, Metcalf B B, et al. 2012. Lateral wedge insoles for medial knee osteoarthritis: effects on lower limb frontal plane biomechanics[J]. Clinical biomechanics, 27 (1): 27 – 33.

House C M, Dixon S J, Allsopp A J. 2004. User trial and insulation tests to determine whether shock-absorbing insoles are suitable for use by military recruits during training[J]. Military medicine, 169(9): 741 – 746.

Hume P, Hopkins W, Rome K, et al. 2008. Effectiveness of foot orthoses for treatment and prevention of lower limb injuries[J]. Sports Medicine, 38(9): 759 – 779.

Jarrett B, Marcus R. 2006. Prescription custom foot orthoses practice guidelines[M]. Bethesda: American college of foot ankle orthopedics medicine & science in sports & exercise.

Jones R K, Nester C J, Richards J D, et al. 2013. A comparison of the biomechanical effects of valgus knee braces and lateral wedged insoles in patients with knee osteoarthritis[J]. Gait & posture, 37 (3): 368 – 372.

Jung D Y, Koh E K, Kwon O Y. 2011. Effect of foot orthoses and short-foot exercise on the cross-sectional area of the abductor hallucis muscle in subjects with pes planus: a randomized controlled trial 1[J]. Journal of back musculoskeletal rehabilitation, 24(4): 225 – 231.

Kang J H, Chen M D, Chen S C, et al. 2006. Correlations between subjective treatment responses and plantar pressure parameters of metatarsal pad treatment in metatarsalgia patients: a prospective study[J]. BMC musculoskeletal disorders, 7(1): 95 – 102.

Kogler G, Solomonidis S, Paul J. 1996. Biomechanics of longitudinal arch support mechanisms in foot orthoses and their effect on plantar aponeurosis strain [J]. Clinical biomechanics, 11 (5): 243 - 252.

Kosonen J, Kulmala J P, Müller E, et al. 2017. Effects of medially posted insoles on foot and lower limb mechanics across walking and running in overpronating men[J]. Journal of biomechanics, 54: 58 - 63.

Landorf K, Keenan A. 2007. In evidence-based sports medicine[M]. Malden: Blackwell.

Larsen K, Weidich F, Leboeuf-Yde C. 2002. Can custom-made biomechanic shoe orthoses prevent problems in the back and lower extremities? A randomized, controlled intervention trial of 146 military conscripts[J]. Journal of manipulative physiological therapeutics, 25(5): 326 - 331.

Liu X, Zhang M. 2013. Redistribution of knee stress using laterally wedged insole intervention: finite element analysis of knee-ankle-foot complex[J]. Clinical biomechanics, 28(1): 61 - 67.

Lopes A D, Hespanhol L C, Yeung S S, et al. 2012. What are the main running-related musculoskeletal injuries? [J]. Sports medicine, 42(10): 891 - 905.

Lucas-Cuevas A G, Camacho-García A, Llinares R, et al. 2017. Influence of custom-made and prefabricated insoles before and after an intense run[J]. PloS one, 12(2): e0173179.

Lucas-Cuevas A G, Pérez-Soriano P, Llana-Belloch S, et al. 2014. Effect of custom-made and prefabricated insoles on plantar loading parameters during running with and without fatigue[J]. Journal of sports sciences, 32(18): 1712 - 1721.

Mabuchi A, Kitoh H, Inoue M, et al. 2012. The biomechanical effect of the sensomotor insole on a pediatric intoeing gait[J]. International scholarly research notices, 2012: 396718.

Maclean C, Davis I M, Hamill J. 2006. Influence of a custom foot orthotic intervention on lower extremity dynamics in healthy runners[J]. Clinical biomechanics, 21(6): 623 - 630.

Malvankar S, Khan W S, Mahapatra A, et al. 2012. How effective are lateral wedge orthotics in treating medial compartment osteoarthritis of the knee? A systematic review of the recent literature [J]. The open orthopaedics journal, 6(1): 544 - 547.

Mandolini M, Brunzini A, Germani M. 2017. A collaborative web-based platform for the prescription of custom-made insoles[J]. Advanced Engineering Informatics, 33: 360 - 373.

Marinelli P, Mandolini M, Germani M. 2015. A knowledge-based design process for custom made insoles[C]. Milan: Proceedings of the 20th International conference on engineering design, 371 - 380.

Mattila V M, Sillanpää P, Salo T, et al. 2011. Can orthotic insoles prevent lower limb overuse injuries? A randomized-controlled trial of 228 subjects [J]. Scandinavian journal of medicine science in sports, 21(6): 804 - 808.

Mattila V M, Sillanpää P, Salo T, et al. 2011. Orthotic insoles do not prevent physical stress-induced low back pain[J]. European spine journal, 20(1): 100 - 104.

Mcmillan A, Payne C. 2008. Effect of foot orthoses on lower extremity kinetics during running: a systematic literature review[J]. Journal of foot ankle research, 1(1): 13.

Mei Q, Graham M, Gu Y. 2014. Biomechanical analysis of the plantar and upper pressure with different sports shoes[J]. International Journal of biomedical engineering and technology, 14(3): 181 - 191.

Mei Q, Gu Y, Xiang L, et al. 2019. Foot shape and plantar pressure relationships in shod and barefoot populations[J]. Biomechanics and modeling in mechanobiology, 11: 1 - 14.

Meng Y, Yang L, Jiang X Y, et al. 2020. The effectiveness of personalized custom insoles on foot loading redistribution during walking and running[J]. Journal of biomimetics biomaterials and biomedical engineering, 44: 1 - 8.

Milgrom C, Finestone A, Lubovsky O, et al. 2005. A controlled randomized study of the effect of training with orthoses on the incidence of weight bearing induced back pain among infantry recruits [J]. Spine, 30(3): 272 - 275.

Milgrom C, Giladi M, Kashtan H, et al. 1985. A prospective study of the effect of a shock-absorbing orthotic device on the incidence of stress fractures in military recruits[J]. Foot & ankle, 6(2): 101 - 104.

Mills K, Blanch P, Chapman A R, et al. 2010. Foot orthoses and gait: a systematic review and meta-analysis of literature pertaining to potential mechanisms[J]. British journal of sports medicine, 44 (14): 1035 - 1046.

Murley G S, Landorf K B, Menz H B, et al. 2009. Effect of foot posture, foot orthoses and footwear on lower limb muscle activity during walking and running: a systematic review[J]. Gait & posture, 29(2): 172 - 187.

Rafiaee M, Karimi M T. 2012. The effects of various kinds of lateral wedge insoles on performance of individuals with knee joint osteoarthritis[J]. International journal of preventive medicine, 3(10): 693 - 698.

Ritchie C, Paterson K, Bryant A L, et al. 2011. The effects of enhanced plantar sensory feedback and foot orthoses on midfoot kinematics and lower leg neuromuscular activation[J]. Gait & posture, 33 (4): 576 - 581.

Sahar T, Cohen M J, Ne'eman V, et al. 2007. Insoles for prevention and treatment of back pain[J]. Cochrane Database of Systematic Reviews, 113(4).

Schwellnus M P, Jordaan G, Noakes T D. 1990. Prevention of common overuse injuries by the use of shock absorbing insoles: a prospective study[J]. The American Journal of Sports Medicine, 18 (6): 636 - 641.

Shaw K E, Charlton J M, Perry C K, et al. 2018. The effects of shoe-worn insoles on gait biomechanics in people with knee osteoarthritis: a systematic review and meta-analysis[J]. British journal of sports medicine, 52(4): 238 - 253.

Sherman R, Karstetter K, May H, et al. 1996. Prevention of lower limb pain in soldiers using shock-absorbing orthotic inserts[J]. Journal of the American podiatric medical association, 86(3): 117 - 122.

Simkin A, Leichter I, Giladi M, et al. 1989. Combined effect of foot arch structure and an orthotic device on stress fractures[J]. Foot & ankle, 10(1): 25 - 29.

Skou S T, Hojgaard L, Simonsen O H. 2013. Customized foot insoles have a positive effect on pain, function, and quality of life in patients with medial knee osteoarthritis[J]. Journal of the American podiatric medical association, 103(1): 50 - 55.

Takakusaki K. 2013. Neurophysiology of gait: from the spinal cord to the frontal lobe[J]. Movement disorders, 28(11): 1483 - 1491.

Tochigi Y. 2003. Effect of arch supports on ankle—subtalar complex instability: a biomechanical experimental study[J]. Foot & ankle international, 24(8): 634-639.

Van Gent R, Siem D, Van Middelkoop M, et al. 2007. Incidence and determinants of lower extremity running injuries in long distance runners: a systematic review [J]. British journal of sports medicine, 41(8): 469-480.

Wahmkow G, Cassel M, Mayer F, et al. 2017. Effects of different medial arch support heights on rearfoot kinematics[J]. PloS one, 12(3): e0172334.

Withnall R, Eastaugh J, Freemantle N. 2006. Do shock absorbing insoles in recruits undertaking high levels of physical activity reduce lower limb injury? A randomized controlled trial[J]. Journal of the Royal Society of Medicine, 99(1): 32-37.

Yeung S S. 2013. Do orthotics work as an injury prevention strategy for the military? A systematic review[J]. Physical therapy reviews, 18(1): 49-50.

（宋杨,郑志艺）

缩略词表

B

表面肌肉电信号（surface electromyography, sEMG）

髌股关节疼痛综合征（patella femoral pain syndrome, PFPS）

步幅时间（stride time, ST）

步周长（stride length, SL）

C

侧切缓震系统（shear-cushioning system, SCS）

处方系统（prescription system, PS）

垂直地面反作用力（vertical ground reaction force, vGRF）

垂直负荷增长率（vertical loading rate, VLR）

D

大拇趾区（hallux, H）

地面反作用力（ground reaction force, GRF）

电子计算机断层扫描（computed tomography, CT）

定制鞋垫（custom made insoles, CMI）

G

感觉运动性鞋垫（sensorimotor insoles, SMI）

跟腱炎（achilles tendinopathy, AT）

H

核磁共振（magnetic resonance imaging, MRI）

后交叉韧带（posterior cruciate ligament, PCL）

J

接触时间（contact time, CT）

（续）

胫骨内侧压力综合征（medial tibial stress syndrome, MTSS）

均方根振幅（root mean square, RMS）

L

临界抗弯刚度（subjective critical insole stiffness, k_{cr}）

M

美国材料与试验协会（american society for testing and materials, ASTM）

美国职业篮球联盟（national basketball association, NBA）

N

内侧副韧带（medial cruciate ligament, MCL）

P

跑步经济性（running economy, RE）

跑步相关运动损伤（running related injuries, RRI）

平均垂直负荷增长率（vertical average loading rate, VALR）

Q

其他脚趾区（other toes, OT）

前交叉韧带（anterior cruciate ligament, ACL）

前足内侧区（medial forefoot, MF）

前足外侧区（lateral forefoot, LF）

前足着地（forefoot strike, FFS）

S

身体重心（center of mass, COM）

视觉模拟评分量表（visual analogue scale, VAS）

瞬时垂直负荷增长率（vertical instantaneous loading rate, VILR）

随机对照试验（randomized controlled trials, RCT）

X

膝关节骨性关节炎（knee osteoarthritis, KOA）

习惯裸足（habitually barefoot, HB）

习惯着鞋（habitually shod, HS）

相对危险度（risk ratio, RR）

Y

压力中心（center of pressure, COP）

预制鞋垫（prefabricated insoles, PI）

Z

跖趾关节（metatarsophalangeal joint, MTPJ）

智能处方平台（smart prescription platform, SPP）

中位频率（median frequency, MF）

中足内侧区（medial midfoot, MM）

中足外侧区（lateral midfoot, LM）

中足着地（mid foot strike, MFS）

纵向抗弯刚度（longitudinal bending stiffness, LBS）

足部着地方式（foot strike pattern, FSP）

足部着地角度（foot strike angle, FSA）

足部姿态指数（foot posture index, FPI）

足底筋膜炎（plantar fasciitis, PF）

足跟内侧区（medial rear foot, MR）

足跟外侧区（lateral rear foot, LR）

足跟着地（rear-foot strike, RFS）

足弓刚度指数（arch rigidity index, ARI）

足弓高度指数（arch height index, AHI）

组内相关系数（intra class correlation coefficients, ICC）